应用数学

（上　册）（第三版）

主编　朱　翔　王　兰　屈寅春

参编　王先婷　朱永强　黄　飞
　　　吴吟吟　戴培培　汤菊萍
　　　傅小波　杨先伟

中国教育出版传媒集团

高等教育出版社·北京

内容简介

　　本书是高等职业教育"双高"建设成果教材,是高等职业教育新形态一体化教材。为深入学习贯彻党的二十大精神,把坚持为党育人、为国育才落到实处,本书从贴近专业、贴近应用、贴近学生的学习实际出发,由长期从事高等数学教学且经验丰富的教师编写完成。本书根据高职教育教学的特点,对高职院校数学知识体系进行梳理、重组和优化,强调基础,突出应用,重视素质培养。

　　全书每章开篇都以具体的应用性导例与本章核心内容相呼应,且在相关知识点讲解后有导例完整的解答;每章结束有对本章知识点的总结梳理、复习题以及拓展阅读材料;将 MATLAB 的使用融入各章节的学习与运算中,为学生今后的工程实践做好准备;坚持数学课程的素质教育属性,充分挖掘数学中的思政元素,有机融入课程思政案例,将知识传递与育人相结合。同时,本书在重要的知识点边白链接了微课视频,读者扫描二维码即可进行自主学习。全书分上、下两册,上册包括函数、极限与连续,导数和微分,导数的应用,不定积分,定积分及其应用。

　　本书既适合高职各工科类专业和经管类专业学生使用,也可作为成人教育或继续教育学院的教学用书,同时也适用于社会自学者。

图书在版编目(CIP)数据

　　应用数学.上册/朱翔,王兰,屈寅春主编.--3版.--北京:高等教育出版社,2024.2
　　ISBN 978-7-04-061224-0

　　Ⅰ.①应… Ⅱ.①朱… ②王… ③屈… Ⅲ.①应用数学-高等职业教育-教材 Ⅳ.①O29

　　中国国家版本馆 CIP 数据核字(2023)第 179725 号

YINGYONG SHUXUE

策划编辑	马玉珍	责任编辑	马玉珍	封面设计	马天驰	版式设计	李彩丽
责任绘图	马天驰	责任校对	马鑫蕊	责任印制	耿　轩		

出版发行	高等教育出版社	网　址	http://www.hep.edu.cn
社　址	北京市西城区德外大街 4 号		http://www.hep.com.cn
邮政编码	100120	网上订购	http://www.hepmall.com.cn
印　刷	河北信瑞彩印刷有限公司		http://www.hepmall.com
开　本	787mm×1092mm　1/16		http://www.hepmall.cn
印　张	12.75	版　次	2018 年 11 月第 1 版
字　数	290 千字		2024 年 2 月第 3 版
购书热线	010-58581118	印　次	2024 年 8 月第 2 次印刷
咨询电话	400-810-0598	定　价	29.80 元

本书如有缺页、倒页、脱页等质量问题,请到所购图书销售部门联系调换
版权所有　侵权必究
物 料 号　61224-00

第三版前言

为深入学习贯彻党的二十大精神,把坚持为党育人、为国育才落到实处,本书在前两版的基础上,继续强化高职数学的应用性,同时注重与思政教育、科学精神和人文精神的深度融合,以满足新时代高素质技术技能人才培养的需求。修订的内容主要包括以下几个方面:

1. 优化知识内容。为适应现代科技和社会发展对数学的需求,注重数学的应用性与实践性,淡化理论的完整性与系统性,增加了"概率论初步"和"数理统计初步",对"空间解析几何"和"拉普拉斯变换"进行了精简,将其分别整合到"多元函数微分学"和"常微分方程"中;为尽早地将数学应用传递给读者,把原"数值计算"的内容提前分配到上册书的相关章节中;为增强内容的连贯性和可读性,将渐近线的概念移至"函数、极限与连续"章节,等等。

2. 融入课程思政。坚持数学课程的素质教育属性,充分挖掘数学中的思政元素,将知识传递与育人相结合,以达到润物细无声的效果。例如"无穷小"概念的介绍从中国古代数学和哲学思想引入,进一步增强文化自信;定积分应用例题中,以世界上最伟大的工程奇迹之一、当今世界上最大的水利枢纽工程——三峡水利工程为背景设计问题,增强民族自信和民族自豪感;不定积分章节的导例,从建设美丽中国、应对气候变化出发设计章节任务,传递新发展理念。

3. 扩充应用案例。本次修订更加注重从专业和实际应用出发,优化和增补了重要知识点的应用案例,进一步突出教材的应用性。

4. 丰富课后习题。根据教学内容的调整与革新,对习题和练习进行了重新整理和调整,区分了难度梯度,增加了部分应用案例的习题。

5. 完善课程资源。注重资源建设,进一步补充完善重要知识点的在线资源,读者可以通过扫描二维码查看。

本次修订工作由无锡职业技术学院数学教研室全体教师共同合作完成。由于编者水平有限,错漏之处在所难免,欢迎广大专家、同仁和读者批评指正。

编　者

2023 年 12 月

第二版前言

本书在第一版的基础上，根据近几年的教学改革实践，并结合当前高职教育教学现状和发展趋势进行了一次全面的修订。本次修订保留了原书注重贴近高职学生基础与认知规律、注重数学文化的渗透、注重数学应用与实践的特点，着重在以下几方面进行了修订。

（1）进一步优化知识体系，对于重要的概念、方法加大篇幅，图文并茂，举一反三，让抽象概念形象化、具体化；对于烦琐、难懂、应用性不强的知识点进行删减。对原书中的线性代数部分进行了结构调整，强调矩阵，弱化行列式的运算，并把线性方程组的求解作为一条主线进行知识构建。

（2）进一步完善教材各章节重要知识点的专业案例和应用实例，为项目化案例教学与课堂数学实践活动的开展提供更广泛的适用空间。每章章首都以具体的应用性导例与本章核心内容相呼应，且在相关知识点讲解后有导例完整的解答，这些导例有激发兴趣、点明重点的作用；导例以现实中的实际问题引导，改变直接讲授理论给学生带来的困难和不适；书中较多的例题具有实际背景，反映了数学的应用性，并逐步引入数学建模的思想。

（3）重视基础性。全书虽减少了大量的推导演绎过程，以突出结论、应用方法和实用性，但为了体现数学的严密性、方法性与逻辑性，教材对于重要的定理与性质仍然给出了较为详尽的推导过程，例如牛顿-莱布尼茨公式等。

（4）将 MATLAB 的使用融入各章节的学习与运算中，为学生今后的工程实践做好准备。部分应用性较强的知识点（极限、微分、定积分、微分方程、傅里叶级数、矩阵）单独设立应用单元。

（5）进一步丰富课后习题，重点扩充应用题型部分，将数学应用能力的培养充分融入基础数学知识的学习中。

（6）建设立体化教材，将课程在线资源与教材有机融合，使学生的学习更便捷、高效。

全书分上、下两册，上册由无锡职业技术学院朱翔、刘宗宝、屈寅春任主编，下册由朱翔、傅小波、杨先伟任主编。朱永强、吴吟吟、王先婷、黄飞、米倩倩、戴培培、汤菊萍、王兰等老师参与了编写，并提供了大量案例素材。本书由战学秋教授主审，提出了许多宝贵意见和建议,在此表示感谢。

限于编者的水平,书中难免存在不足之处,敬请读者批评指正。

编　者

2018 年 4 月

第一版前言

本书是在"系统改革高职课程体系"的大背景下,为了适应高职高专公共基础课的改革要求,抓好高职高专公共基础课的教材建设,体现现行高职高专公共基础课教学的基本要求,并结合高等职业教育的现状和发展趋势而编写的。

本书在编写过程中努力体现以下特点:

(1)进一步优化课程体系、降低理论要求、扩大知识容量、强调实际应用,从而体现创新教学体系。

(2)注重理论联系实际,由浅入深、由易到难,部分内容采用提出问题、分析问题、解决问题、最后总结出概念并推广的方式讲解,适合各类高职学校根据不同的教学要求实施分层次教学的需要。

(3)为了便于巩固应掌握的基础知识和引导应用,书中配有大量的例题、练习题和习题,每章末还附有复习题;为某些相关专业选用的基本内容,也以 * 号标出。

(4)内容叙述力求简明扼要、通俗易懂、深入浅出、富于启发性。

(5)注意培养学生的数学素质和应用意识,激发学生的学习兴趣,培养学生自主学习,进而提高学生的综合素质和创新能力。

本书由无锡职业技术学院刘宗宝统稿;刘宗宝、屈寅春任主编。全书分上、下两册,上册共七章,其中第一章由朱永强、毛珍玲编写,第二章由黄飞、屈寅春编写,第三章由王先婷、刘宗宝编写,第四章由杨先伟、朱翔编写,第五章由米倩倩、田星编写,第六章由吴吟吟编写,第七章由傅小波编写。

本书由战学秋教授主审,他在审阅过程中提出了许多宝贵意见和建议,在此表示感谢。

由于时间仓促,编者水平有限,书中缺点和错误之处在所难免,恳请读者批评指正。

编　者
2014 年 5 月

目　录

第1章 函数、极限与连续

在自然科学和工程技术中,存在着各种各样不停变化且又相互依赖、相互联系的量.高等数学研究的主要对象是变动的量(变量).函数是描述和刻画变量之间相互关系的重要形式,极限是高等数学中极为重要的概念,极限方法是研究变量的一种基本方法.本章将在复习并进一步加深理解函数概念的基础上,介绍函数极限和函数的连续性等基本概念以及它们的一些性质.

【本章导例】 存款本利和问题

设有一笔存款的本金为 A_0,年利率为 r,(1)如果每年结算(计息)一次,那么 k 年后的本利和是多少?(2)如果每年结算 n 次,年利率仍为 r,则每期的利率为 $\dfrac{r}{n}$,那么 k 年后的本利和是多少?

在经济分析中,常常要用数学方法来分析经济变量间的关系,即先建立变量间的数学关系,然后用微积分等知识分析这些经济函数的特性.本例属于极限的应用,通过学习极限知识进行分析解决.

§1.1 函 数

1.1.1 函数的概念

1. 函数的定义

在某一变化过程中始终保持不变、取固定数值的量称为常量,如圆周率 π、物体的重力加速度等;在某一变化过程中可以取不同数值的量称为变量,如自然界中的温度、运动物体经过的路程等. 函数是变量之间相互关系的最基本的数学描述.

定义 1 设 x 和 y 是两个变量,D 为一给定的数集. 如果对于 D 中的任意一个 x,按照某种对应法则 f,变量 y 总有唯一确定的数值和它对应,则称这个对应法则 f 为定义在 D 上的一个函数,记作 $y=f(x)$. x 称为自变量,y 称为因变量,数集 D 称为这个函数的**定义域**.

当自变量 x 在定义域中取值 x_0 时,与 x_0 对应的因变量 y 的值称为函数在点 x_0 处的函数值,记作 $f(x_0)$. 当 x 取遍 D 中的所有值时,与 x 对应的函数值的全体组成的集合 $M=\{y \mid y=f(x), x \in D\}$ 称为函数的**值域**.

表示函数的记号除了常用的 f 外,还可以用其他的英文字母或希腊字母,如"g""F""φ"等. 相应地可记作 $y=g(x)$,$y=F(x)$,$y=\varphi(x)$ 等. 在讨论几个不同的函数时,为了表示区别,需要用不同的记号来表示. 在同一个对应法则 f 下,自变量的符号对函数没有影响,比如,假设"f"是在定义域 D 内的某种对应法则,那么 $y=f(x)$,$y=f(t)$,$y=f(u)$ 所表示的实际上是同一个函数.

构成函数的要素是:定义域 D、对应法则 f、值域 M.

如果两个函数的定义域相同,对应法则也相同,那么,这两个函数就是相同的,否则就是不同的.

函数的定义域通常按以下两种情形来确定:一种是有实际背景的函数,根据实际背景中变量的实际意义确定;另一种是抽象地用算式表达的函数,其定义域是使得算式有意义的一切实数组成的集合.

例 1 判断下列函数是否相同.

(1) $y=\sqrt{x^2}$ 与 $y=x$; (2) $y=x-1$ 与 $y=\dfrac{x^2-1}{x+1}$.

解 (1) 因为函数 $y=\sqrt{x^2}=|x|=\begin{cases} x, & x \geq 0, \\ -x, & x < 0 \end{cases}$ 与函数 $y=x$ 的对应法则不同,所以 $y=\sqrt{x^2}$ 与 $y=x$ 是不同的函数.

(2) 因为函数 $y=x-1$ 的定义域为 $\mathbf{R}$,函数 $y=\dfrac{x^2-1}{x+1}$ 的定义域为 $(-\infty, -1) \cup (-1, +\infty)$,所以 $y=x-1$ 与 $y=\dfrac{x^2-1}{x+1}$ 的定义域不同,从而是不同的函数.

例 2 求下列函数的定义域.

（1）$y=\dfrac{x^2-4}{x+2}$;　　（2）$y=\ln(x+1)+\sqrt{9-x^2}$.

解 （1）要使函数 y 有意义,必须使 $x+2\neq0$,即 $x\neq-2$. 所以函数 $y=\dfrac{x^2-4}{x+2}$ 的定义域为 $(-\infty,-2)\cup(-2,+\infty)$.

（2）要使函数 y 有意义,x 必须满足

$$\begin{cases}9-x^2\geqslant0,\\x+1>0,\end{cases}$$

解这个不等式组,得

$$-1<x\leqslant3,$$

所以函数 $y=\ln(x+1)+\sqrt{9-x^2}$ 的定义域为 $(-1,3]$.

2. 函数的表示法

函数表示的方法有三种:表格法、图形法及解析法.

表格法就是将函数自变量的值与其对应的函数值列成一张表,用表格的形式来表示两个变量之间的关系. 例如,在早期的奥林匹克运动会中,撑竿跳高比赛的世界纪录与年份的函数关系可以用表格法(表 1-1)表示.

表 1-1　表格法示例

年份	1900	1904	1908	1912
高度/m	3.33	3.53	3.73	3.93

图形法是通过函数的图形来表示变量之间的关系. 将函数 $y=f(x),x\in D$ 看作一个有序数对的集合:

$$C=\{(x,y)\mid y=f(x),x\in D\},$$

则集合 C 中的每个元素在坐标平面上表示一个点的坐标,由集合 C 中的点所形成的轨迹就是这个函数的图形.

解析法是直接用解析式来表示变量之间的关系. 如上例,在 1900—1912 年期间,世界纪录的高度是每四年增加 20 cm,故高度是时间的线性函数. 设 y 为高度,t 是自 1900 年以来的年份,该线性函数用解析法可以表示为 $y=3.33+0.05(t-1\,900)$.

上面三种表示函数的方法各有不同的优点:表格法可以直接由自变量的值查得相应的函数值;图形法比较直观;解析法便于数学计算和理论研究.

例 3　$y=|x|=\begin{cases}x,&x\geqslant0,\\-x,&x<0\end{cases}$ 的函数图像如图 1-1 所示.

例 4　设 x 为任一实数,不超过 x 的最大整数称为 x 的整数部分,记为函数 $f(x)=[x]$,称为**取整函数**. 其图像如图 1-2 所示,图形为阶梯曲线. 例如:$\left[\dfrac{5}{7}\right]=0,[-1.2]=-2,[\sqrt{2}]=1,[-1]=-1$. 再如某厂每 5 min 生产一台机器,则在 t min 内生产出的机器数为 $f(t)=\left[\dfrac{t}{5}\right]$,就是一个关于时间 t 的取整函数.

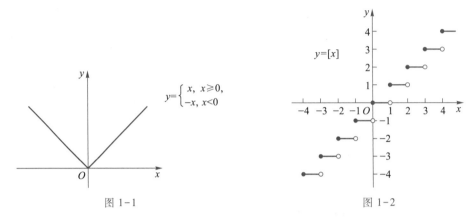

图 1-1

图 1-2

从例 3、例 4 中看到,有时一个函数要用几个式子表示. 这种在自变量的不同变化范围中,对应法则用不同的解析式来表示的函数,通常称为**分段函数**.

例如,在某电路中,电压与时间的函数关系为

$$u(t) = \begin{cases} \dfrac{2E}{\tau}t, & t \in \left[0, \dfrac{\tau}{2}\right), \\ -\dfrac{2E}{\tau}(t-\tau), & t \in \left[\dfrac{\tau}{2}, \tau\right), \\ 0, & t \in [\tau, T]. \end{cases}$$

定义域 D 为 $[0, T]$,函数图像如图 1-3 所示,该函数就是一个分段函数.

又如,函数

$$y = \operatorname{sgn} x = \begin{cases} 1, & \text{当 } x > 0, \\ 0, & \text{当 } x = 0, \\ -1, & \text{当 } x < 0 \end{cases}$$

称为符号函数,它的定义域是 $(-\infty, +\infty)$,值域是 $\{-1, 0, 1\}$,图像如图 1-4 所示,也是一个分段函数.

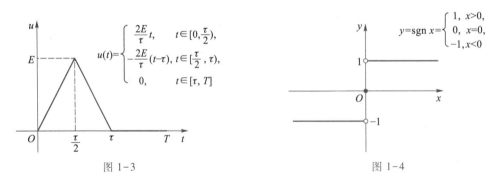

图 1-3

图 1-4

例 5 设函数 $y = f(x) = \begin{cases} 2\sqrt{x}, & 0 \leqslant x \leqslant 1, \\ 1+x, & x > 1, \end{cases}$ 求 $f\left(\dfrac{1}{2}\right), f(2), f\left(\dfrac{1}{a}\right)$,其中 $a > 0$.

解 当 $x \in [0, 1]$ 时,$f(x) = 2\sqrt{x}$,因为 $\dfrac{1}{2} \in [0, 1]$,所以 $f\left(\dfrac{1}{2}\right) = 2\sqrt{\dfrac{1}{2}} = \sqrt{2}$;

当 $x \in (1, +\infty)$ 时, $f(x) = 1+x$, 因为 $2 \in (1, +\infty)$, 所以 $f(2) = 1+2 = 3$;

当 $a \geqslant 1$ 时, 因为 $0 < \dfrac{1}{a} \leqslant 1$, 所以 $f\left(\dfrac{1}{a}\right) = 2\sqrt{\dfrac{1}{a}} = \dfrac{2\sqrt{a}}{a}$;

当 $0 < a < 1$ 时, 因为 $\dfrac{1}{a} > 1$, 所以 $f\left(\dfrac{1}{a}\right) = 1+\dfrac{1}{a} = \dfrac{a+1}{a}$.

例 6 已知 $f(x) = x^2 - 1$, $g(x) = \begin{cases} x-1, & x>0, \\ 2-x, & x<0, \end{cases}$ 求 $f[g(x)]$.

解 当 $x>0$ 时, $g(x) = x-1$, $f[g(x)] = (x-1)^2 - 1 = x^2 - 2x$;

当 $x<0$ 时, $g(x) = 2-x$, $f[g(x)] = (2-x)^2 - 1 = x^2 - 4x + 3$, 所以

$$f[g(x)] = \begin{cases} x^2 - 2x, & x>0, \\ x^2 - 4x + 3, & x<0. \end{cases}$$

1.1.2 函数的几种特性

1. 奇偶性

设函数 $f(x)$ 的定义域 I 关于原点对称, 若对于任意 $x \in I$, 都有 $f(-x) = -f(x)$, 则称 $f(x)$ 为奇函数; 若 $f(-x) = f(x)$, 则称 $f(x)$ 为偶函数. 显然, 奇函数的图像关于原点对称, 偶函数的图像关于 y 轴对称. 例如 $y = x^3$ 在 $(-\infty, +\infty)$ 内是奇函数, $y = x^4 + 3x^2$ 在 $(-\infty, +\infty)$ 内是偶函数. $y = 1 + \sin x$ 在 $(-\infty, +\infty)$ 内是非奇非偶函数.

2. 单调性

设函数 $f(x)$ 的定义域为 D, 区间 $I \subset D$. 若对于区间 I 内的任意两点 x_1, x_2, 当 $x_1 < x_2$ 时, 有 $f(x_1) < f(x_2)$, 则称 $f(x)$ 在区间 I 上单调增加, 区间 I 称为单调增加区间; 当 $x_1 < x_2$ 时, 有 $f(x_1) > f(x_2)$, 则称 $f(x)$ 在区间 I 上单调减少, 区间 I 称为单调减少区间. 单调增加区间或单调减少区间统称为单调区间. 例如 $y = x^2$ 在 $(-\infty, 0]$ 内是单调减少的, 在 $[0, +\infty)$ 内是单调增加的. 但 $y = x^2$ 在 $(-\infty, +\infty)$ 内不是单调函数.

3. 周期性

设函数 $f(x)$ 的定义域为 I, 若存在一个常数 $T \neq 0$, 使得对于任意的 $x \in I$, 且 $x+T \in I$, 都有

$$f(x+T) = f(x)$$

成立, 则称函数 $f(x)$ 为周期函数, 常数 T 称为函数 $f(x)$ 的周期. 周期函数的周期通常是指它的最小正周期. 例如, $y = A\sin(\omega x + \phi)$ 是以 $\dfrac{2\pi}{\omega}$ 为周期的周期函数. 并非每个周期函数都有最小正周期.

4. 有界性

设函数 $f(x)$ 的定义域为 I, 若存在一个正数 M, 使得对于区间 I 内的任意 x, 都有

$$|f(x)| \leqslant M$$

成立, 则称函数 $f(x)$ 在区间 I 上有界, 否则称函数 $f(x)$ 在区间 I 上无界. 例如, $f(x) =$

$\sin x$ 在其定义域内是有界函数；$f(x) = \dfrac{1}{x}$ 在区间 $(0,1)$ 上是无界的，但在区间 $[1, +\infty)$ 上却是有界的.

1.1.3 反函数

定义 2 设 $y = f(x)$ 的定义域为 D，值域为 M. 如果对于 M 中每一个 y 值，D 中都有唯一的且满足 $f(x) = y$ 的 x 值与之相对应，则可得到一个以 M 为定义域、y 为自变量、x 为因变量的函数，称此函数为 $y = f(x)$ 的**反函数**，记作 $x = f^{-1}(y)$. 习惯上用 x 表示自变量、y 表示因变量，$x = f^{-1}(y)$ 可改为 $y = f^{-1}(x)$.

显然 $y = f(x)$ 也是 $y = f^{-1}(x)$ 的反函数，而且它们的图像关于直线 $y = x$ 对称.

求反函数的方法：首先由 $y = f(x)$ 解出 $x = f^{-1}(y)$，然后将 $x = f^{-1}(y)$ 中 x, y 的位置互换. 如求 $y = x^3$ 的反函数，由 $y = x^3$ 解出 $x = \sqrt[3]{y}$，然后将 $x = \sqrt[3]{y}$ 中 x, y 的位置互换得 $y = \sqrt[3]{x}$，即 $y = \sqrt[3]{x}$ 为 $y = x^3$ 的反函数.

关于反函数的存在性，有如下的定理.

定理 单调函数必有反函数，且单调函数与其反函数具有相同的单调性.

事实上，若函数 $y = f(x)$ $(x \in D)$ 值域为 M，则由 $f(x)$ 在 D 上的单调性可知，对任一 $y \in M$，D 内必定只有唯一的 x 满足 $f(x) = y$，从而推得 $y = f(x)$ $(x \in D)$ 的反函数必定存在，其单调性也是显然的.

我们知道，正弦函数 $y = \sin x$ 的定义域为 $(-\infty, +\infty)$，值域为 $[-1, 1]$，对于任一 $y \in [-1, 1]$，在 $(-\infty, +\infty)$ 内有无穷多个 x 与之对应，因此，$y = \sin x$ 在 $(-\infty, +\infty)$ 内不存在反函数. 但如果把正弦函数的定义域限定在它的一个单调区间 $\left[-\dfrac{\pi}{2}, \dfrac{\pi}{2}\right]$ 上，由反函数的存在定理可知，这样得到的函数 $y = \sin x$ $\left(-\dfrac{\pi}{2} \leqslant x \leqslant \dfrac{\pi}{2}\right)$，就存在反函数了. 这个反函数称为**反正弦函数**，记作 $y = \arcsin x$，它的定义域是 $[-1, 1]$，值域是 $\left[-\dfrac{\pi}{2}, \dfrac{\pi}{2}\right]$，如图 1-5 所示.

类似地有：定义在区间 $[0, \pi]$ 上的余弦函数 $y = \cos x$ 的反函数称为**反余弦函数**，记作 $y = \arccos x$，它的定义域是 $[-1, 1]$，值域是 $[0, \pi]$；定义在区间 $\left(-\dfrac{\pi}{2}, \dfrac{\pi}{2}\right)$ 内的正切函数 $y = \tan x$ 的反函数称为**反**

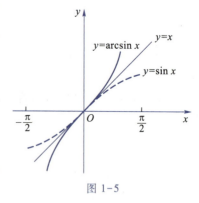

图 1-5

正切函数，记作 $y = \arctan x$，它的定义域是 $(-\infty, +\infty)$，值域是 $\left(-\dfrac{\pi}{2}, \dfrac{\pi}{2}\right)$；定义在区间 $(0, \pi)$ 内的余切函数 $y = \cot x$ 的反函数称为**反余切函数**，记作 $y = \operatorname{arccot} x$，它的定义域是 $(-\infty, +\infty)$，值域是 $(0, \pi)$.

以上四个函数 $y = \arcsin x$，$y = \arccos x$，$y = \arctan x$，$y = \operatorname{arccot} x$ 统称为**反三角函数**（图像和性质见表 1-2）.

1.1.4　初等函数

1. 基本初等函数

我们把学过的幂函数、指数函数、对数函数、三角函数和反三角函数统称为基本初等函数. 为便于应用,现将常用的基本初等函数的定义域、值域、图像和性质列表如下(表 1-2).

表 1-2

函数	图像	性质
幂函数 $y = x^{\alpha}$ $(\alpha \neq 0)$		定义域、值域与 α 有关; 都过$(1,1)$; 当 $\alpha > 0$ 时,在 $(0,+\infty)$ 上单调增加, 当 $\alpha < 0$ 时,在 $(0,+\infty)$ 上单调减少
指数函数 $y = a^{x}$ $(a > 0, a \neq 1)$		定义域为 $(-\infty,+\infty)$, 值域为 $(0,+\infty)$; 都过点$(0,1)$; 当 $a > 1$ 时是增函数, 当 $0 < a < 1$ 时是减函数
对数函数 $y = \log_{a} x$ $(a > 0, a \neq 1)$		定义域为 $(0,+\infty)$, 值域为 $(-\infty,+\infty)$; 都过点$(1,0)$; 当 $a > 1$ 时是增函数, 当 $0 < a < 1$ 时是减函数
三角函数 $y = \sin x$ $y = \cos x$		定义域为 $(-\infty,+\infty)$, 值域为 $[-1,1]$; $y = \sin x$ 是奇函数; $y = \cos x$ 是偶函数; 周期均为 2π

函数	图像	性质
三角函数 $y=\tan x$ $y=\cot x$		$y=\tan x$ 的定义域为 $\left\{x \mid x\neq k\pi+\dfrac{\pi}{2},k\in\mathbf{Z}\right\}$； $y=\cot x$ 的定义域为 $\{x \mid x\neq k\pi,k\in\mathbf{Z}\}$； 值域均为 $(-\infty,+\infty)$； 周期均为 π； 奇函数
*反三角函数 $y=\arcsin x$ $y=\arccos x$		$y=\arcsin x$ 的定义域为 $[-1,1]$，值域为 $\left[-\dfrac{\pi}{2},\dfrac{\pi}{2}\right]$； 奇函数，增函数，有界. $y=\arccos x$ 的定义域为 $[-1,1]$，值域为 $[0,\pi]$； 减函数，有界
*反三角函数 $y=\arctan x$ $y=\mathrm{arccot}\,x$		$y=\arctan x$ 的定义域为 $(-\infty,+\infty)$，值域为 $\left(-\dfrac{\pi}{2},\dfrac{\pi}{2}\right)$； 奇函数，增函数，有界. $y=\mathrm{arccot}\,x$ 的定义域为 $(-\infty,+\infty)$，值域为 $(0,\pi)$； 减函数，有界

2. 复合函数

在实际应用中，我们常见的函数并非就是基本初等函数本身或由它们仅仅通过四则运算所得到的. 例如自由落体的动能 E 是速度 v 的函数 $E=\dfrac{1}{2}mv^2$，而速度 v 又是时间 t 的函数 $v=gt$. 因而，动能 E 通过速度 v 的关系，构成关于 t 的函数，关系式为 $E=\dfrac{1}{2}m\left(gt\right)^2$. 类似地，由三角函数 $y=\sin u$ 与幂函数 $u=x^2$ 可构成函数 $y=\sin x^2$. 对于这样的函数，给出如下定义.

定义 3 设 $y=f(u)$ 的定义域为 D_1，而 $u=g(x)$ 的定义域为 D 且值域 $M=\{u \mid u=g(x),x\in D\}$，若 $M\cap D_1\neq\varnothing$，那么 y 通过 u 的关系构成 x 的函数，称该函数为由 $y=f(u)$ 与 $u=g(x)$ 复合而成的函数，简称**复合函数**，记作 $y=f[g(x)]$，其中 u 称为中间变量.

注意 （1）并非任何两个函数都可构成复合函数. 例如,函数 $y=\sqrt{u}$ 与 $u=-x^2-1$ 就不能复合成一个复合函数,因为 $y=\sqrt{u}$ 的定义域 $D_1=[0,+\infty)$, $u=-x^2-1$ 的值域 $M=(-\infty,-1]$,所以 $D_1\cap M=\varnothing$,即 $y=\sqrt{-x^2-1}$ 没有意义,不能复合.

（2）有时也会遇到两个以上函数所构成的复合函数,只要它们的顺序满足构成复合函数的条件即可. 例如, $y=\sqrt{u}$, $u=\sin v$, $v=\dfrac{x}{2}$ 可构成复合函数 $y=\sqrt{\sin\dfrac{x}{2}}$,其定义域 $D=\{x\mid 4k\pi\leqslant x\leqslant 4k\pi+2\pi\}$,可以看出,复合的过程就是把中间变量依次代入的过程.

（3）在以后的学习中经常要对复杂的复合函数进行分解,在一般情况下,分解得到的每一个函数都应该是基本初等函数或是由基本初等函数经过有限次四则运算所得到的函数.

例 7 求由下列函数复合而成的函数.

（1） $y=u^3$, $u=\sin x$；   （2） $y=\ln u$, $u=(x+1)^2$.

解 （1）将 $u=\sin x$ 代入 $y=u^3$ 中,即得所求复合函数 $y=\sin^3 x$.

（2）将 $u=(x+1)^2$ 代入 $y=\ln u$ 中,即得所求复合函数 $y=\ln(x+1)^2$.

例 8 指出下列函数的复合过程.

（1） $y=\sqrt{x^3-2x^2+5}$；   （2） $y=\arcsin(\ln x)$；

（3） $y=\mathrm{e}^{\sqrt{1+x^2}}$；   （4） $y=(\arctan\sqrt{x})^2$.

解 （1） $y=\sqrt{x^3-2x^2+5}$ 由 $y=\sqrt{u}$ 与 $u=x^3-2x^2+5$ 复合而成.

（2） $y=\arcsin(\ln x)$ 由 $y=\arcsin u$ 与 $u=\ln x$ 复合而成.

（3） $y=\mathrm{e}^{\sqrt{1+x^2}}$ 由 $y=\mathrm{e}^u$, $u=\sqrt{v}$ 与 $v=1+x^2$ 复合而成.

（4） $y=(\arctan\sqrt{x})^2$ 由 $y=u^2$, $u=\arctan v$ 与 $v=\sqrt{x}$ 复合而成.

3. 初等函数

由常数和基本初等函数经过有限次的四则运算或有限次的复合步骤所构成的,并能用一个解析式表示的函数叫作**初等函数**.

例如, $y=\ln(x^2+\sin x)$, $y=\dfrac{\arccos\dfrac{1}{x}}{2x^2+1}$, $y=\mathrm{e}^{\cos^2 x}\tan x$ 等都是初等函数.

1.1.5 函数的应用

1. 建立函数关系举例

在实际中,许多变量之间的关系都可用函数关系来刻画. 因而,运用数学工具来解决这些问题的关键,首先就是要使这些问题数学化,给这些问题建立适当的数学模型,确定变量间的函数关系. 一般地,建立函数关系的步骤为

（1）分析出问题中的常量与变量,分别用字母表示；

（2）根据所给条件,运用数学、物理等相关知识,确定等量关系；

（3）写出函数解析式,指明定义域.

例 9 如图 1-6 所示,用一块边长为 a 的正方形铁皮,在其四角各截去一个边长

为 x 的小正方形,然后把四边折起来做成一个无盖的容器,求容器的容积与 x 之间的函数关系.

解 设容器的容积为 V,由于铁皮四角各截去了一个边长为 x 的小正方形,所以容器底面的边长为 $a-2x$,高为 x,于是容器的容积为

$$V=(a-2x)^2 \cdot x.$$

由于截去的小正方形的边长必须满足 $0<x<\dfrac{a}{2}$,所以函数的定义域为 $\left(0,\dfrac{a}{2}\right)$.

例 10 如图 1-7 所示,重力为 G(此处为大小)的物体置于地平面上,设有一与水平方向成 α 角的拉力,使物体由静止开始移动,求物体开始移动时拉力 F(此处为大小)与角 α 之间的函数关系.

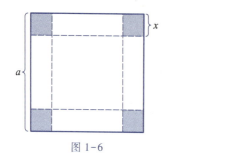

图 1-6

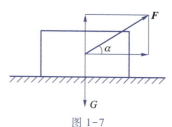

图 1-7

解 由物理知识可知,当水平拉力与摩擦力平衡时,物体开始移动,而摩擦力是与正压力 $G-F\sin\alpha$ 成正比的,设摩擦系数为 μ,则有

$$F\cos\alpha=\mu(G-F\sin\alpha),$$

即

$$F=\dfrac{\mu G}{\cos\alpha+\mu\sin\alpha}.$$

显然这里 $0\leqslant\alpha<\dfrac{\pi}{2}$,所以这个函数的定义域为 $\left[0,\dfrac{\pi}{2}\right)$.

2. 应用与建模

例 11 测量弓形零件 $FAPBG$ 的直径时,可以用如图 1-8 所示的仪器,仪器的两尖点 A,B 间的距离为 100 mm,高度 x 可从千分表中读出,根据 x 的读数就可算出直径 D 的大小,试写出 D 与 x 之间的函数关系式.

解 设圆心为 O,由 $PC=x$,得 $OC=\dfrac{D}{2}-x$. 在直角三角形 BOC 中,$BO^2=BC^2+OC^2$,即

$$\left(\dfrac{D}{2}\right)^2=50^2+\left(\dfrac{D}{2}-x\right)^2, \quad x\in(0,+\infty).$$

于是

$$D=\dfrac{2\,500}{x}+x, \quad x\in(0,+\infty).$$

这就是 D 与 x 之间的函数关系式.

例 12 在机械传动中常用的一种曲柄连杆机构如图 1-9 所示,当主动轮匀速转动时,连杆 AB 带动滑块 B 做往复直线运动.设主动轮半径为 r,转动角速度为 ω,连杆长度为 l,求滑块 B 的运动规律.

解 设滑块 B 到主动轮中心 O 的距离为 s,从点 A 向 OB 作垂线,垂足为 C,显然 $s=OC+CB$,$\angle AOC=\omega t$,其中时间 $t\geqslant 0$,OC 的长度为 $r\cos\omega t$,在 $\triangle OAB$ 中,由正弦定理得

$$\frac{r^2}{\sin^2\theta}=\frac{l^2}{\sin^2\omega t},$$

即

$$\sin^2\theta=\frac{r^2\sin^2\omega t}{l^2},\quad \cos\theta=\sqrt{1-\sin^2\theta}=\sqrt{1-\frac{r^2\sin^2\omega t}{l^2}},$$

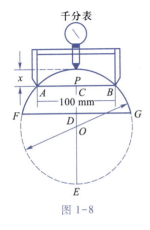

图 1-8

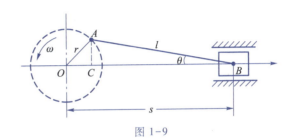

图 1-9

故

$$CB=l\cos\theta=l\sqrt{1-\frac{r^2\sin^2\omega t}{l^2}}=\sqrt{l^2-r^2\sin^2\omega t}.$$

所以滑块 B 的运动规律为

$$s=OC+CB=r\cos\omega t+\sqrt{l^2-r^2\sin^2\omega t},t\in[0,+\infty).$$

例 13 某工厂今年一、二、三月份的产品销量分别为 1(万件)、1.2(万件)和 1.3(万件),呈上升趋势.为了估测以后每个月的销量,拟选用二次函数 $y=ax^2+bx+c$ 或指数函数型的 $y=a\cdot b^x+c$(a,b,c 皆为常数)加以模拟.后来四月份的销量是 1.37(万件),那么根据一、二、三月份销量所选定的两个模拟函数哪一个更好?

解 设 $f(x)=ax^2+bx+c$(x 是月份数,$f(x)$ 是销量函数),则

$$\begin{cases} f(1)=a+b+c=1,\\ f(2)=4a+2b+c=1.2,\\ f(3)=9a+3b+c=1.3, \end{cases}$$

解得

$$a=-0.05,\quad b=0.35,\quad c=0.7.$$

于是

$$f(x) = -0.05x^2 + 0.35x + 0.7.$$

设 $g(x) = a \cdot b^x + c$(意义同上),则

$$\begin{cases} g(1) = ab + c = 1, \\ g(2) = ab^2 + c = 1.2, \\ g(3) = ab^3 + c = 1.3. \end{cases}$$

解得

$$a = -\frac{4}{5}, \quad b = \frac{1}{2}, \quad c = \frac{7}{5}.$$

于是

$$g(x) = -\frac{4}{5} \cdot \left(\frac{1}{2}\right)^x + \frac{7}{5}.$$

从四月份的销量 1.37 看,$f(4)$ 和 $g(4)$ 比较起来,$g(4)$ 与 1.37 更接近,宜用 $g(x)$. 同时 $g(x)$ 是增函数,而 $f(x)$ 是先增后减,如果从销量呈上升趋势看也宜用 $g(x)$,所以采用 $g(x) = a \cdot b^x + c$ 为模拟函数较合理.

例 14 "中国将力争 2030 年前实现碳达峰、2060 年前实现碳中和",这是我国对世界做出的承诺. 碳达峰指在某一个时间点,二氧化碳的排放不再增长,达到峰值之后逐步回落. 碳中和是指在一定时间内直接或间接产生的温室气体排放总量和通过一定途径吸收二氧化碳总量相等,实现二氧化碳"零排放". 某企业是用电大户,去年的用电量为 20 万千瓦时. 今年响应国家号召,该企业开展节能减排行动. 在去年基础上,建立今年该企业因减少用电而受损效益 $S(x)$(万元)与减少用电量 x(万千瓦时)的函数关系:

$$S(x) = \begin{cases} 40x^2, & 0 \leqslant x \leqslant 5, \\ 100x - \dfrac{500}{x} + 600, & 5 < x \leqslant 20. \end{cases}$$

同时,为解决用电问题,该企业决定进行技术升级,实现效益增值. 建立今年的增效效益 $Z(x)$(万元)与减少用电量 x(万千瓦时)的函数关系:

$$Z(x) = \begin{cases} \dfrac{S(x)}{x}, & 0 \leqslant x \leqslant 5, \\ \dfrac{S(x) - 2\,000}{x} + 400, & 5 < x \leqslant 20. \end{cases}$$

而且,当地政府为鼓励企业节能,补贴节能费 $n(x)$(万元)与减少用电量 x(万千瓦时)的函数关系:$n(x) = 10x$. 请给出今年该企业总增效益预测函数.

解 记今年该企业总增效益为 $f(x)$,$f(x) = Z(x) + n(x) - S(x)$.

将受损效益 $S(x)$ 代入今年的增效效益 $Z(x)$,得

$$Z(x) = \begin{cases} 40x, & 0 \leqslant x \leqslant 5, \\ -\dfrac{500}{x^2} - \dfrac{1\,400}{x} + 500, & 5 < x \leqslant 20. \end{cases}$$

则今年该企业总增效益预测函数为

$$f(x) = \begin{cases} 50x - 40x^2, & 0 \leqslant x \leqslant 5, \\ -\dfrac{500}{x^2} - \dfrac{900}{x} - 100 - 90x, & 5 < x \leqslant 20. \end{cases}$$

1.1.6　函数的 MATLAB 作图

1. 绘制函数图形

MATLAB 有很强的图形功能,可以方便地实现数据的视觉化.强大的计算能力与图形功能相结合为 MATLAB 在科学技术和教学方面的应用提供了更加广阔的天地.下面着重介绍二维图形的画法.

二维图形的绘制是 MATLAB 语言图形处理的基础,MATLAB 最常用的二维图形指令是 plot.plot 函数的基本调用格式为

```
plot(X,Y,LineSpec)
```

其中 X 和 Y 为长度相同的向量,分别用于存储 x 坐标和 y 坐标数据,LineSpec 是用户指定的绘图样式.

例如:

```
>>x1=[0  0.25  0.70  0.90  0.70  0.25];
>>plot(x1)
```

生成以序号 $1,2,\cdots,6$ 为横坐标,数组 y 的数值为纵坐标作出的折线的图形(图 1-10).

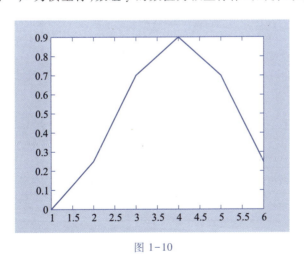

图 1-10

若输入如下命令,

```
>>x2=[0  0.25  0.70  0.90  0.70  0.25];
>>plot(x2,'r*')
```

则生成如图 1-11 的图形.

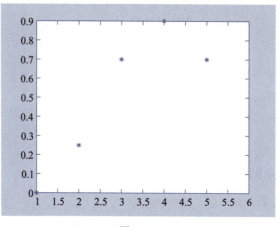

图 1-11

```
>>gtext('sin x')
>>gtext('cos x')
```

则生成如图 1-12 的图形.

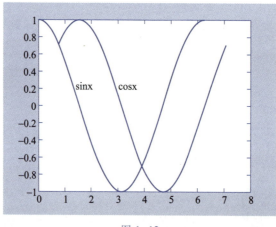

图 1-12

MATLAB 提供了一些绘图的线型和颜色的选项(表 1-3,表 1-4,表 1-5).

表 1-3　线型(**LineStyle**)说明

线型	符号
实线	-
虚线	--
双点线	:
点划线	-.

表 1-4 标识点(Marker)说明

标识点符号	说明	标识点符号	说明	标识点符号	说明
+	加号	s	方块	<	左三角
o	圆点	d	菱形	P	五角形
*	星号	^	上三角	h	六角形
·	点号	V	下三角		
x	叉号	>	右三角		

表 1-5 线的颜色(Color)说明

名称	缩写	RGB 值	名称	缩写	RGB 值
黄色	y	[1 1 0]	绿色	g	[0 1 0]
紫红色	m	[1 0 1]	蓝色	b	[0 0 1]
蓝绿色	c	[0 1 1]	白色	w	[1 1 1]
红色	r	[1 0 0]	黑色	k	[0 0 0]

例 15 描绘函数 $y = e^{-x^2}$ 在区间 $[-10, 10]$ 的图像.

解 输入命令:

```
>>x=-10:0.01:10;
>>y=exp(-x.^2);
>>plot(x,y);
>>title('y=exp(-x.^2)'),xlabel('x'),ylabel('y')
```

输出结果如图 1-13 所示.

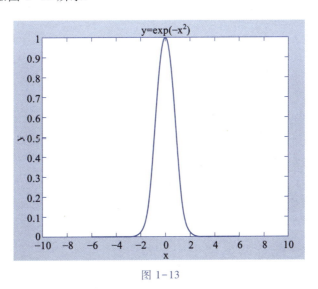

图 1-13

2. 求复合函数

MATLAB 软件提供的符号工具箱可用于符号运算,该工具箱是在 Maple 软件的基础上实现的. 当系统进行符号运算时, 系统会请求 MATLAB 进行计算, 完成后再将结果返回到系统的显示窗口.

MATLAB 软件中用于求复合函数的指令函数是 compose, 具体使用格式如下:

$$\text{compose}(\text{function1}, \text{function2}, \text{variable})$$

返回自变量 variable 的复合函数, 若 variable 缺省, 则返回默认变量.

例 16 求下列函数的复合函数.

(1) $y = u^3$, $u = \sin x$;

(2) $y = e^u$, $u = \arctan v$, $v = \dfrac{x}{2}$.

解 (1) 输入命令:

```
>>syms x; syms u;
>>y = u^3;
>>u = sin (x);
>>compose(y,u)
```

输出结果:

```
ans =
```

```
            sin (x)^3.
```

(2) 输入命令:

```
>>syms x; syms u; syms v; syms z;
>>y = exp(u);
>>u = atan (v);
>>y = compose(y,u,v);
>>v = x / 2;
>>compose(y,v,x)
```

输出结果:

```
ans =
```

```
            exp(atan (1/2 * x)).
```

只需多给出几个数组, MATLAB 还可以在同一个画面上作出多条曲线, 含多个输入参数的 plot 函数调用格式为

```
 plot(X1,Y1,LineSpec,X2, Y2, LineSpec,···,Xn,Yn,LineSpec)
```

如果将两幅图像 $y = \sin x$ 和 $y = \cos x$ 在同一画面上显示, 只需输入:

```
>>close all
>>x1 = linspace(0,2 * pi,100);      % 生成一组线性等距的数值
>>x2 = x1+pi / 4;
>>y1 = cos (x1);
>>y2 = sin (x2);
>>plot(x1,y1,'r',x2,y2,'b')
```

习题 1.1

1. 求下列函数的定义域.

(1) $y = \dfrac{x^2-1}{x^2-4x-5}$;

(2) $y = \dfrac{1}{\sqrt{1-|x|}}$;

(3) $y = \lg \dfrac{1}{1-x} + \sqrt{x+2}$;

(4) $y = \arcsin \sqrt{\dfrac{x-2}{3}}$.

2. 已知 $y = f(x)$ 的定义域是 $[0,1]$,求下列函数的定义域.

(1) $f(x^2)$;

(2) $f(x+a)$.

3. 作出函数 $y = \dfrac{x^2-4}{x-2}$ 的图像,并求函数的定义域.

4. 作函数 $y = \begin{cases} x-1, & x<0, \\ 0, & x=0, \\ x+1, & x>0 \end{cases}$ 的图像,并求 $f(-1)$,$f(0)$.

5. 填空题.

(1) 判断单调性: $y = \dfrac{1}{x}$ 在区间 $(-1,0)$ 内单调_____; $y = \arctan x$ 在区间 $(-\infty, +\infty)$ 内单调_____.

(2) 判断奇偶性: $y = 2x^3 + 3x$ 是_____函数; $y = \dfrac{1}{x^4-3x^2}$ 是_____函数; $y = x^2 \cos x$ 是_____函数; $y = \ln(x+\sqrt{x^2-1})$ 是_____函数.

(3) 判断有界性: $y = \sin x + \cos x$ 在区间 $(-\infty, +\infty)$ 内_____; $y = \dfrac{e^x + e^{-x}}{2}$ 在区间 $(-\infty, +\infty)$ 内_____.

6. 设 $f(x) = x^3 - 1$,求 $\dfrac{f(x+\Delta x)-f(x)}{\Delta x}$.

7. 指出下列函数的复合过程.

(1) $y = 2^{3x-1}$;

(2) $y = \ln \sqrt{1-x^2}$;

(3) $y = \cos^2(3x-1)$;

(4) $y = \tan(1+4x^2)^3$.

8. 如图 1-14 所示,将直径为 d 的圆木料锯成截面为矩形的木材,列出矩形截面的两条边长之间的函数关系式.

9. 一物体做直线运动,已知阻力 f 的大小与物体运动的速度 v 成正比,方向相反.当物体以 1 m/s 的速度运动时,阻力为 $1.96×10^{-2}$ N,试建立阻力与速度之间的函数关系.

10. 温度计上摄氏零度对应于华氏 32 度,摄氏 100 度对应于华氏 212 度,试将摄氏温标表示为华氏温标的函数.

11. 某运输公司规定一吨货物的运价为:在 a km 以内(含 a km),每公里 k 元,超过 a km,每增加一公里增加 $\dfrac{4}{5}k$

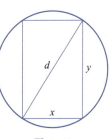

图 1-14

元,试求运价和里程之间的函数关系.

12. 某公司对成本为 492 元/件的新产品作试销,发现销售量 y 与销售价 x 之间的一组相关数据如表 1-6 所示.

表 1-6

x	650	662	720	800
y	350	333	281	200

营销人员经过分析认为可以把销量与售价之间的关系近似看作一次函数. 试问把售价定为多少时利润最大?（此题是一个讨论题,不拟定唯一的正确答案,只要求提出解题思路和方法,不同的方案可以有不同的答案.）

13. 设 1~14 岁儿童的平均身高 y(cm) 与年龄 x 成线性函数关系. 已知一岁儿童的平均身高为 85 cm,10 岁儿童的平均身高为 130 cm,写出 y 与 x 的函数关系.

14. 某公司生产一种新能源汽车的配件,其产品的销售量 q 与销售时间 t 的关系式为

$$q = \begin{cases} t^2 + t, & 0 < t \leqslant T_1, \\ T_1^{\,2} + t, & T_1 < t \leqslant T_2, \\ T_1^{\,2} + T_2, & T_2 < t, \end{cases}$$

而销售收入 R 与销售量 q 的关系式为 $R = 800\sqrt{q}$,试将销售收入 R 表示为时间 t 的函数.

15. 用 MATLAB 描绘 $y = 2x^3 - 3x^2$ 在区间 $[-10, 10]$ 的图形.

§1.2 极 限

极限是高等数学中的一个重要概念,极限概念的产生源于对实际问题的精确解答. 极限理论的确立使微积分有了坚实的逻辑基础,极限方法也是微积分中解决问题的主要思想方法.

1.2.1 数列的极限

1. 数列极限的定义

我国古代数学家刘徽(公元 3 世纪)的割圆术(利用圆内接正 n 边形的面积来推算圆面积的方法),就是极限思想在几何上的应用. 即,若用 S 表示圆的面积,S_n 表示圆内接正 n 边形的面积,则当边数无限增加时,正 n 边形的面积 S_n 就无限接近于圆的面积 S,如图 1-15 所示.

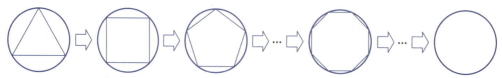

$S_n \to S$ (当 $n \to \infty$ 时)

图 1-15

在解决实际问题中逐渐形成的这种极限方法,已经成为高等数学中的一种基本方法,因此,有必要作进一步阐明.

所谓数列,是指按照某一法则,对于每个 $n \in \mathbf{N}_+$,对应着一个确定的实数 a_n,这些实数 a_n 按照下标 n 由小到大排列的一列数:$a_1, a_2, \cdots, a_n, \cdots$,简记为 $\{a_n\}$. 数列中的每一个数称为数列的项,第 n 项 a_n 称为数列的一般项.

例如:(1) $\dfrac{1}{2}, \dfrac{1}{4}, \dfrac{1}{8}, \cdots, \dfrac{1}{2^n}, \cdots$ $a_n = \dfrac{1}{2^n}$;

(2) $\dfrac{1}{2}, \dfrac{2}{3}, \dfrac{3}{4}, \cdots, \dfrac{n}{n+1}, \cdots$ $a_n = \dfrac{n}{n+1}$;

(3) $3, 9, 27, \cdots, 3^n, \cdots$ $a_n = 3^n$;

(4) $-1, 1, -1, \cdots, (-1)^n, \cdots$ $a_n = (-1)^n$;

(5) $2, 2, 2, \cdots, 2, \cdots$ $a_n = 2$.

我们现在要讨论的是:当 n 无限增大时(即 $n \to \infty$ 时),对应的 a_n 是否能无限接近于某个确定的数值? 如果能的话,这个数值是多少?

将(1)和(2)两个数列中的前几项分别在数轴上表示出来(如图 1-16 所示).

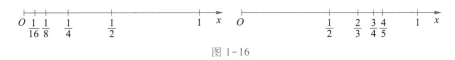

图 1-16

观察这两个数列可以发现,当 n 无限增大时,数列(1)中的各项呈现出确定的变化趋势,即无限趋近于常数 0,同样数列(2)中的各项无限趋近于常数 1,数列(5)恒等于 2,而数列(3),(4)就不能趋近于一个确定的常数.

我们用下面的定义来描述数列的这种变化趋势.

定义 1   当数列 $\{a_n\}$ 的项数 n 无限增大时,如果 a_n 无限地接近于一个确定的常数 A,那么就称 A 为这个数列的**极限**,记为

$$\lim_{n \to \infty} a_n = A \quad \text{或} \quad a_n \to A (n \to \infty).$$

若数列 $\{a_n\}$ 存在极限,称数列 $\{a_n\}$ 收敛;否则称数列 $\{a_n\}$ 发散.

根据上述极限的定义,上例中存在极限的数列,其极限可表示为

$$\lim_{n \to \infty} S_n = S; \quad \lim_{n \to \infty} \dfrac{1}{2^n} = 0; \quad \lim_{n \to \infty} \dfrac{n}{n+1} = 1; \quad \lim_{n \to \infty} 2 = 2.$$

例 1   考察下列数列的极限.

(1) $a_n = \dfrac{n + (-1)^{n-1}}{n}$ $(n = 1, 2, 3, \cdots)$;

(2) $a_n = (-1)^n$ $(n = 1, 2, 3, \cdots)$;

(3) $a_n = C$ $(n = 1, 2, 3, \cdots)$.

解   观察数列当 $n \to \infty$ 时的变化趋势,可得

(1) $\lim\limits_{n \to \infty} \dfrac{n + (-1)^{n-1}}{n} = 1$;

(2) $\lim\limits_{n \to \infty} (-1)^n$ 不存在;

(3) $\lim\limits_{n\to\infty} C = C.$

由(3)可见,任何一个常数列的极限就是这个常数本身.

2. 收敛数列的性质

定理1(唯一性) 如果数列$\{a_n\}$收敛,那么它的极限唯一.

定理2(有界性) 如果数列$\{a_n\}$收敛,那么数列$\{a_n\}$一定有界. 反之不一定成立. 即如果数列$\{a_n\}$有界,数列$\{a_n\}$不一定收敛.

定理3(收敛准则) 单调有界数列必定收敛.

1.2.2 函数的极限

1. 自变量趋于无穷大时,函数的极限

自变量x趋近于无穷大,有三种情况:

(1) $|x|$无限增大,记作$x\to\infty$;

(2) x取正值无限增大,记作$x\to+\infty$;

(3) x取负值而$|x|$无限增大,记作$x\to-\infty$.

考察当$x\to\infty$时,函数$f(x)=\dfrac{1}{x}$的变化趋势.

如图1-17所示,当x的绝对值无限增大,即$x\to\infty$（包括$x\to+\infty$及$x\to-\infty$两种情形）时,函数$f(x)=\dfrac{1}{x}$无限接近于常数0.

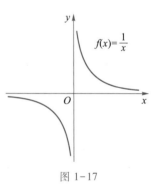

图1-17

对于这种变化趋势,给出如下极限定义.

定义2 设函数$f(x)$当$|x|$大于某一正数时有定义,如果当x的绝对值无限增大,即$x\to\infty$时,函数$f(x)$无限接近于一个确定的常数A,那么就称A为函数$f(x)$当$x\to\infty$时的极限,记为

$$\lim\limits_{x\to\infty} f(x) = A \quad \text{或} \quad f(x)\to A(x\to\infty).$$

定义2中的"$x\to\infty$"既包括$x\to+\infty$,也包括$x\to-\infty$,而有时我们只能或只需考虑$x\to+\infty$（或$x\to-\infty$）时,函数的变化趋势. 对此,类似地有:如果当$x\to+\infty$（或$x\to-\infty$）时,函数$f(x)$无限接近于一个确定的常数A,那么就称A为函数$f(x)$当$x\to+\infty$（或$x\to-\infty$）时的极限,记为

$$\lim\limits_{x\to+\infty} f(x) = A \quad (\text{或} \lim\limits_{x\to-\infty} f(x) = A).$$

例2 讨论函数$y_1 = e^x$与$y_2 = e^{-x}$当$x\to+\infty$时的极限.

解 如图1-18所示,函数定义域为$(-\infty, +\infty)$,当$x\to+\infty$时,$y_2 = e^{-x}$的值无限接近于常数0,因此有

$$\lim\limits_{x\to+\infty} e^{-x} = 0.$$

而当$x\to+\infty$时,$y_1 = e^x$的值无限增大,所以当$x\to+\infty$时$y_1 = e^x$没有极限.

例3 讨论当$x\to\infty$时,函数$y = \arctan x$的极限.

解 由图1-19可见函数定义域为$(-\infty, +\infty)$,

$$\lim_{x \to -\infty} \arctan x = -\frac{\pi}{2}; \quad \lim_{x \to +\infty} \arctan x = \frac{\pi}{2}.$$

而当 $x \to \infty$ 时, 函数 $y = \arctan x$ 不能接近于一个确定的常数, 所以当 $x \to \infty$ 时, 函数 $y = \arctan x$ 的极限不存在.

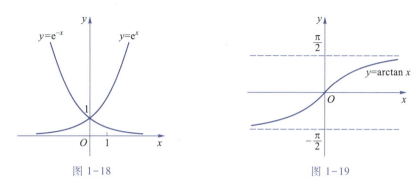

图 1-18   图 1-19

定理 4 $\lim\limits_{x \to \infty} f(x) = A$ 的充分必要条件是 $\lim\limits_{x \to -\infty} f(x) = \lim\limits_{x \to +\infty} f(x) = A$.

2. 自变量趋于有限值时函数的极限

先介绍邻域的概念: 设 δ 是任一正数, 则区间 $(x_0-\delta, x_0+\delta)$ 称为以 x_0 为中心、以 δ 为半径的邻域, 简称为 x_0 的邻域, 记作 $U(x_0, \delta)$. 若 x_0 的邻域中去掉中心点 x_0, 即区间 $(x_0-\delta, x_0) \cup (x_0, x_0+\delta)$ 称为 x_0 的去心邻域, 记作 $\overset{\circ}{U}(x_0, \delta)$.

引例 考察人影的长度变化. 若一个人沿直线走向灯的正下方, 灯与地面的垂直高度为 H m, 则当这个人无论以何种方式走向灯的正下方时, 人影的长度都趋近于零. 试解释这种现象.

解 设人距灯正下方的距离为 x m, 人身高为 h m, 人影的长度为 y m, 其中身高 h 和灯高 H 是不变的量, 而人影长 y 和人距灯正下方的距离 x 是两个变量, 且 y 随 x 的变化而不断变化. 为了解释题目中的现象, 下面建立 y 与 x 的函数关系, 由题意可知

$$\frac{y}{x+y} = \frac{h}{H},$$

由上式可得

$$y = \frac{h}{H-h} x.$$

显然当 x 趋于零时, y 也跟着趋近于零.

考察当 $x \to 1$ 时, 函数 $y = \dfrac{x^2-1}{x-1}$ 的变化趋势. 作出函数 $y = \dfrac{x^2-1}{x-1}$ 的图像 (图 1-20).

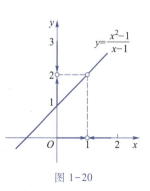

函数的定义域为 $(-\infty, 1) \cup (1, +\infty)$, 虽然在 $x = 1$ 处函数没有定义, 但从图 1-20 可以看出, 自变量 x 不论从大于 1 或从小于 1 两个方向趋近于 1 时, 函数 $y = \dfrac{x^2-1}{x-1}$ 的值总是无限接近常数 2.

图 1-20

下面我们给出当 $x \to x_0$ 时,函数 $f(x)$ 的极限定义.

定义 3 设函数 $f(x)$ 在 x_0 的某去心邻域内有定义,如果当 x 无限趋近于定值 x_0,即 $x \to x_0(x$ 可以不等于 $x_0)$ 时,函数 $f(x)$ 无限接近于一个确定的常数 A,那么就称 A 为函数 $f(x)$ 当 $x \to x_0$ 时的极限,记为

$$\lim_{x \to x_0} f(x) = A \quad \text{或} \quad f(x) \to A \, (x \to x_0).$$

显然,若 $\lim\limits_{x \to x_0} f(x)$ 存在,那么极限唯一(极限的唯一性).

例 4 考察并写出下列极限.

(1) $\lim\limits_{x \to x_0} c(c$ 为常数);   (2) $\lim\limits_{x \to x_0} x$;

(3) $\lim\limits_{x \to 0} \sin x$, $\lim\limits_{x \to 0} \cos x$.

解 (1) 设 $f(x) = c$,当 $x \to x_0$ 时,$f(x)$ 的值恒等于 c,因此

$$\lim_{x \to x_0} f(x) = \lim_{x \to x_0} c = c.$$

(2) 设 $g(x) = x$,当 $x \to x_0$ 时,$g(x)$ 的值无限接近于定值 x_0,因此 $\lim\limits_{x \to x_0} g(x) = \lim\limits_{x \to x_0} x = x_0$.

(3) 如图 1-21 所示,设 $\angle AOB = x$,则

$$\sin x = AB, \quad \cos x = OB.$$

当 $x \to 0$ 时,AB 无限接近于 0,OB 无限接近于 1,因此

$$\lim_{x \to 0} \sin x = 0, \quad \lim_{x \to 0} \cos x = 1.$$

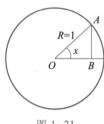

图 1-21

上面讨论的当 $x \to x_0$ 时,函数 $f(x)$ 的极限,其中 x 是以任意方式趋近于 x_0 的,但有时只能或只需讨论 x 从 x_0 的左侧(小于 x_0)无限趋近于 x_0(记为 $x \to x_0^-$),或从 x_0 的右侧(大于 x_0)无限趋近于 x_0(记为 $x \to x_0^+$)时函数的变化趋势,对此,给出下面的定义.

定义 4 设函数 $f(x)$ 在 x_0 的左邻域 $(x_0 - \delta, x_0)$ 内有定义,如果当 $x \to x_0^-$ 时,函数 $f(x)$ 无限接近于一个确定的常数 A,那么就称 A 为函数 $f(x)$ 当 $x \to x_0$ 时的左极限,记为

$$\lim_{x \to x_0^-} f(x) = A \quad \text{或} \quad f(x_0 - 0) = A.$$

如果函数 $f(x)$ 在 x_0 的右邻域 $(x_0, x_0 + \delta)$ 内有定义,当 $x \to x_0^+$ 时,函数 $f(x)$ 无限接近于一个确定的常数 A,那么就称 A 为函数 $f(x)$ 当 $x \to x_0$ 时的右极限,记为

$$\lim_{x \to x_0^+} f(x) = A \quad \text{或} \quad f(x_0 + 0) = A.$$

显然,由定义 3 和定义 4 可得如下定理.

定理 5 $\lim\limits_{x \to x_0} f(x) = A$ 的充分必要条件是 $\lim\limits_{x \to x_0^-} f(x) = \lim\limits_{x \to x_0^+} f(x) = A$.

例 5 脉冲发生器产生的一个三角脉冲,其波形如图 1-3 所示,其电压 U 与时间 t 的函数关系为

$$U(t) = \begin{cases} \dfrac{2E}{\tau} t, & t \in \left[0, \dfrac{\tau}{2}\right), \\ -\dfrac{2E}{\tau}(t - \tau), & t \in \left[\dfrac{\tau}{2}, \tau\right), \\ 0, & t \in [\tau, T]. \end{cases}$$

讨论此函数当 $t \to \dfrac{\tau}{2}$ 时的极限.

解 由图 1-3 可见,当 $t \to \dfrac{\tau}{2}$ 时,左极限

$$\lim_{t \to \frac{\tau}{2}^-} U(t) = \lim_{t \to \frac{\tau}{2}^-} \frac{2E}{\tau} t = E;$$

右极限

$$\lim_{t \to \frac{\tau}{2}^+} U(t) = \lim_{t \to \frac{\tau}{2}^+} \left[-\frac{2E}{\tau}(t - \tau) \right] = E.$$

由定理 5 可得

$$\lim_{t \to \frac{\tau}{2}} U(t) = E.$$

例 6 讨论函数

$$f(x) = \begin{cases} x - 1, & x < 0, \\ 0, & x = 0, \\ x + 1, & x > 0 \end{cases}$$

当 $x \to 0$ 时的极限.

解 由图 1-22 可见,左极限

$$\lim_{x \to 0^-} f(x) = \lim_{x \to 0^-} (x - 1) = -1;$$

右极限

$$\lim_{x \to 0^+} f(x) = \lim_{x \to 0^+} (x + 1) = 1;$$

因为 $\lim\limits_{x \to 0^-} f(x) \neq \lim\limits_{x \to 0^+} f(x)$,所以 $\lim\limits_{x \to 0} f(x)$ 不存在.

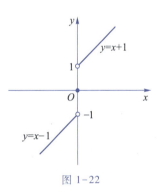

图 1-22

习题 1.2

1. 下列说法是否正确.

(1) 有界数列必收敛;

(2) 若函数 $f(x)$ 在点 x_0 处无定义,则 $f(x)$ 在点 x_0 处极限不存在;

(3) 若 $\lim\limits_{x \to x_0^+} f(x)$ 与 $\lim\limits_{x \to x_0^-} f(x)$ 均存在,则极限 $\lim\limits_{x \to x_0} f(x)$ 必存在.

2. 观察下列数列当 $n \to \infty$ 时的变化趋势,并写出它们的极限.

(1) $a_n = 2 + \dfrac{1}{n^2}$; (2) $u_n = e^{-n}$; (3) $a_n = \dfrac{n + (-1)^{n-1}}{n}$.

3. 作出下列函数的图像,并求其极限.

(1) $\lim\limits_{x \to +\infty} \left(\dfrac{1}{3} \right)^x$; (2) $\lim\limits_{x \to -\infty} \operatorname{arccot} x$; (3) $\lim\limits_{x \to 0} (e^x + 1)$; (4) $\lim\limits_{x \to -1} \dfrac{x^2 - 1}{x + 1}$.

4. 设 $f(x) = \begin{cases} e^x, & x < 0, \\ x^2 + 1, & 0 \leqslant x \leqslant 1, \\ 1, & x > 1, \end{cases}$ 分别求当 $x \to 0$ 及 $x \to 1$ 时 $f(x)$ 的左、右极限,从而

说明极限 $\lim\limits_{x \to 0} f(x)$,$\lim\limits_{x \to 1} f(x)$ 是否存在.

5. 证明极限 $\lim\limits_{x\to 0}\dfrac{x}{|x|}$ 不存在.

§1.3 极限的运算

利用极限的定义只能计算一些简单函数的极限,而实际问题中的函数往往复杂得多. 下面介绍极限的四则运算法则和两个重要极限.

1.3.1 极限的四则运算法则

下面的极限四则运算法则对 $x\to\infty$, $x\to x_0$ 都成立:

设 $\lim f(x)=A$, $\lim g(x)=B$, 则

1. $\lim[f(x)\pm g(x)]=\lim f(x)\pm\lim g(x)=A\pm B$;

2. $\lim[f(x)\cdot g(x)]=\lim f(x)\cdot\lim g(x)=A\cdot B$, 特别地,有 $\lim[Cf(x)]=C\lim f(x)=CA$ (C 是常数), $\lim[f(x)]^n=[\lim f(x)]^n=A^n$;

3. $\lim\dfrac{f(x)}{g(x)}=\dfrac{\lim f(x)}{\lim g(x)}=\dfrac{A}{B}$ ($B\neq 0$).

注意 (1) 其中法则 1 和法则 2 可推广到有限多个函数的情形;

(2) 法则 3 的分母极限不能为零.

例 1 求 $\lim\limits_{x\to 2}(3x^2-2x+6)$.

解 $\lim\limits_{x\to 2}(3x^2-2x+6)=3[\lim\limits_{x\to 2}x]^2-2\lim\limits_{x\to 2}x+\lim\limits_{x\to 2}6=3\times 2^2-2\times 2+6=14$.

例 2 求 $\lim\limits_{x\to 0}\dfrac{1-\sin x}{\cos x}$.

解 $\lim\limits_{x\to 0}\dfrac{1-\sin x}{\cos x}=\dfrac{\lim\limits_{x\to 0}1-\lim\limits_{x\to 0}\sin x}{\lim\limits_{x\to 0}\cos x}=\dfrac{1-0}{1}=1$.

例 3 求 $\lim\limits_{x\to\infty}\left[\left(3-\dfrac{1}{x}\right)\left(\dfrac{6}{x^2}+5\right)\right]$.

解
$$\lim\limits_{x\to\infty}\left[\left(3-\dfrac{1}{x}\right)\left(\dfrac{6}{x^2}+5\right)\right]=\lim\limits_{x\to\infty}\left(3-\dfrac{1}{x}\right)\cdot\lim\limits_{x\to\infty}\left(\dfrac{6}{x^2}+5\right)$$
$$=\left(\lim\limits_{x\to\infty}3-\lim\limits_{x\to\infty}\dfrac{1}{x}\right)\cdot\left[6\left(\lim\limits_{x\to\infty}\dfrac{1}{x}\right)^2+\lim\limits_{x\to\infty}5\right]$$
$$=(3-0)(0+5)=15.$$

例 4 求 $\lim\limits_{x\to 3}\dfrac{x-3}{x^2-9}$.

分析 由于 $\lim\limits_{x\to 3}(x^2-9)=0$, 因此不能直接应用法则 3, 考虑到 $x\to 3$ 但却不等于 3, 因而可先作恒等变形, 先消除零因子 (即分子、分母同除以 $(x-3)$), 再用法则.

解 $\lim\limits_{x\to 3}\dfrac{x-3}{x^2-9}=\lim\limits_{x\to 3}\dfrac{1}{x+3}=\dfrac{\lim\limits_{x\to 3}1}{\lim\limits_{x\to 3}x+\lim\limits_{x\to 3}3}=\dfrac{1}{3+3}=\dfrac{1}{6}$.

例 5 求 $\lim\limits_{x \to 1} \sqrt{\dfrac{x^2-1}{x-1}}$.

解 $\lim\limits_{x \to 1} \sqrt{\dfrac{x^2-1}{x-1}} = \sqrt{\lim\limits_{x \to 1} \dfrac{x^2-1}{x-1}} = \sqrt{\lim\limits_{x \to 1}(x+1)} = \sqrt{2}$.

例 6 求 $\lim\limits_{x \to \infty} \dfrac{3x^3-5x^2+2}{5x^3+2x-4}$.

解 类似上例,当 $x \to \infty$ 时,分式的分子、分母都趋近于无穷大,不能直接应用法则 3,因此先把分子、分母同除以 x^3,然后再用极限法则. 即得

$$\lim_{x \to \infty} \frac{3x^3-5x^2+2}{5x^3+2x-4} = \lim_{x \to \infty} \frac{3-\dfrac{5}{x}+\dfrac{2}{x^3}}{5+\dfrac{2}{x^2}-\dfrac{4}{x^3}} = \frac{\lim\limits_{x \to \infty} 3 - 5\lim\limits_{x \to \infty}\dfrac{1}{x} + 2\left(\lim\limits_{x \to \infty}\dfrac{1}{x}\right)^3}{\lim\limits_{x \to \infty} 5 + 2\left(\lim\limits_{x \to \infty}\dfrac{1}{x}\right)^2 - 4\left(\lim\limits_{x \to \infty}\dfrac{1}{x}\right)^3}$$

$$= \frac{3-5\times 0+2\times 0}{5+2\times 0-4\times 0} = \frac{3}{5}.$$

1.3.2 两个重要极限

1. 重要极限 I

$$\lim_{x \to 0} \frac{\sin x}{x} = 1.$$

函数 $\dfrac{\sin x}{x}$ 在 $x=0$ 处没有定义,但通过计算,由表 1-7 可以看出:当 x 取值越接近于 0 时,函数 $\dfrac{\sin x}{x}$ 的值越接近于 1.

表 1-7

x	± 0.5	± 0.1	± 0.01	± 0.001	$\cdots$	$\to$	0
$\dfrac{\sin x}{x}$	0.958 851	0.998 334	0.999 983	0.999 999	$\cdots$	$\to$	1

为了证明这个极限,我们先给出下面的定理.

定理(夹逼定理) 如果在点 x_0 的某个去心邻域内,有
$$g(x) \leqslant f(x) \leqslant h(x),$$
并且
$$\lim_{x \to x_0} g(x) = \lim_{x \to x_0} h(x) = A (A \text{ 是常数}),$$
则有
$$\lim_{x \to x_0} f(x) = A.$$

现在,我们来证明极限
$$\lim_{x \to 0} \frac{\sin x}{x} = 1.$$

如图 1-23 所示,作一个单位圆,设圆心角 $\angle AOB = x$,假定 $0 < x < \dfrac{\pi}{2}$,则

$$BC = \sin x, AD = \tan x, AB = x.$$

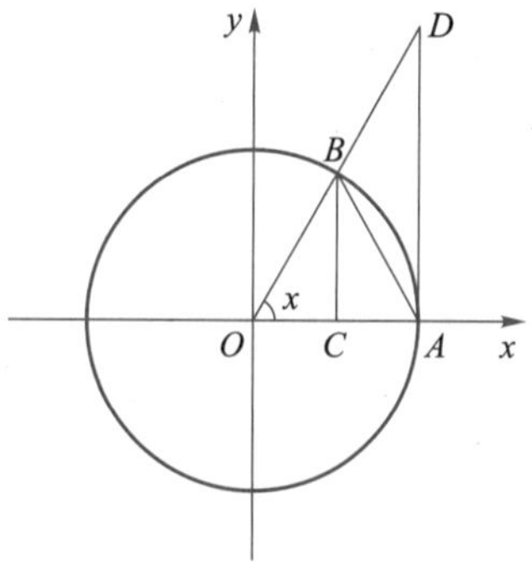

显然有

$$S_{\triangle AOB} < S_{扇形AOB} < S_{\triangle AOD},$$

即

$$\frac{1}{2}\sin x < \frac{1}{2}x < \frac{1}{2}\tan x,$$

所以

$$\sin x < x < \tan x.$$

由于 $0 < x < \dfrac{\pi}{2}$,从而 $\sin x > 0$,上式同除以 $\sin x$ 得

$$1 < \frac{x}{\sin x} < \frac{1}{\cos x},$$

即有

$$\cos x < \frac{\sin x}{x} < 1.$$

由于以 $-x$ 代替 x 时,$\cos x$ 与 $\dfrac{\sin x}{x}$ 都不变号,所以当 $-\dfrac{\pi}{2} < x < 0$ 时,上述不等式仍成立. 从而,在点 0 的左、右邻域内,都有

$$\cos x < \frac{\sin x}{x} < 1.$$

而

$$\lim_{x \to 0} \cos x = 1, \lim_{x \to 0} 1 = 1,$$

由极限的夹逼定理,证得

$$\lim_{x \to 0} \frac{\sin x}{x} = 1.$$

图 1-23

例7 求 $\lim\limits_{x \to 0} \dfrac{\sin 3x}{x}$.

解 $\lim\limits_{x \to 0} \dfrac{\sin 3x}{x} = \lim\limits_{x \to 0}\left(3 \cdot \dfrac{\sin 3x}{3x}\right) = 3\lim\limits_{x \to 0}\dfrac{\sin 3x}{3x} = 3.$

例8 求 $\lim\limits_{x \to 0} \dfrac{\tan x}{x}$.

解 $\lim\limits_{x \to 0} \dfrac{\tan x}{x} = \lim\limits_{x \to 0}\left(\dfrac{\sin x}{x} \cdot \dfrac{1}{\cos x}\right) = \lim\limits_{x \to 0}\dfrac{\sin x}{x} \cdot \lim\limits_{x \to 0}\dfrac{1}{\cos x} = 1 \times 1 = 1.$

例9 求 $\lim\limits_{x \to 0} \dfrac{1 - \cos x}{x^2}$.

解 $\lim\limits_{x \to 0} \dfrac{1 - \cos x}{x^2} = \lim\limits_{x \to 0}\dfrac{2\sin^2\dfrac{x}{2}}{x^2} = \dfrac{1}{2}\lim\limits_{x \to 0}\left(\dfrac{\sin\dfrac{x}{2}}{\dfrac{x}{2}}\right)^2 = \dfrac{1}{2} \times 1^2 = \dfrac{1}{2}.$

例 10 求 $\lim\limits_{\theta\to\frac{\pi}{2}}\dfrac{\cos\theta}{\frac{\pi}{2}-\theta}$.

解 因为 $\cos\theta=\sin\left(\dfrac{\pi}{2}-\theta\right)$，令 $\dfrac{\pi}{2}-\theta=t$，当 $\theta\to\dfrac{\pi}{2}$ 时，$t\to0$，所以

$$\lim_{\theta\to\frac{\pi}{2}}\frac{\cos\theta}{\frac{\pi}{2}-\theta}=\lim_{\theta\to\frac{\pi}{2}}\frac{\sin\left(\frac{\pi}{2}-\theta\right)}{\frac{\pi}{2}-\theta}=\lim_{t\to0}\frac{\sin t}{t}=1.$$

例 11 求 $\lim\limits_{x\to0}\dfrac{\arctan x}{x}$.

解 令 $\arctan x=t$，则 $x=\tan t$，当 $x\to0$ 时，$t\to0$，所以

$$\lim_{x\to0}\frac{\arctan x}{x}=\lim_{t\to0}\frac{t}{\tan t}=\lim_{t\to0}\left(\frac{t}{\sin t}\cdot\cos t\right)=1.$$

2. 重要极限 Ⅱ

$$\lim_{x\to\infty}\left(1+\frac{1}{x}\right)^x=e.$$

我们先观察下面的函数值对应表 1-8.

表 1-8

x	10	100	1 000	10 000	100 000	1 000 000	⋯
$\left(1+\frac{1}{x}\right)^x$	2.593 74	2.704 81	2.716 92	2.718 15	2.718 27	2.718 28	⋯
x	−10	−100	−1 000	−10 000	−100 000	−1 000 000	⋯
$\left(1+\frac{1}{x}\right)^x$	2.867 97	2.732 00	2.719 64	2.718 42	2.718 30	2.718 28	⋯

从以上表中可以看出，不管 x 取正数，还是取负数，当 $|x|$ 无限增大，即 $x\to\infty$ 时，函数 $\left(1+\dfrac{1}{x}\right)^x$ 的对应值无限趋近于无理数 e（e = 2.718 281 8⋯），由此根据极限的定义有

$$\lim_{x\to\infty}\left(1+\frac{1}{x}\right)^x=e.$$

如果在上式中，令 $\dfrac{1}{x}=t$，则当 $x\to\infty$ 时，$t\to0$，于是又有

$$\lim_{t\to0}(1+t)^{\frac{1}{t}}=e.$$

例 12 $\lim\limits_{x\to\infty}\left(1+\dfrac{2}{x}\right)^x$.

解 因为

$$\left(1+\frac{2}{x}\right)^{x}=\left[\left(1+\frac{1}{\frac{x}{2}}\right)^{\frac{x}{2}}\right]^{2},$$

令 $\dfrac{x}{2}=t$，当 $x\to\infty$ 时，$t\to\infty$，所以

$$\lim_{x\to\infty}\left(1+\frac{2}{x}\right)^{x}=\lim_{t\to\infty}\left[\left(1+\frac{1}{t}\right)^{t}\right]^{2}=\left[\lim_{t\to\infty}\left(1+\frac{1}{t}\right)^{t}\right]^{2}=\mathrm{e}^{2}.$$

一般地，在自变量 x 的某个变化过程中，当 $\varphi(x)\to\infty$ 时，即有

$$\lim_{\varphi(x)\to\infty}\left(1+\frac{1}{\varphi(x)}\right)^{\varphi(x)}=\mathrm{e}.$$

例 13　求 $\lim\limits_{x\to\infty}\left(1-\dfrac{1}{x}\right)^{3x}$.

解　$\lim\limits_{x\to\infty}\left(1-\dfrac{1}{x}\right)^{3x}=\lim\limits_{x\to\infty}\left[\left(1+\dfrac{1}{-x}\right)^{-x}\right]^{-3}=\left[\lim\limits_{x\to\infty}\left(1+\dfrac{1}{-x}\right)^{-x}\right]^{-3}=\mathrm{e}^{-3}.$

例 14　求 $\lim\limits_{x\to\infty}\left(\dfrac{x+2}{x+1}\right)^{2x+1}$.

解　$\lim\limits_{x\to\infty}\left(\dfrac{x+2}{x+1}\right)^{2x+1}=\lim\limits_{x\to\infty}\left(1+\dfrac{1}{x+1}\right)^{2(x+1)-1}$

$$=\left[\lim_{x\to\infty}\left(1+\frac{1}{x+1}\right)^{x+1}\right]^{2}\cdot\lim_{x\to\infty}\left(1+\frac{1}{x+1}\right)^{-1}=\mathrm{e}^{2}\times1=\mathrm{e}^{2}.$$

例 15　求 $\lim\limits_{x\to0}(1+x)^{\frac{3}{\sin x}}$.

解　$\lim\limits_{x\to0}(1+x)^{\frac{3}{\sin x}}=\lim\limits_{x\to0}\left[(1+x)^{\frac{1}{x}}\right]^{\frac{3x}{\sin x}}.$ 因为

$$\lim_{x\to0}(1+x)^{\frac{1}{x}}=\mathrm{e},\quad\lim_{x\to0}\frac{3x}{\sin x}=3,$$

所以

$$\lim_{x\to0}(1+x)^{\frac{3}{\sin x}}=\mathrm{e}^{3}.$$

1.3.3　极限的 MATLAB 计算及其应用

MATLAB 软件中用于求某个具体函数的极限指令是 `limit`，具体使用格式如下：

（1）`limit(function,x,a)`

返回符号表达式 f 当 $x\to a$ 时的极限；若 a 缺省，则返回当 $x\to0$ 时的极限；

（2）`limit(function,x,a,'right')`

返回符号表达式 f 当 $x\to a$ 时的右极限；

（3）`limit(function,x,a,'left')`

返回符号表达式 f 当 $x\to a$ 时的左极限；

（4）`limit(function,x,Inf)`

返回符号表达式 f 当 $x\to+\infty$ 时的极限；

(5) limit(function f,x,-Inf)

返回符号表达式 f 当 $x \to -\infty$ 时的极限.

例 16　求 $\lim\limits_{x \to -1}\left(\dfrac{1}{x+1}-\dfrac{3}{x^3+1}\right)$.

解　输入命令:

```
>> syms x
>> f=1/(x+1)-3/(x^3+1);
>> limit(f,x,-1)
```

输出结果:

```
ans =

    -1 .
```

例 17　求 $\lim\limits_{x \to 0}\dfrac{\cos x-\sin x}{x^2}$.

解　输入命令:

```
>> syms x
>> f=(cos(x)-sin(x))/x^2;
>> limit(f,0)
```

输出结果:

```
ans =


    Inf .
```

例 18　求 $\lim\limits_{x \to 0^+} x^x$.

解　输入命令:

```
>> syms x
>> limit(x^x,x,0,'right')
```

输出结果:

```
ans =


    1 .
```

1.3.4　极限的应用

1. 函数图形的渐近线

定义 1　若曲线 C 上的动点 P 沿着曲线无限地远离原点时,点 P 与某一固定直线 L 的距离趋于零,则称直线 L 为曲线 C 的渐近线.

曲线的渐近线分为水平渐近线、垂直渐近线和斜渐近线三种情况.下面只讨论曲线的水平渐近线和垂直渐近线.

（1）水平渐近线

定义 2　设曲线 C 的方程为 $y=f(x)$,若当 $x \to \infty$（或 $x \to -\infty$,或 $x \to +\infty$）时,有 $f(x) \to b$,b 为常数,则称直线 $y=b$ 为曲线 C 的一条水平渐近线.

例19 求曲线 $y=\dfrac{2x}{1+x^2}$ 的水平渐近线.

解 因为 $\lim\limits_{x\to\infty}\dfrac{2x}{1+x^2}=0$,所以直线 $y=0$ 是曲线的水平渐近线,如图1-24所示.

（2）垂直渐近线

定义3 设曲线 C 的方程为 $y=f(x)$,若存在点 a,当 $x\to a$（或 $x\to a^-$,或 $x\to a^+$）时,有 $f(x)\to\infty$（或 $f(x)\to-\infty$,或 $f(x)\to+\infty$）,则称直线 $x=a$ 为曲线 C 的一条垂直渐近线.

例20 求曲线 $y=\dfrac{x+1}{x-2}$ 的渐近线.

解 因为 $\lim\limits_{x\to 2}\dfrac{x+1}{x-2}=\infty$,所以直线 $x=2$ 是曲线的垂直渐近线.

又 $\lim\limits_{x\to\infty}\dfrac{x+1}{x-2}=1$,所以直线 $y=1$ 是曲线的水平渐近线.

如图1-25所示.

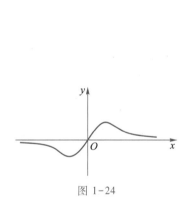

图1-24

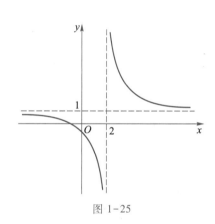

图1-25

2. 经济学中的应用

例21 【本章导例】存款本利和问题

设有一笔存款的本金为 A_0,年利率为 r,（1）如果每年结算（计息）一次,那么 k 年后的本利和是多少？（2）如果每年结算 n 次,年利率仍为 r,则每期的利率为 $\dfrac{r}{n}$,那么 k 年后的本利和是多少？

解 （1）设有一笔存款的本金为 A_0,年利率为 r,如果每年结算（计息）一次,那么

一年后的本利和为 $\qquad A_1=A_0+A_0r=A_0(1+r)$,

两年后的本利和为 $\qquad A_2=A_1(1+r)=A_0(1+r)^2$,

可推知 k 年后的本利和为 $\qquad A_k=A_{k-1}(1+r)=A_0(1+r)^k$.

如果每年结算 n 次,年利率仍为 r,则每期的利率为 $\dfrac{r}{n}$,那么

一年后的本利和为 $\qquad A_1=A_0\left(1+\dfrac{r}{n}\right)^n$,

两年后的本利和为　　　　　　$A_2 = A_0 \left(1 + \dfrac{r}{n}\right)^{2n}$,

可推知 k 年后的本利和为　　$A_k = A_0 \left(1 + \dfrac{r}{n}\right)^{nk}$.

如果计息期数无限大,即每年结算 n 次且 $n \to \infty$,那么 k 年后的本利和为

$$A_k = \lim_{n \to \infty} A_0 \left(1 + \dfrac{r}{n}\right)^{nk} = \lim_{n \to \infty} A_0 \left[\left(1 + \dfrac{r}{n}\right)^{\frac{n}{r}}\right]^{kr} = A_0 e^{kr}.$$

(2)假设某人将本金 10 000 元存入银行,年利率为 0.03,请按季度、月、日以及连续复利计算两年本利和.

由题设 $A_0 = 10\ 000, r = 0.03, k = 2$,

① 一年分为四季,取 $n = 4$ 代入 A_2 的表达式,得

$$10\ 000 \times \left(1 + \dfrac{0.03}{4}\right)^8 = 10\ 000 \times 1.007\ 5^8 \approx 10\ 615.99.$$

② 一年分为 12 个月,取 $n = 12$ 代入 A_2 的表达式,得

$$10\ 000 \times \left(1 + \dfrac{0.03}{12}\right)^{24} = 10\ 000 \times 1.002\ 5^{24} \approx 10\ 617.57.$$

③ 一年分为 365 天,取 $n = 365$ 代入 A_2 的表达式,得

$$10\ 000 \times \left(1 + \dfrac{0.03}{365}\right)^{730} \approx 10\ 000 \times 1.000\ 082\ 191\ 780\ 82^{730} \approx 10\ 618.34.$$

④ 连续取息即 $n \to \infty$,得

$$\lim_{n \to \infty} 10\ 000 \times \left(1 + \dfrac{0.03}{n}\right)^{2n} = 10\ 000 \times e^{2 \times 0.03} \approx 10\ 618.37.$$

习题 1.3

1. 计算下列极限.

(1) $\lim\limits_{x \to 0} \dfrac{x^5 + 8x^3 - 3}{3x^4 - 2x^2 + 9}$;

(2) $\lim\limits_{x \to -2} \dfrac{x+2}{x^2+1}$;

(3) $\lim\limits_{x \to 5} \dfrac{x^2 - 6x + 5}{x - 5}$;

(4) $\lim\limits_{h \to 0} \dfrac{(x+h)^3 - x^3}{h}$;

(5) $\lim\limits_{x \to \infty} \dfrac{x^3 - x - 1}{2x^3 + 3x^2 + 1}$;

(6) $\lim\limits_{x \to \infty} \dfrac{4x^2 - 2x + 8}{x^3 - 5x - 7}$;

(7) $\lim\limits_{n \to \infty} \dfrac{\sqrt[3]{n^2 + n}}{n + 2}$;

(8) $\lim\limits_{x \to 2} \left(\dfrac{1}{x-2} - \dfrac{4}{x^2 - 4}\right)$.

2. 计算下列极限.

(1) $\lim\limits_{x \to 0} \dfrac{\sin 2x}{\tan 3x}$;

(2) $\lim\limits_{x \to 0} \dfrac{1 - \cos 2x}{x \sin x}$;

(3) $\lim\limits_{x \to \pi} \dfrac{\sin x}{\pi - x}$;

(4) $\lim\limits_{x \to \infty} x^2 \sin \dfrac{1}{x^2}$;

(5) $\lim\limits_{x \to 0^+} \dfrac{x}{\sqrt{1 - \cos x}}$;

(6) $\lim\limits_{x \to \infty} \left(\dfrac{x+1}{x}\right)^{2x}$;

（7）$\lim\limits_{x\to 0}(1-2x)^{\frac{1}{x}}$； （8）$\lim\limits_{x\to \frac{\pi}{2}}(1+\cos x)^{3\sec x}$； （9）$\lim\limits_{x\to \infty}\left(\dfrac{2x+3}{2x+1}\right)^{x}$.

3. 求下列曲线的水平渐近线和垂直渐近线.

（1）$y=\dfrac{x}{x^{2}-1}$； （2）$y=1+\dfrac{2}{(x-3)^{2}}$.

4. 写出计算下列极限的 MATLAB 程序.

（1）$\lim\limits_{x\to 0^{-}}(\cot x)^{\frac{1}{\ln x}}$； （2）$\lim\limits_{x\to \infty}\left(\dfrac{x+1}{x-1}\right)^{x}$.

§1.4 无穷小与无穷大

中国古代关于无穷的思想最早可以追溯到先秦时期,其中理解最深的当属名家和墨家. 在《庄子·天下》中有记载:"至大无外,谓之大一;至小无内,谓之小一."《墨经》中的:"穷,或有前不容尺也." 这些都是中国早期对无穷量的哲学层面的思考.

1.4.1 无穷小量

1. 无穷小量的概念

在实际问题中,常常会遇到以零为极限的变量,例如单摆在运动中,由于受到空气的阻力和摩擦力的作用,它的振幅会随时间的增加而逐渐减小并趋于零;又如电容器在放电时,其电压也随时间的增加而逐渐减小并趋于零. 这种极限为零的变量在极限的计算和研究中有着重要的地位.

引例 某人服用一种药物 t h 后,血液中该药物的含量为

$$d(t)=\frac{0.2t}{t^{2}+1}(\mathrm{mg/cm^{3}}).$$

计算 $\lim\limits_{t\to \infty}d(t)$ 并解释计算结果.

解

$$\lim_{t\to \infty}d(t)=\lim_{t\to \infty}\frac{0.2t}{t^{2}+1}=\lim_{t\to \infty}\frac{\dfrac{0.2}{t}}{1+\dfrac{1}{t^{2}}}=0.$$

结果表明,经过足够长的时间以后,该药物已被人体新陈代谢,不存在残留药物对人体以后的健康造成影响.

对于极限为零的变量,我们给出下面的定义.

定义 1 设函数 $f(x)$ 在 x_{0} 的某一去心邻域内有定义(或 $|x|$ 大于某一正数时有定义),如果当 $x\to x_{0}$(或 $x\to \infty$)时,函数 $f(x)$ 的极限为零,即

$$\lim_{x\to x_{0}}f(x)=0 \quad (\text{或} \lim_{x\to \infty}f(x)=0),$$

那么称函数 $f(x)$ 为当 $x\to x_{0}$(或 $x\to \infty$)时的无穷小量,简称**无穷小**.

例如当 $x\to 0$ 时,$\sin x$ 是无穷小;当 $x\to \infty$ 时,$\dfrac{1}{x}$ 是无穷小.

注意 （1）无穷小是以零为极限的变量,描述了量的变化状态,而不是量的大小.因而,不要把无穷小量与很小的数混为一谈,常数中只有"0"可以看作是无穷小(因为 $\lim 0 = 0$);

（2）无穷小与自变量的变化趋势密切相关,如函数 $f(x) = \dfrac{1}{x}$,当 $x \to \infty$ 时,为无穷小,而当 $x \to 1$ 时,就不是无穷小.所以,说一个函数是无穷小时,必须指明自变量的变化趋势;

（3）在定义中,当 $x \to x_0^-$,$x \to x_0^+$,$x \to +\infty$,$x \to -\infty$ 时,也有相应的无穷小概念.

2. 函数极限与无穷小的关系

定理 1 在自变量的同一变化过程中如 $x \to x_0$(或 $x \to \infty$),函数 $f(x)$ 具有极限 A 的充分必要条件是 $f(x) = A + \alpha$,其中 α 是无穷小,即

$$\lim_{\substack{x \to x_0 \\ (x \to \infty)}} f(x) = A \Leftrightarrow f(x) = A + \alpha \quad (\text{其中 } A \text{ 为常数}, \lim_{\substack{x \to x_0 \\ (x \to \infty)}} \alpha = 0).$$

证明 （就 $x \to x_0$ 的情形）

必要性:设 $\lim\limits_{x \to x_0} f(x) = A$,令 $\alpha = f(x) - A$,则

$$\lim_{x \to x_0} \alpha = \lim_{x \to x_0} [f(x) - A] = \lim_{x \to x_0} f(x) - A = 0,$$

即 $f(x) = A + \alpha$ （α 是无穷小）.

充分性:设 $f(x) = A + \alpha$ （α 是无穷小）,显然

$$\lim_{x \to x_0} f(x) = \lim_{x \to x_0} (A + \alpha) = A + 0 = A.$$

对于 $x \to \infty$ 的情形,可以类似地加以证明.

3. 无穷小的性质

在自变量的同一变化过程中,无穷小具有如下性质.

性质 1 有限个无穷小的代数和仍是无穷小.

性质 2 有限个无穷小的乘积仍是无穷小.

性质 3 有界函数与无穷小的乘积仍是无穷小.

推论 常数与无穷小的乘积仍是无穷小.

例 1 求 $\lim\limits_{x \to 0} x \sin \dfrac{1}{x}$.

解 因为 $\lim\limits_{x \to 0} x = 0$,所以 x 是当 $x \to 0$ 时的无穷小,而 $\left| \sin \dfrac{1}{x} \right| \leqslant 1$,即 $\sin \dfrac{1}{x}$ 是有界函数,根据性质 3 可知

$$\lim_{x \to 0} x \sin \frac{1}{x} = 0.$$

例 2 求 $\lim\limits_{x \to \infty} \dfrac{\cos x}{\sqrt{1+x^2}}$.

解 当 $x \to \infty$ 时,$\cos x$ 的极限不存在,所以不能直接用极限法则.但当 $x \to \infty$ 时,$\dfrac{1}{\sqrt{1+x^2}}$ 是无穷小,而 $\cos x$ 是有界函数,因而可得

$$\lim_{x \to \infty} \frac{\cos x}{\sqrt{1+x^2}} = 0.$$

4. 无穷小的比较

由无穷小的性质可知,两个无穷小的和、差、乘积仍是无穷小,但两个无穷小的商却会出现不同的情况.

例如,当 $x \to 0$ 时,$x, 5x, x^2$ 都是无穷小,却有

$$\lim_{x \to 0} \frac{x^2}{x} = \lim_{x \to 0} x = 0;$$

$$\lim_{x \to 0} \frac{5x}{x^2} = \lim_{x \to 0} \frac{5}{x} = \infty;$$

$$\lim_{x \to 0} \frac{5x}{x} = \lim_{x \to 0} 5 = 5.$$

两个无穷小之比的极限的不同情况,反映了不同的无穷小趋向于零的速度的快慢程度. 从表 1-9 可以看出,当 $x \to 0$ 时,$5x$ 与 x 趋于零的速度相当,而 x^2 比 x 要快.

表 1-9

x	1	0.5	0.1	0.01	0.001	⋯	→	0
$5x$	5	2.5	0.5	0.05	0.005	⋯	→	0
x^2	1	0.25	0.01	0.000 1	0.000 001	⋯	→	0

定义 2 在同一个自变量的变化过程中,设 $\alpha = \alpha(x), \beta = \beta(x)$ 均为无穷小即 $\lim \alpha(x) = 0, \lim \beta(x) = 0$.

(1) 如果 $\lim \dfrac{\beta(x)}{\alpha(x)} = 0$,那么称 $\beta(x)$ 是比 $\alpha(x)$ **高阶的无穷小**,记作 $\beta(x) = o(\alpha(x))$;

(2) 如果 $\lim \dfrac{\beta(x)}{\alpha(x)} = \infty$,那么称 $\beta(x)$ 是比 $\alpha(x)$ **低阶的无穷小**;

(3) 如果 $\lim \dfrac{\beta(x)}{\alpha(x)} = C \neq 0$,那么称 $\beta(x)$ 与 $\alpha(x)$ 为**同阶的无穷小**;

(4) 如果 $\lim \dfrac{\beta(x)}{\alpha(x)} = 1$,称 $\beta(x)$ 与 $\alpha(x)$ 为**等价无穷小**,记作 $\alpha(x) \sim \beta(x)$;

(5) 如果 $\lim \dfrac{\beta(x)}{\alpha(x)^k} = C \neq 0$,称 $\beta(x)$ 是 $\alpha(x)$ 的 k **阶无穷小**.

根据以上定义可知,当 $x \to 0$ 时,x^2 是比 x 高阶的无穷小,x 与 $5x$ 是同阶的无穷小.

例 3 比较当 $x \to 2$ 时,无穷小 $(x-2)^2$ 与 $x^3 - 2x^2$ 的阶的高低.

解 因为

$$\lim_{x \to 2} \frac{(x-2)^2}{x^3 - 2x^2} = \lim_{x \to 2} \frac{(x-2)^2}{x^2(x-2)} = \lim_{x \to 2} \frac{x-2}{x^2} = 0,$$

所以,当 $x \to 2$ 时,$(x-2)^2$ 是比 $x^3 - 2x^2$ 高阶的无穷小.

等价无穷小在求极限时有重要的作用,见如下定理.

定理 2 设 $\alpha, \beta, \alpha', \beta'$ 是同一变化过程中的无穷小,且 $\alpha \sim \alpha', \beta \sim \beta'$,则当极限 $\lim \dfrac{\alpha'}{\beta'}$ 存在时,极限 $\lim \dfrac{\alpha}{\beta}$ 也存在,且

$$\lim \frac{\alpha}{\beta} = \lim \frac{\alpha'}{\beta'}.$$

证明 $\lim \dfrac{\alpha}{\beta} = \lim \left(\dfrac{\alpha}{\alpha'} \cdot \dfrac{\alpha'}{\beta'} \cdot \dfrac{\beta'}{\beta} \right) = \lim \dfrac{\alpha}{\alpha'} \cdot \lim \dfrac{\alpha'}{\beta'} \cdot \lim \dfrac{\beta'}{\beta} = \lim \dfrac{\alpha'}{\beta'}.$

根据这个定理,在求极限的过程中,对作为因式的无穷小灵活地应用等价无穷小进行代换,能使极限的计算简化.

常用的几个等价无穷小如下.

当 $x \to 0$ 时,有

$$\sin x \sim x, \quad \tan x \sim x, \quad \arcsin x \sim x, \quad \arctan x \sim x,$$

$$1 - \cos x \sim \frac{1}{2}x^2, \quad \ln(1+x) \sim x, \quad \mathrm{e}^x - 1 \sim x, \quad \sqrt[n]{1+x} - 1 \sim \frac{1}{n}x.$$

例 4 求 $\lim\limits_{x \to 0} \dfrac{\sin 3x}{\tan 5x}$.

解 因为 $x \to 0$ 时,$\sin 3x \sim 3x, \tan 5x \sim 5x$,所以

$$\lim_{x \to 0} \frac{\sin 3x}{\tan 5x} = \lim_{x \to 0} \frac{3x}{5x} = \frac{3}{5}.$$

例 5 求 $\lim\limits_{x \to 0} \dfrac{\ln(1+x^2)(\mathrm{e}^x - 1)}{x^2 \arctan x}$.

解 因为 $x \to 0$ 时,$\ln(1+x^2) \sim x^2, \mathrm{e}^x - 1 \sim x, \arctan x \sim x$,所以

$$\lim_{x \to 0} \frac{\ln(1+x^2)(\mathrm{e}^x - 1)}{x^2 \arctan x} = \lim_{x \to 0} \frac{x^2 \cdot x}{x^2 \cdot x} = 1.$$

例 6 求 $\lim\limits_{x \to 0} \dfrac{\tan x - \sin x}{x^3}$.

解 $\lim\limits_{x \to 0} \dfrac{\tan x - \sin x}{x^3} = \lim\limits_{x \to 0} \dfrac{\tan x(1 - \cos x)}{x^3} = \lim\limits_{x \to 0} \dfrac{x \cdot \dfrac{1}{2}x^2}{x^3} = \dfrac{1}{2}.$

注意 用等价无穷小进行代换时,只能是对分子或分母(或其乘积因子)作整体代换,而对分子或分母中以"+""-"号连接的各部分不能分别作代换. 如在例 6 中,若分子 $\tan x - \sin x$ 中的 $\tan x$ 与 $\sin x$ 分别用其等价无穷小 x 代换,将得到 $\lim\limits_{x \to 0} \dfrac{\tan x - \sin x}{x^3} = \lim\limits_{x \to 0} \dfrac{x - x}{x^3} = 0$ 的错误结果.

1.4.2 无穷大量

无穷大量与无穷小量的变化状态相反,它是绝对值无限增大的变量.

引例 某人从甲地出发,以 30 km/h 的速度到达乙地,问他从乙地回到甲地的速度要达到多少,才能使得往返路程的平均速度达到 60 km/h?

解 假设甲乙两地的距离为 s，从乙地到甲地的速度为 v，往返的平均速度为 $\bar{v}$，根据条件，某人从甲地到乙地的时间 t_1 以及从乙地到甲地的时间 t_2 分别为 $t_1 = \dfrac{s}{30}$，$t_2 = \dfrac{s}{v}$，往返路程所需时间为 $t_1 + t_2 = \dfrac{s}{30} + \dfrac{s}{v}$，则他往返甲乙两地的平均速度为

$$\bar{v} = \frac{2s}{t_1 + t_2} = \frac{2s}{\dfrac{s}{30} + \dfrac{s}{v}}.$$

经过计算不难发现，只有当 $v \to \infty$ 时，$\dfrac{s}{v} \to 0$ 才能有

$$\lim_{v \to \infty} \frac{2s}{\dfrac{s}{30} + \dfrac{s}{v}} = 60,$$

所以是真正的高速问题.

1. 无穷大量的定义

定义 3 设函数 $f(x)$ 在 x_0 的某一去心邻域内有定义（或 $|x|$ 大于某一正数时有定义），如果当 $x \to x_0$（或 $x \to \infty$）时，函数 $f(x)$ 的绝对值无限增大，那么称函数 $f(x)$ 为当 $x \to x_0$（或 $x \to \infty$）时的无穷大量，简称**无穷大**.

如果函数 $f(x)$ 当 $x \to x_0$（或 $x \to \infty$）时为无穷大，按极限的定义，$f(x)$ 的极限是不存在的. 为了描述函数的这一性态，我们也说"函数 $f(x)$ 的极限是无穷大"，并记为

$$\lim_{x \to x_0} f(x) = \infty \qquad (\text{或} \lim_{x \to \infty} f(x) = \infty).$$

若当 $x \to x_0$（或 $x \to \infty$）时，对应的函数值都取正值或负值且绝对值无限增大时，还分别称为**正无穷大**或**负无穷大**，分别记为

$$\lim_{\substack{x \to x_0 \\ (x \to \infty)}} f(x) = +\infty ; \qquad \lim_{\substack{x \to x_0 \\ (x \to \infty)}} f(x) = -\infty .$$

例如：当 $x \to 0$ 时，$\dfrac{1}{x}$ 是无穷大，记为

$$\lim_{x \to 0} \frac{1}{x} = \infty ;$$

当 $x \to +\infty$ 时，2^x 是正无穷大，记为

$$\lim_{x \to +\infty} 2^x = +\infty ;$$

当 $x \to 0^+$ 时，$\ln x$ 是负无穷大，记为

$$\lim_{x \to 0^+} \ln x = -\infty .$$

注意 （1）无穷大是一个变量，不要把无穷大与很大的数混为一谈.

（2）无穷大与自变量的变化趋势密切相关，如函数 $f(x) = \dfrac{1}{x}$，当 $x \to 0$ 时，为无穷大，而当 $x \to \infty$ 时，却又变成无穷小. 所以，说一个函数是无穷大时，必须指明自变量的变化趋势.

（3）在定义中，当 $x \to x_0^-$，$x \to x_0^+$，$x \to +\infty$，$x \to -\infty$ 时，也有相应的无穷大概念.

2. 无穷小与无穷大的关系

定理 3 在自变量的同一变化过程中,如果 $f(x)$ 为无穷大,那么 $\dfrac{1}{f(x)}$ 为无穷小;反之,如果 $f(x)$ 为无穷小,且 $f(x) \neq 0$,那么 $\dfrac{1}{f(x)}$ 为无穷大.

也就是说,

如果 $\lim\limits_{\substack{x \to x_0 \\ (x \to \infty)}} f(x) = \infty$,那么 $\lim\limits_{\substack{x \to x_0 \\ (x \to \infty)}} \dfrac{1}{f(x)} = 0$;

如果 $\lim\limits_{\substack{x \to x_0 \\ (x \to \infty)}} f(x) = 0$,且 $f(x) \neq 0$,那么 $\lim\limits_{\substack{x \to x_0 \\ (x \to \infty)}} \dfrac{1}{f(x)} = \infty$.

例如:当 $x \to 0 (x \neq 0)$ 时,x^2 是无穷小,所以当 $x \to 0$ 时,$\dfrac{1}{x^2}$ 是无穷大;当 $x \to +\infty$ 时,e^x 是无穷大,所以当 $x \to +\infty$ 时,e^{-x} 是无穷小.

例 7 求 $\lim\limits_{x \to \infty} \dfrac{2x^2 - 3x + 1}{3x^3 + 4x^2 - 7}$.

解 $\lim\limits_{x \to \infty} \dfrac{2x^2 - 3x + 1}{3x^3 + 4x^2 - 7} = \lim\limits_{x \to \infty} \dfrac{\dfrac{2}{x} - \dfrac{3}{x^2} + \dfrac{1}{x^3}}{3 + \dfrac{4}{x} - \dfrac{7}{x^3}} = \dfrac{\lim\limits_{x \to \infty}\left(\dfrac{2}{x} - \dfrac{3}{x^2} + \dfrac{1}{x^3}\right)}{\lim\limits_{x \to \infty}\left(3 + \dfrac{4}{x} - \dfrac{7}{x^3}\right)} = \dfrac{0}{3} = 0.$

例 8 求 $\lim\limits_{x \to \infty} \dfrac{x^4 - 3x^2 + 1}{3x^3 + 4x^2 - 7}$.

解 因为

$$\lim\limits_{x \to \infty} \dfrac{3x^3 + 4x^2 - 7}{x^4 - 3x^2 + 1} = \lim\limits_{x \to \infty} \dfrac{\dfrac{3}{x} + \dfrac{4}{x^2} - \dfrac{7}{x^4}}{1 - \dfrac{3}{x^2} + \dfrac{1}{x^4}} = 0,$$

所以

$$\lim\limits_{x \to \infty} \dfrac{x^4 - 3x^2 + 1}{3x^3 + 4x^2 - 7} = \infty.$$

综合上节例题 6 和上面两例,可得如下结论:

当 $a_0 \neq 0, b_0 \neq 0, m \in \mathbf{N}, n \in \mathbf{N}$ 时,

$$\lim\limits_{x \to \infty} \dfrac{a_0 x^m + a_1 x^{m-1} + \cdots + a_m}{b_0 x^n + b_1 x^{n-1} + \cdots + b_n} = \begin{cases} \dfrac{a_0}{b_0}, & \text{当 } n = m, \\ 0, & \text{当 } n > m, \\ \infty, & \text{当 } n < m. \end{cases}$$

例 9 求 $\lim\limits_{x \to \infty} \dfrac{(1 + x^4) + (2 - x)^3}{(3x - 4)^4}$.

解 这里,$m = n = 4, a_0 = 1, b_0 = 3^4$,所以

$$\lim_{x \to \infty} \frac{(1+x^4)+(2-x)^3}{(3x-4)^4} = \frac{1}{3^4} = \frac{1}{81}.$$

习题 1.4

1. 下列函数在自变量怎样变化时是无穷小、无穷大？

(1) $y = \dfrac{1}{(x-1)^2}$;

(2) $y = 2x^2 - 8$;

(3) $y = \ln x$;

(4) $y = x^{\frac{1}{2}}$.

2. 计算下列极限.

(1) $\lim\limits_{x \to \infty} \dfrac{2x^3 - 5x}{x^2 - 4}$;

(2) $\lim\limits_{x \to \infty} \dfrac{(2x+1)^8 (3x-2)^{12}}{(5x-4)^{20}}$;

(3) $\lim\limits_{x \to 0} x^2 \sin \dfrac{1}{x}$;

(4) $\lim\limits_{x \to \infty} \dfrac{\arctan x}{x}$;

(5) $\lim\limits_{x \to 0} \dfrac{1 - \cos \dfrac{1}{2} x}{e^{2x} - 1}$;

(6) $\lim\limits_{x \to 0} \dfrac{\sqrt{1-3x} - 1}{\arctan x}$.

3. 比较下列无穷小的阶.

(1) 当 $x \to -3$ 时, 无穷小 $x^2 + 6x + 9$ 与 $x + 3$;

(2) 当 $x \to 0$ 时, 无穷小 $1 - \cos x$ 与 $\dfrac{x^2}{2}$.

§1.5 函数的连续性

在现实世界中, 许多变量的变化都是连续不间断的. 例如, 气温的变化, 水和空气的流动, 动植物的生长, 物体运动的路程等. 它们作为时间的函数, 其特点是当时间变化很微小时, 这些变量的变化也是很微小的, 这种现象在数学上就称为连续, 它是高等数学中的又一个重要概念. 本节将利用极限来定义函数的连续性, 并给出相关的性质.

1.5.1 函数的连续性

1. 函数的增量

定义 1 设函数 $y = f(x)$ 在点 x_0 的某一邻域内有定义, 当自变量从 x_0 变到 x_1 时, 称 $x_1 - x_0$ 为自变量 x 在 x_0 处的**增量**(或**改变量**), 记为 Δx, 即

$$\Delta x = x_1 - x_0.$$

相应地, 函数 $y = f(x)$ 由 $f(x_0)$ 变到 $f(x_1)$, 称 $f(x_1) - f(x_0)$ 为函数 $y = f(x)$ 在 x_0 处的**增量**(或**改变量**), 记为 Δy, 即

$$\Delta y = f(x_1) - f(x_0).$$

由于 $\Delta x = x_1 - x_0, x_1 = x_0 + \Delta x$, 所以, 函数的增量 Δy 也可写为

$$\Delta y = f(x_0 + \Delta x) - f(x_0).$$

注意 增量可以是正的, 也可以是负的.

例1　设函数 $f(x)=3x-1$,求函数的增量:

(1) 自变量 x 由 1 变到 1.02;

(2) 自变量 x 由 x_0 变到 $x_0+\Delta x$.

解　(1) $\Delta y=f(1.02)-f(1)=(3\times1.02-1)-(3\times1-1)=0.06$;

(2) $\Delta y=f(x_0+\Delta x)-f(x_0)=[3(x_0+\Delta x)-1]-(3x_0-1)=3\Delta x$.

2. 函数在一点处的连续性

设函数 $y=f(x)$ 在点 x_0 的某一邻域内有定义,当自变量 x 从 x_0 变到 $x_0+\Delta x$ 时,函数 $y=f(x)$ 相应地从 $f(x_0)$ 变到 $f(x_0+\Delta x)$,函数的增量为 Δy. 从下面的图 1-26(a) 可见,函数 $y=f(x)$ 的图像在 x_0 处是连续不断的,此时,当 Δx 趋近于 0 时,Δy 也趋近于 0. 而在图 1-26(b) 中,函数 $y=f(x)$ 的图像在 x_0 处是断开的,图中可见当 x 从 x_0 的左侧趋近于 x_0 时,虽然 Δx 也趋近于 0,但 Δy 却不趋近于 0.

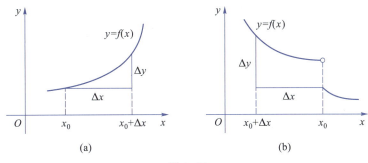

图 1-26

因而,关于函数在一点处的连续性有如下的定义.

定义2　设函数 $y=f(x)$ 在点 x_0 的某一邻域内有定义,如果当自变量 x 在点 x_0 处的增量 Δx 趋近于零时,函数 $y=f(x)$ 对应的增量 Δy 也趋近于零,即

$$\lim_{\Delta x\to0}\Delta y=\lim_{\Delta x\to0}[f(x_0+\Delta x)-f(x_0)]=0,$$

那么就称函数 $y=f(x)$ 在点 x_0 处是**连续**的,点 x_0 称为函数 $f(x)$ 的**连续点**.

例2　证明函数 $y=2x^2+1$ 在点 $x=1$ 处连续.

证明　因为函数 $y=2x^2+1$ 的定义域为 $(-\infty,+\infty)$,显然函数在点 $x=1$ 的邻域内有定义. 当自变量 x 在 $x=1$ 处有增量 Δx 时,函数有相应的增量为

$$\Delta y=[2(1+\Delta x)^2+1]-(2\times1^2+1)=4(\Delta x)+2(\Delta x)^2,$$

由于 $\lim_{\Delta x\to0}\Delta y=\lim_{\Delta x\to0}[4(\Delta x)+2(\Delta x)^2]=0$,所以函数在点 $x=1$ 处连续.

在定义 2 中,若令 $x_0+\Delta x=x$,则有

$$\Delta y=f(x_0+\Delta x)-f(x_0)=f(x)-f(x_0).$$

当 $\Delta x\to0$,即 $x\to x_0$ 时,$\Delta y\to0$,也就是 $f(x)\to f(x_0)$,所以函数 $y=f(x)$ 在点 x_0 处连续的定义又可叙述如下.

定义3　设函数 $y=f(x)$ 在点 x_0 的某一邻域内有定义,如果当 $x\to x_0$ 时,函数 $y=f(x)$ 的极限存在,且等于函数在点 x_0 的函数值,即 $\lim_{x\to x_0}f(x)=f(x_0)$,那么就称函数 $y=f(x)$ 在点 x_0 处是连续的.

由定义 3 可知,函数 $f(x)$ 在点 x_0 连续必须同时满足以下三个条件:

（1）函数 $f(x)$ 在点 x_0 的某一邻域内有定义；

（2）极限 $\lim\limits_{x \to x_0} f(x)$ 存在；

（3）极限值等于函数值：$\lim\limits_{x \to x_0} f(x) = f(x_0)$.

例 3 讨论函数 $f(x) = \dfrac{x^2 - 1}{x - 1}$ 在点 $x = 0$，$x = 1$ 处的连续性.

解 由于函数 $f(x) = \dfrac{x^2 - 1}{x - 1}$ 在 $x = 0$ 及其某一邻域有定义，且

$$\lim\limits_{x \to 0} f(x) = \lim\limits_{x \to 0} \frac{x^2 - 1}{x - 1} = \lim\limits_{x \to 0} (x + 1) = 1 = f(0) ,$$

所以函数 $f(x) = \dfrac{x^2 - 1}{x - 1}$ 在点 $x = 0$ 处连续.

在点 $x = 1$ 处，$f(x) = \dfrac{x^2 - 1}{x - 1}$ 没有定义，所以函数 $f(x) = \dfrac{x^2 - 1}{x - 1}$ 在点 $x = 1$ 处不连续（图 1-27）.

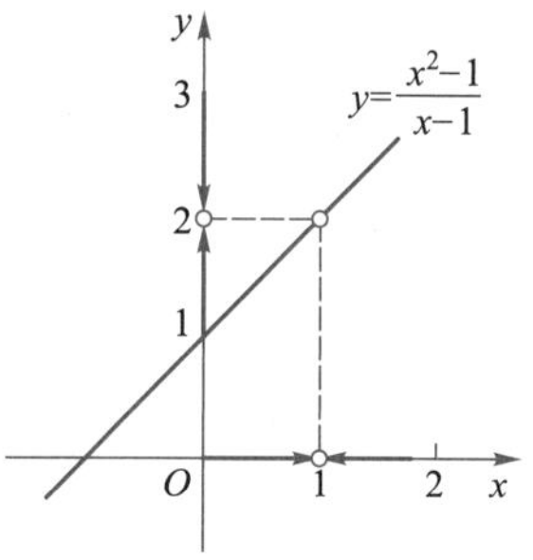

如果函数 $y = f(x)$ 在 x_0 及其某一左邻域有定义，且

$$\lim\limits_{x \to x_0^-} f(x) = f(x_0) ,$$

则称函数 $y = f(x)$ 在 x_0 处**左连续**；如果函数 $y = f(x)$ 在 x_0 及其某一右邻域有定义，且

$$\lim\limits_{x \to x_0^+} f(x) = f(x_0) ,$$

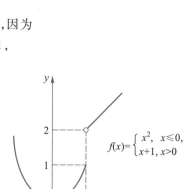

图 1-27

则称函数 $y = f(x)$ 在 x_0 处**右连续**.

显然，函数 $y = f(x)$ 在 x_0 处连续的充分必要条件是：$y = f(x)$ 在 x_0 处既左连续又右连续，即

$$\lim\limits_{x \to x_0} f(x) = f(x_0) \Leftrightarrow \lim\limits_{x \to x_0^-} f(x) = \lim\limits_{x \to x_0^+} f(x) = f(x_0) .$$

例 4 讨论函数 $f(x) = \begin{cases} x^2, & x \leqslant 1 \\ x + 1, & x > 1 \end{cases}$ 在点 $x = 1$ 处的连续性.

解 函数 $f(x)$ 的定义域为 $(-\infty, +\infty)$，$f(1) = 1$，因为

$$\lim\limits_{x \to 1^-} f(x) = \lim\limits_{x \to 1^-} x^2 = 1 ,$$

$$\lim\limits_{x \to 1^+} f(x) = \lim\limits_{x \to 1^+} (x + 1) = 2 ,$$

即

$$\lim\limits_{x \to 1^-} f(x) \neq \lim\limits_{x \to 1^+} f(x) ,$$

所以 $\lim\limits_{x \to 1} f(x)$ 不存在，所以函数 $f(x)$ 在点 $x = 1$ 处不连续（图 1-28）.

3. 函数在区间上的连续性

如果函数 $f(x)$ 在开区间 (a, b) 内每一点都连续，那么就称函数 $f(x)$ **在区间 (a, b) 内连续**，区间

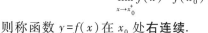

$f(x) = \begin{cases} x^2, & x \leqslant 0, \\ x + 1, & x > 0 \end{cases}$

图 1-28

(a,b) 称为函数 $f(x)$ 的**连续区间**.

如果函数 $f(x)$ 在闭区间 $[a,b]$ 上有定义,在开区间 (a,b) 内连续,且在区间的两个端点 $x=a$ 与 $x=b$ 处分别是右连续和左连续的,即 $\lim\limits_{x\to a^+}f(x)=f(a)$, $\lim\limits_{x\to b^-}f(x)=f(b)$,那么就称函数 $f(x)$ 在**闭区间 $[a,b]$ 上连续**.

在几何上,连续函数的图形是一条连续不间断的曲线.

1.5.2 函数的间断点

设函数 $f(x)$ 在点 x_0 的某去心邻域内有定义,在此前提下,根据函数连续的定义,如果函数 $f(x)$ 有以下三种情形之一:

(1) 函数在点 $x=x_0$ 处没有定义;

(2) 函数在点 $x=x_0$ 处有定义,但极限 $\lim\limits_{x\to x_0}f(x)$ 不存在;

(3) 函数在点 $x=x_0$ 处有定义,且极限 $\lim\limits_{x\to x_0}f(x)$ 存在,但 $\lim\limits_{x\to x_0}f(x)\neq f(x_0)$. 那么就称函数 $f(x)$ 在点 x_0 处不连续,点 x_0 称为函数 $f(x)$ 的**不连续点**或**间断点**.

通常,间断点分为两类:如果点 x_0 是函数 $f(x)$ 的间断点,但 $f(x)$ 在点 x_0 的左、右极限都存在,就称 x_0 为 $f(x)$ 的**第一类间断点**,不属于第一类间断点的间断点都称为**第二类间断点**.

如图 1-29 所示,三个函数的图形在点 $x_0=1$ 处都是间断的,且其中 (a)(b) 中的间断点称为第一类间断点,(c) 中的间断点称为第二类间断点.

图 1-29(a) 中,函数在 $x_0=1$ 处的左、右极限都存在且相等(即极限存在),但函数在该点没有定义,如果补充定义:令 $x=1$, $f(x)=2$,则所给函数在 $x=1$ 处就成为连续的了,这样的间断点又称为**可去间断点**,如果 $\lim\limits_{x\to x_0}f(x)\neq f(x_0)$,则 x_0 也可称为 $f(x)$ 的可去间断点;图 1-29(b) 中的间断点又称为**跳跃间断点**.

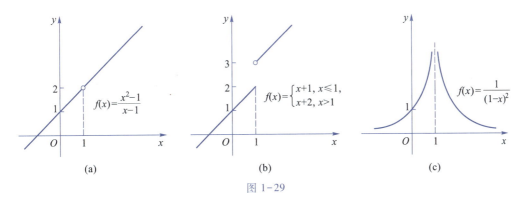

图 1-29

1.5.3 初等函数的连续性

因为基本初等函数的图形在其定义域内都是连续不断的曲线,所以有如下结论成立.

结论 1 基本初等函数在其定义域内都是连续的.

根据连续函数的定义和极限的运算法则,可以证明连续函数的和、差、积、商仍然是连续函数.

定理1 设函数 $f(x),g(x)$ 均在点 x_0 处连续,则 $f(x)\pm g(x),f(x)\cdot g(x),\dfrac{f(x)}{g(x)}$ $(g(x)\neq0)$ 也都在点 x_0 处连续.

证明 因为 $f(x),g(x)$ 在点 x_0 处连续,所以

$$\lim_{x\to x_0}f(x)=f(x_0),\quad \lim_{x\to x_0}g(x)=g(x_0).$$

由极限的运算法则,得

$$\lim_{x\to x_0}[f(x)\pm g(x)]=\lim_{x\to x_0}f(x)\pm\lim_{x\to x_0}g(x)=f(x_0)\pm g(x_0),$$

因此,函数 $f(x)\pm g(x)$ 在点 x_0 处连续.

类似可证明积、商的情形.

注意 和、差、积的情况可以推广到有限个函数的情形.

对于连续的复合函数,有下面的定理.

定理2 设函数 $y=f(u)$ 在点 u_0 处连续,又函数 $u=\varphi(x)$ 在点 x_0 处连续,且 $u_0=\varphi(x_0)$,则复合函数 $y=f[\varphi(x)]$ 在点 x_0 处也连续.

以上定理说明,连续函数经过有限次的四则运算和有限次的复合运算,不改变其连续性,因此有如下结论.

结论2 一切初等函数在其定义区间内都是连续的(所谓定义区间,就是包含在定义域内的区间).

根据上面的定理和结论以及函数连续的定义(定义3)可得:

(1) 求初等函数在其定义域内某点的极限时,只需求出该点的函数值;

(2) 求连续的复合函数的极限时,极限符号"$\lim\limits_{x\to x_0}$"与函数符号"f"可交换运算次序,即

$$\lim_{x\to x_0}f[\varphi(x)]=f\left[\lim_{x\to x_0}\varphi(x)\right];$$

(3) 连续函数求极限时,可作代换:

$$\lim_{x\to x_0}f[\varphi(x)]=\lim_{u\to a}f(u),\text{其中}\ u=\varphi(x),a=\lim_{x\to x_0}\varphi(x).$$

例5 求下列函数的极限.

(1) $\lim\limits_{x\to 5}(\sqrt{x^2-9}+\sqrt{6-x})$;　　　(2) $\lim\limits_{x\to\frac{\pi}{4}}\dfrac{\sin 2x}{2\cos(\pi-x)}$;

(3) $\lim\limits_{x\to 0}\dfrac{\sqrt{1+x}-1}{x}$;　　　(4) $\lim\limits_{x\to 0}\dfrac{\ln(1+x)}{x}$;

(5) $\lim\limits_{x\to 1}\dfrac{\sqrt[3]{x}-1}{\sqrt{x}-1}$.

解 (1) $\lim\limits_{x\to 5}(\sqrt{x^2-9}+\sqrt{6-x})=\sqrt{25-9}+\sqrt{6-5}=5$;

(2) $\lim\limits_{x\to\frac{\pi}{4}}\dfrac{\sin 2x}{2\cos(\pi-x)}=\dfrac{\sin\left(2\times\dfrac{\pi}{4}\right)}{2\cos\left(\pi-\dfrac{\pi}{4}\right)}=\dfrac{1}{2\times\left(-\dfrac{\sqrt{2}}{2}\right)}=-\dfrac{\sqrt{2}}{2}$;

(3) $\lim\limits_{x\to 0}\dfrac{\sqrt{1+x}-1}{x}=\lim\limits_{x\to 0}\dfrac{(\sqrt{1+x}-1)(\sqrt{1+x}+1)}{x(\sqrt{1+x}+1)}=\lim\limits_{x\to 0}\dfrac{1}{\sqrt{1+x}+1}=\dfrac{1}{2}$;

（4）$\lim\limits_{x\to 0}\dfrac{\ln(1+x)}{x}=\lim\limits_{x\to 0}\ln(1+x)^{\frac{1}{x}}=\ln\left[\lim\limits_{x\to 0}(1+x)^{\frac{1}{x}}\right]=\ln \mathrm{e}=1$；

（5）令 $\sqrt[6]{x}=t$，当 $x\to 1$ 时，$t\to 1$，于是

$$\lim\limits_{x\to 1}\dfrac{\sqrt[3]{x}-1}{\sqrt{x}-1}=\lim\limits_{t\to 1}\dfrac{t^2-1}{t^3-1}=\lim\limits_{t\to 1}\dfrac{t+1}{t^2+t+1}=\dfrac{2}{3}.$$

1.5.4 闭区间上连续函数的性质

闭区间上的连续函数有如下的重要性质.

定理 3（最值定理） 设函数 $f(x)$ 在闭区间 $[a,b]$ 上连续，那么在闭区间 $[a,b]$ 上 $f(x)$ 必有最大值与最小值.

如图 1-30 所示，因为函数 $f(x)$ 在闭区间上连续，图形是包括两个端点的一条连续不间断的曲线，因此它必定有最高点和最低点，最高点和最低点的纵坐标就是函数的最大值和最小值.

定理 4（介值定理） 若 $f(x)$ 在闭区间 $[a,b]$ 上连续，m 与 M 分别是 $f(x)$ 在闭区间 $[a,b]$ 上的最小值和最大值，$m\neq M$，μ 是介于 m 与 M 之间的任一实数，则在 (a,b) 内至少存在一点 ξ，使得 $f(\xi)=\mu$.

在几何上，定理 4 表示：介于直线 $y=m$ 与 $y=M$ 之间的任一条直线 $y=\mu$ 与 $y=f(x)$ 的图像曲线至少有一个交点（图 1-31）.

定理 5（方程实根的存在定理） 设函数 $f(x)$ 在闭区间 $[a,b]$ 上连续，且 $f(a)$ 与 $f(b)$ 异号，那么在开区间 (a,b) 内至少存在一点 ξ，使 $f(\xi)=0$，即 $f(x)=0$ 在 (a,b) 内至少有一个根.

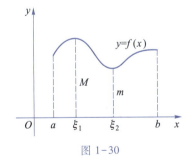

图 1-30

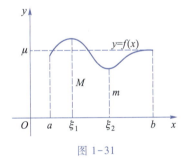

图 1-31

这个推论的几何意义是：一条连续曲线，若其上的点的纵坐标由负值变到正值或由正值变到负值时，则曲线至少与 x 轴有一个交点（图 1-32）.

由定理 5 可知，$x=\xi$ 是方程 $f(x)=0$ 的一个根，且 ξ 位于开区间 (a,b) 内，因而，利用这个定理可以判断方程 $f(x)=0$ 在某个开区间内的实根的存在性.

例 6 证明三次方程 $x^3-4x^2+1=0$ 在区间 $(0,1)$ 内至少有一个实根.

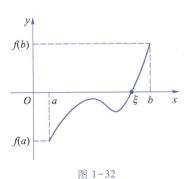

图 1-32

证明 设

$$f(x) = x^3 - 4x^2 + 1.$$

因为函数 $f(x) = x^3 - 4x^2 + 1$ 在闭区间 $[0,1]$ 上连续,且

$$f(0) = 1 > 0, \quad f(1) = -2 < 0,$$

由定理 5 知,在 $(0,1)$ 内至少存在一点 ξ,使得 $f(\xi) = 0$,即

$$\xi^3 - 4\xi^2 + 1 = 0 (0 < \xi < 1),$$

因此,方程 $x^3 - 4x^2 + 1 = 0$ 在区间 $(0,1)$ 内至少有一个实根 ξ.

例 7 某连队从驻地出发到某地执行任务,行军速度为 6 km/h,18 min 后,驻地接到紧急命令,派遣通信员必须 15 min 把命令传达到该连队,通信员以 14 km/h 的速度沿同一路线追赶连队,问能否在规定时间内完成任务?

解 设通信员追上连队需要 x h,则通信员追上连队的路程为 $14x$ km,连队所行路程 $\left(6 \times \dfrac{18}{60} + 6x\right)$ km,要能在规定时间内完成任务,必须满足

$$14x = 6 \times \frac{18}{60} + 6x.$$

若令 $F(x) = 14x - 6 \times \dfrac{18}{60} - 6x$,则问题转化为 $F(x)$ 在闭区间 $\left[0, \dfrac{15}{60}\right]$ 上有没有零点,又

$$F(0) = -\frac{9}{5}, \quad F\left(\frac{15}{60}\right) = \frac{1}{5}.$$

由定理 5 知,必存在点 $x_0 \in \left[0, \dfrac{15}{60}\right]$,使得 $F(x_0) = 0$,所以通信员能在指定的时间完成任务.

例 8 某战士在某次越野行动中用时 30 min 共跑了 6 km,证明:一定存在某时刻,在该时刻起的 5 min 内,该战士跑了 1 km.

证明 设 x 是离开起点的距离,以 $f(x)$ 表示从 x 跑到 $x+1$ 所需的时间,则函数 $f(x)$ 为连续函数,如果分别取 $x = 0,1,2,3,4,5$,则有

$$f(0) + f(1) + f(2) + f(3) + f(4) + f(5) = 30,$$

显然 $f(0), f(1), \cdots, f(5)$ 不可能全大于 5,也不可能全小于 5,如果上式左端有一项等于 5,则结论得证. 否则,五个值中至少有一个小于 5,有一个大于 5,不妨设

$$f(1) < 5, f(4) > 5.$$

因 $f(x)$ 为连续函数,由闭区间上连续函数的性质知,存在一点 $\xi \in (1,4)$,使

$$f(\xi) = 5.$$

即由 ξ km 到 $\xi + 1$ km 恰好跑了 5 min.

习题 1.5

1. 填空题.

(1) 当 x 由 1 变到 1.01 时,函数 $y = x^3 - 1$ 的增量 $\Delta y = $ _____;

(2) 当 x 由 2 变到 1.8 时,函数 $y = \sqrt{x+1}$ 的增量 $\Delta y = $ _____;

(3) 当自变量 x 有任意增量 Δx 时,函数 $y = \cos x$ 的增量 $\Delta y = $ _____.

2. 讨论函数 $f(x)=\begin{cases} x^2-1, & 0\le x\le 1, \\ x+3, & x>1 \end{cases}$ 在 $x=1$ 处的连续性,并作出函数的图像.

3. 求下列函数的连续区间.

(1) $f(x)=\sqrt{x-2}+\sqrt{7-x}$;

(2) $f(x)=\dfrac{x^2+2x-5}{x^2-3x+2}$;

(3) $f(x)=\ln(5-x)+2^{\frac{1}{x}}$;

(4) $f(x)=\begin{cases} 1-x, & x<0, \\ 3x^3+1, & 0\le x<1, \\ (x-4)^2, & x\ge 1. \end{cases}$

4. 找出函数

$$f(x)=\begin{cases} \dfrac{\sin x}{x}, & -1\le x<0, \\ x^2, & 0\le x<2, \\ \dfrac{1}{x-2}, & x>2 \end{cases}$$

的间断点.

5. 求下列函数的极限.

(1) $\lim\limits_{x\to 2}\dfrac{1}{\sqrt{2x^3-x^2+4}}$;

(2) $\lim\limits_{x\to 1}(e^x+\ln x)$;

(3) $\lim\limits_{x\to \frac{\pi}{2}}(\sin 2x)^3$;

(4) $\lim\limits_{x\to \frac{\pi}{4}}\dfrac{\sin x-\cos x}{\cos 2x}$;

(5) $\lim\limits_{x\to 0}\dfrac{\sqrt{1+x^2}-1}{x}$;

(6) $\lim\limits_{x\to 0}\dfrac{(\sqrt{x+1}-1)\sin x}{x^2}$;

(7) $\lim\limits_{x\to 0}\dfrac{\sqrt{x+4}-2}{\sin 2x}$;

(8) $\lim\limits_{x\to 0}\arctan\left(\dfrac{\sin x}{x}\right)$;

(9) $\lim\limits_{x\to +\infty}e^{\frac{1}{x}}$;

(10) $\lim\limits_{x\to 0}\dfrac{e^x-1}{x}$.

6. 证明方程 $x^5-3x-1=0$ 在区间 $(1,2)$ 内至少有一个根.

本 章 小 结

一、主要内容

1. 函数

函数的概念、特性;常用的基本初等函数.

初等函数:由基本初等函数和常数经过有限次的四则运算和有限次复合步骤所构成的,并能用一个解析式表示的函数叫作初等函数.

2. 极限

（1）设函数 $f(x)$ 当 $|x|$ 大于某一正数时有定义（或在 x_0 的某一去心邻域内有定义），如果当 $x \to \infty$（或 $x \to x_0$）时，函数 $f(x)$ 无限接近于一个确定的常数 A，就称 A 为函数 $f(x)$ 当 $x \to \infty$（或 $x \to x_0$）时的极限，记为

$$\lim_{x \to \infty} f(x) = A \quad (\text{或} \lim_{x \to x_0} f(x) = A).$$

数列作为一种特殊的函数（整标函数），其极限记为

$$\lim_{n \to \infty} x_n = A.$$

（2）极限的运算法则

$$\lim_{x \to x_0} [f(x) \pm g(x)] = \lim_{x \to x_0} f(x) \pm \lim_{x \to x_0} g(x) = A \pm B;$$

$$\lim_{x \to x_0} [f(x) \cdot g(x)] = \lim_{x \to x_0} f(x) \cdot \lim_{x \to x_0} g(x) = A \cdot B;$$

$$\lim_{x \to x_0} \frac{f(x)}{g(x)} = \frac{\lim_{x \to x_0} f(x)}{\lim_{x \to x_0} g(x)} = \frac{A}{B} (B \neq 0).$$

（3）两个重要极限

$$\lim_{x \to 0} \frac{\sin x}{x} = 1.$$

$$\lim_{x \to \infty} \left(1 + \frac{1}{x}\right)^x = e.$$

3. 无穷小与无穷大

（1）无穷小与无穷大的概念及关系

如果 $\lim_{x \to x_0} f(x) = 0$（或 $\lim_{x \to \infty} f(x) = 0$），则称函数 $f(x)$ 为当 $x \to x_0$（或 $x \to \infty$）时的无穷小.

如果当 $x \to x_0$（或 $x \to \infty$）时，$|f(x)| \to \infty$，则称函数 $f(x)$ 为当 $x \to x_0$（或 $x \to \infty$）时的无穷大.

在自变量的同一变化过程中，无穷大的倒数为无穷小；反之，非零无穷小的倒数为无穷大.

（2）无穷小的性质

有限个无穷小的代数和仍是无穷小.

有限个无穷小的乘积仍是无穷小.

有界函数与无穷小的乘积仍是无穷小.

（3）无穷小与函数极限的关系

$\lim_{\substack{x \to x_0 \\ (x \to \infty)}} f(x) = A \Leftrightarrow f(x) = A + \alpha$，其中 α 为 $x \to x_0$（或 $x \to \infty$）时的无穷小.

（4）无穷小的比较

如果 $\lim_{x \to x_0} \dfrac{\beta(x)}{\alpha(x)} = 0$，那么称 $\beta(x)$ 是比 $\alpha(x)$ 高阶的无穷小；

如果 $\lim_{x \to x_0} \dfrac{\beta(x)}{\alpha(x)} = \infty$，那么称 $\beta(x)$ 是比 $\alpha(x)$ 低阶的无穷小；

如果 $\lim_{x \to x_0} \dfrac{\beta(x)}{\alpha(x)} = C \neq 0$，那么称 $\beta(x)$ 与 $\alpha(x)$ 为同阶的无穷小；

特别地，当常数 $C = 1$ 时，称 $\beta(x)$ 与 $\alpha(x)$ 为等价无穷小，记作 $\alpha(x) \sim \beta(x)$.

4. 函数的连续性

（1）函数在一点处的连续性

函数 $y=f(x)$ 在点 x_0 的某邻域内有定义，如果 $\lim\limits_{\Delta x \to 0} \Delta y = 0$（或 $\lim\limits_{x \to x_0} f(x) = f(x_0)$）就称函数 $y=f(x)$ 在点 x_0 处连续.

（2）函数在区间上的连续性

如果函数 $f(x)$ 在开区间 (a,b) 内每一点处都连续，就称函数 $f(x)$ 在区间 (a,b) 内连续；如果函数 $f(x)$ 在闭区间 $[a,b]$ 上有定义，在开区间 (a,b) 内连续，且在 $x=a$ 处右连续，在 $x=b$ 处左连续，就称函数 $f(x)$ 在闭区间 $[a,b]$ 上连续.

（3）连续函数的重要性质

一切初等函数在其定义区间内都是连续的.

闭区间上的连续函数必有最大值与最小值.

二、学习指导

1. 几个重要结论

（1）$\lim\limits_{x \to \infty} f(x) = A \Leftrightarrow \lim\limits_{x \to -\infty} f(x) = \lim\limits_{x \to +\infty} f(x) = A$；

（2）$\lim\limits_{x \to x_0} f(x) = A \Leftrightarrow \lim\limits_{x \to x_0^-} f(x) = \lim\limits_{x \to x_0^+} f(x) = A$；

（3）极限与连续的关系：$f(x)$ 在 x_0 连续 $\Rightarrow \lim\limits_{x \to x_0} f(x)$ 存在，反之不然.

2. 注意

（1）$\lim\limits_{x \to \infty} f(x) = A$ 的定义中的"x 的绝对值无限增大"，是指 x 既可取正数趋向于 $+\infty$，也可取负数趋向于 $-\infty$.

（2）$\lim\limits_{x \to x_0} f(x) = A$ 与函数在点 x_0 处是否有定义无关. 因此，求函数当 $x \to x_0$ 时的极限，不必考虑函数在 x_0 处是否有定义.

如果函数在 x_0 处有定义，且极限存在又等于函数值，那么函数在该点连续.

（3）$\lim\limits_{x \to x_0} f(x) = A$ 的充要条件是

$$\lim\limits_{x \to x_0^-} f(x) = \lim\limits_{x \to x_0^+} f(x) = A.$$

这个重要结论常常在考察分段函数的极限时用到.

（4）极限运算法则使用的前提是：$\lim\limits_{\substack{x \to x_0 \\ (x \to \infty)}} f(x)$ 与 $\lim\limits_{\substack{x \to x_0 \\ (x \to \infty)}} g(x)$ 都存在.

（5）一个函数为无穷小或无穷大，都与自变量的变化过程密切相关.

（6）求连续函数当自变量趋向于其定义域中的某点时的极限，根据连续函数的定义 2，即为求该点的函数值.

--------　**拓 展 提 高**　--------

一、数列极限的"$\varepsilon-N$"定义

在 §1.2 中我们知道 $\lim\limits_{n \to \infty} \dfrac{n}{n+1} = 1$，现在再来看这个数列 $\{a_n\} = \left\{\dfrac{n}{n+1}\right\}$ 的变化趋势，

由于 $|a_n-1|=\dfrac{1}{n+1}$，因此当 n 充分大时，$|a_n-1|$ 可以任意小. 例如，若要使 $|a_n-1|=\dfrac{1}{n+1}$ $<\dfrac{1}{1\,000}$，只要 $n+1>1\,000$，即 $n>1\,000-1$ 即可. 这也就意味着数列 $\{a_n\}=\left\{\dfrac{n}{n+1}\right\}$ 从第 1 000 项开始，后面所有的项 $a_{1\,000}$，$a_{1\,001}$，$\cdots$ 都能使不等式 $|a_n-1|<\dfrac{1}{1\,000}$ 成立. 类似地，若要 使 $|a_n-1|=\dfrac{1}{n+1}<\dfrac{1}{10\,000}$，只要 $n+1>10\,000$，即 $n>10\,000-1$ 即可. 这也就意味着数列 $\{a_n\}$ $=\left\{\dfrac{n}{n+1}\right\}$ 从第 10 000 项开始，后面所有的项都能使不等式 $|a_n-1|<\dfrac{1}{10\,000}$ 成立.

一般地，无论给定一个多么小的正数 ε，要使 $|a_n-1|=\dfrac{1}{n+1}<\varepsilon$，只要 $n+1>\dfrac{1}{\varepsilon}$，即 $n>$ $\dfrac{1}{\varepsilon}-1$，这里如果取 $N\geqslant\dfrac{1}{\varepsilon}-1$，则当 $n>N$ 时，可使数列中满足 $n>N$ 的所有 a_n，不等式 $|a_n-1|=\dfrac{1}{n+1}<\varepsilon$ 都成立. 这就是数列极限的"ε-N"定义.

定义 1 设 $\{a_n\}$ 为一数列，如果存在常数 A，对于任意给定的正数 ε（不论多么小），总存在正整数 N，使得当 $n>N$ 时，不等式

$$|a_n-A|<\varepsilon$$

都成立，那么就称常数 A 为数列 $\{a_n\}$ 的极限，或称数列 $\{a_n\}$ 收敛于 A，记为

$$\lim_{n\to\infty}a_n=A \text{ 或 } a_n\to A(n\to\infty).$$

二、函数极限的分析定义

1. 当 $x\to\infty$ 时函数极限的"ε-X"定义

当 $x\to\infty$ 时，函数 $f(x)$ 的极限可看作数列极限的推广，因而也有类似的定义.

定义 2 设函数 $f(x)$ 当 $|x|$ 大于某一正数时有定义，如果存在常数 A，对于任意给定的正数 ε（不论多么小），总存在正数 X，使得当 $|x|>X$ 时，不等式 $|f(x)-A|<\varepsilon$ 都成立，那么就称常数 A 为函数 $f(x)$ 当 $x\to\infty$ 时的极限，记为

$$\lim_{x\to\infty}f(x)=A \text{ 或 } f(x)\to A(x\to\infty).$$

2. 当 $x\to x_0$ 时函数极限的"ε-δ"定义

当 $x\to x_0$ 时，对应的函数值 $f(x)$ 无限接近于常数 A，也就是 $|f(x)-A|$ 可以任意小，如同上面数列极限的概念所述，这可以用 $|f(x)-A|<\varepsilon$ 来表达，其中 ε 是任意给定的正数（不论多么小）. 另一方面，$f(x)$ 无限接近于常数 A 是在 $x\to x_0$ 的过程中实现的，因而，对于任意给定的正数 ε，只需充分接近 x_0 的 x 所对应的函数值 $f(x)$ 满足 $|f(x)-A|<\varepsilon$，这里"充分接近 x_0 的 x"可以用 $0<|x-x_0|<\delta$ 来表示，其中 δ 是某个正数. 由以上分析，可得如下的当 $x\to x_0$ 时函数极限的"ε-δ"定义.

定义 3 设函数 $f(x)$ 在点 x_0 的某一去心邻域内有定义，如果存在常数 A，对于任意给定的正数 ε（不论多么小），总存在正数 δ，使得当 $0<|x-x_0|<\delta$ 时，不等式

$$|f(x)-A|<\varepsilon$$

都成立,那么就称 A 为函数 $f(x)$ 当 $x \to x_0$ 时的极限,记为

$$\lim_{x \to x_0} f(x) = A \text{ 或 } f(x) \to A \quad (x \to x_0).$$

根据上面的定义,容易证得以下的一些性质.

三、极限的一些性质

若极限 $\lim\limits_{x \to x_0} f(x) = A$ 存在,则有如下性质:

(1) 唯一性:若 $\lim\limits_{x \to x_0} f(x)$ 存在,那么极限唯一.

(2) 局部有界性:$\lim\limits_{x \to x_0} f(x) = A$,那么存在常数 $M>0$ 和 $\delta>0$,使得当 $0<|x-x_0|<\delta$ 时,有 $|f(x)| \leqslant M$,即 $f(x)$ 是局部有界的.

(3) 局部保号性:$\lim\limits_{x \to x_0} f(x) = A$,而且极限 $A>0$(或 $A<0$),那么存在常数 $\delta>0$,使得当 $0<|x-x_0|<\delta$ 时,有 $f(x)>0$(或 $f(x)<0$).

推论　如果在 x_0 的某个去心邻域内函数 $f(x) \geqslant 0$(或 $f(x) \leqslant 0$),且 $\lim\limits_{x \to x_0} f(x) = A$,那么 $A \geqslant 0$(或 $A \leqslant 0$).

四、 非线性方程实根的数值解法之二分法

在科学研究和工程设计中,许多问题常常可以归结为求解非线性方程 $f(x)=0$ 的问题. 若 $f(x)$ 为 n 次多项式,即 $f(x)=a_0+a_1x+\cdots+a_nx^n(a_n \neq 0)$,则对应的方程称为代数方程. 例如 $x^3-5x-6=0$,就是一个三次代数方程. 若 $f(x)$ 中含有三角函数、指数函数等,则对应的方程称为超越方程. 例如 $2^x-7x+6=0$,就是一个超越方程.

在大多数情况下,高于四次的代数方程没有精确的求根公式;而超越方程的解更为复杂,在一般情况下,超越方程无法求出其解析解. 事实上,在实际应用中也不一定需要得到解的精确表达式,只要得到满足一定精度要求的解的近似值就可以了. 因此,研究求方程的解的数值方法,就成为迫切需要解决的问题.

1. 非线性方程的根的隔离

研究非线性方程 $f(x)=0$ 的根,首先要判断方程的根是否存在,找出方程的根存在的区间,使得在一些较小的区间中方程只有一个实根,这个过程称为**根的隔离**. 因此,所谓根的隔离就是要确定一个较小区间 $[a,b]$,使得方程 $f(x)=0$ 在区间 $[a,b]$ 内只有一个根,区间 $[a,b]$ 称为**有根区间**. 由连续函数的**方程实根的存在定理**可知:如果 $f(x)$ 在 $[a,b]$ 上连续,又 $f(a) \cdot f(b)<0$,则 $f(x)$ 在 (a,b) 内至少有一个实数解. 如果这时 $f(x)$ 在 $[a,b]$ 内只有一个实数解,则 $[a,b]$ 就是方程 $f(x)=0$ 的有根区间.

确定方程 $f(x)=0$ 有根区间,通常有如下方法.

(1) 作图法

描点法绘出函数 $y=f(x)$ 的粗略图形,根据图形显示 $y=f(x)$ 与 x 轴交点的大致位置,确定有根区间.

(2) 搜索法

选取适当初始区间 $[a,b]$,满足 $f(a) \cdot f(b)<0$,从区间左端点 $x_0=a$ 作为起点,按步长 h 逐点检查各个点 $x_k=a+kh$ 上的函数值 $f(x_k)$. 由连续函数的**介值定理**可知:当 $f(x_k)$

与 $f(x_{k+1})$ 异号时,则 $[x_k, x_{k+1}]$ 为方程 $f(x)=0$ 的一个有根区间,其宽度等于步长 h.

例1 求方程 $x^3 - 2x^2 - 5 = 0$ 的有根区间.

解 取连续函数 $f(x) = x^3 - 2x^2 - 5$,由于 $f(0)<0, f(3)>0, f(x)$ 在区间 $[0,3]$ 内至少有一个解. 设从 $x=0$ 出发,取 $h=1$ 为步长,计算各步上的函数值,结果见表1-10.

表1-10

x	0	1	2	3
$f(x)$	-	-	-	+

$f(x)=0$ 在区间 $(2,3)$ 内有解.

2. 二分法

在求非线性方程根的方法中,最简单、最直观的方法是二分法. 二分法的**基本思想**:将 $f(x)=0$ 有根区间 $[a,b]$ 从中点一分为二,通过判断中点函数值的符号,利用连续函数的方程实根的存在定理,逐步对半缩小有根区间,直至将有解区间的长度缩小到误差范围之内,然后取区间的中点为根 x^* 的近似值. 其具体做法如下:

设 $f(x)$ 为连续函数,有根区间为 $[a,b]$,如图1-33所示,取中点 $x_0 = \dfrac{a+b}{2}$,计算 $f(x_0)$,若 $f(x_0)=0$,则解 $x^* = x_0$;否则,若 $f(x_0)$ 与 $f(a)$ 同号,则所求解 x^* 应落在 x_0 的右侧,取 $a_1 = x_0, b_1 = b$;若 $f(x_0)$ 与 $f(a)$ 异号,则所求解 x^* 应落在 x_0 的左侧,取 $a_1 = a, b_1 = x_0$,这样得到新的有根区间 $[a_1, b_1]$,其长度为 $[a,b]$ 的一半. 如此反复上述过程,即得

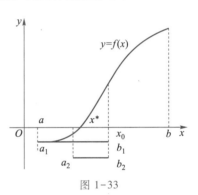

图1-33

$$[a,b] \supset [a_1, b_1] \supset [a_2, b_2] \supset \cdots \supset [a_n, b_n] \supset \cdots,$$

重复上述过程 n 次后,有解区间 $[a_n, b_n]$ 的长度为

$$b_n - a_n = \frac{b-a}{2^n}.$$

由极限思想可知:当 $n \to \infty$ 时,区间 $[a_n, b_n]$ 的长度必趋向于零,这些区间最终将收敛于一点 x^*,则该点 x^* 就是方程 $f(x)=0$ 的根.

二分法的算法简单,便于计算机编程实现,对函数 $f(x)$ 的性质要求不高,仅要求 $f(x)$ 连续且在区间端点的函数值异号,精确度也能得到保证,缺点是速度较慢.

例2 求方程 $x^3 - 2x^2 - 5 = 0$ 的根,要求精确到小数点后的第二位.

解 由例1可知:$f(x)=0$ 在区间 $(2,3)$ 内有根,因此取 $a=2, b=3$,其详细计算结果见表1-11:

表1-11

n	a_n	b_n	x_n	$f(x_n)$ 的符号
0	2	3	2.5	+

续表

n	a_n	b_n	x_n	$f(x_n)$ 的符号
1	2	2.5	2.25	+
2	2	2.25	2.125	+
3	2	2.125	2.062 5	−
4	2.062 5	2.125	2.093 75	−
5	2.093 75	2.125	2.109 375	+

所以,方程的近似根 $x^* = 2.10$.

复 习 题 一

一、判断题

1. $f(x) = x+1$ 与 $g(x) = \sqrt{x^2+1}$ 是同一个函数. 　　　　　　　　　(　)

2. $f(x) = \dfrac{1}{x}$ 是单调函数. 　　　　　　　　　　　　　　　(　)

3. 已知 $y = f(x)$ 是偶函数, $x = \varphi(t)$ 是奇函数,那么 $y = f[\varphi(t)]$ 必是偶函数.

　　　　　　　　　　　　　　　　　　　　　　　　　　　　　　(　)

4. 基本初等函数的和必是初等函数. 　　　　　　　　　　　　　(　)

5. 零是无穷小量. 　　　　　　　　　　　　　　　　　　　　　(　)

6. 两个无穷大之和仍是无穷大. 　　　　　　　　　　　　　　　(　)

7. 无穷小的倒数必是无穷大. 　　　　　　　　　　　　　　　　(　)

8. $f(x)$ 在 x_0 处无定义,则 $f(x)$ 当 $x \to x_0$ 时一定没有极限. 　　(　)

二、填空题

1. 函数 $f(x) = \sqrt{x^2-x-6} + \arcsin \dfrac{2x-1}{7}$ 的定义域是_____.

2. 函数 $f(x) = \begin{cases} 3x^2, & -5 \leqslant x < 0, \\ 0, & x = 0, \\ 2-x, & 0 < x < 5 \end{cases}$ 的定义域是_____, $f(-5) =$ _____,

$f(0) =$ _____, $f(3) =$ _____.

3. 函数 $f(x) = [\arcsin(3x^5-1)]^2$ 的复合过程是_____.

4. 如果 $\lim\limits_{x \to x_0} f(x) = A$,那么 $f(x)$ 与 A 的关系为_____.

5. $\lim\limits_{x \to x_0} f(x) = A$ 的充要条件是左右极限_____且_____.

6. 设 $f(x) = \dfrac{x^2-1}{|x-1|}$,那么 $\lim\limits_{x \to 1^-} f(x) =$ _____, $\lim\limits_{x \to 1^+} f(x) =$ _____.

7. 设 $y = x - \arctan x$,则 $\lim\limits_{x \to -\infty} (y-x) =$ _____.

8. 设 $f(x) = \begin{cases} x, & x < 1, \\ a, & x \geqslant 1, \end{cases}$ $g(x) \begin{cases} b, & x < 0, \\ x+2, & x \geqslant 0, \end{cases}$ 如果 $F(x) = f(x) + g(x)$ 在区间

$(-\infty,+\infty)$ 内连续,那么 $a=$ _____ ,$b=$ _____ ,$F(x)=$ _____ .

三、选择题

1. 下列各对函数中,相同的是(　　).

A. $f(x)=x,g(x)=(\sqrt{x^2})$

B. $f(x)=\sqrt{x^2},g(x)=|x|$

C. $f(x)=\ln(x-1)^2,g(x)=2\ln(x-1)$

D. $f(x)=1,g(x)=\dfrac{x}{|x|}$

2. 函数 $f(x)=\begin{cases}x^2, & |x|\leqslant 2 \\ x+1, & x>2\end{cases}$ 的定义域是(　　).

A. $[-2,2]$ 　　　　　　　　　　　　B. $(-2,+\infty)$

C. $[-2,+\infty)$ 　　　　　　　　　　D. $(-2,2)\cup(2,+\infty)$

3. 下列函数是偶函数且在 $(0,+\infty)$ 上单调增加的是(　　).

A. $f(x)=\cos x$ 　　　　　　　　　　B. $f(x)=|x|$

C. $f(x)=2^x+1$ 　　　　　　　　　　D. $f(x)=2x^2+x-1$

4. 下列 y 能成为 x 的复合函数的是(　　).

A. $y=\ln u,u=-x^2$ 　　　　　　　　B. $y=\dfrac{1}{\sqrt{u}},u=2x-x^2-1$

C. $y=\sin u,u=-x^2$ 　　　　　　　　D. $y=\arccos u,u=3+x^2$

5. 下列极限值等于 1 的是(　　).

A. $\lim\limits_{x\to\infty}\dfrac{\sin x}{x}$ 　　　　　　　　　　B. $\lim\limits_{x\to 0}\dfrac{\sin 2x}{x}$

C. $\lim\limits_{x\to 2\pi}\dfrac{\sin x}{x}$ 　　　　　　　　　　D. $\lim\limits_{x\to\pi}\dfrac{\sin x}{\pi-x}$

6. 当 $x\to 0$ 时,与 x 同阶的无穷小是(　　).

A. $1-\cos 2x$ 　　　　　　　　　　B. $\tan^2 x$

C. $x\arcsin x$ 　　　　　　　　　　D. $x^2+\sin 2x$

四、用铁皮做一个容积为 V 的带盖的圆柱形容器,试将其表面积 S 表示成底面半径 r 的函数,并写出定义域.

五、如图 1-34 所示,已知水渠的横断面为等腰梯形,倾斜角 $\varphi=40°$,$ABCD$ 称为过水断面(即垂直于水流的断面),$L=AB+BC+CD$ 称为水渠的湿周.当过水断面的面积为定值 S_0 时,求湿周 L 与渠深 h 之间的关系式,并指明定义域.

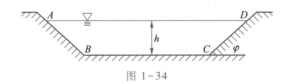

图 1-34

六、如图 1-35 所示,某矿井深为 H,用卷筒半径为 r 的卷扬机从井底吊起重

物(单位:m),设卷筒旋转的角速度为 $\omega(\text{rad/s})$,求:

(1)重物离地面的距离 S 与起吊时间 t 的函数关系;

(2)设 $H=50\text{ m}$, $r=0.5\text{ m}$, $h=30\text{ r/min}$,需要多长时间才能把重物吊到地面?

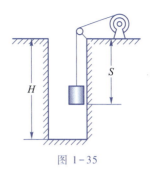

图 1-35

七、在电子技术中,经常会遇到如图 1-36 所示的一种矩形波,这种波形是周期性的,每隔 $100\text{ μs}(1\text{ s}=10^{6}\text{μs})$ 产生一个 10 V 的电压脉冲,持续时间为 10 μs,求电压 u 与时间 t 在一个周期内的函数关系式.

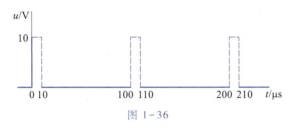

图 1-36

八、某工厂生产某产品,每日的生产量为 100 单位,它的日固定成本为 130 元,生产一个单位产品的可变成本为 6 元,求该厂日总成本函数及平均单位成本函数.

九、求下列极限.

(1) $\lim\limits_{x\to 1}\dfrac{x^4-1}{x^3-1}$;

(2) $\lim\limits_{x\to\infty}\dfrac{2x^2-3}{3x^3+2x-1}$;

(3) $\lim\limits_{x\to 4}\dfrac{2-\sqrt{x}}{3-\sqrt{2x+1}}$;

(4) $\lim\limits_{x\to 0}(2\csc 2x-\cot x)$;

(5) $\lim\limits_{x\to\infty}\dfrac{(3x^2+1)^5(1-2x)^5}{(x+1)^{15}}$;

(6) $\lim\limits_{x\to\infty}(\sqrt{x^2+x+1}-\sqrt{x^2-x-1})$;

(7) $\lim\limits_{x\to\infty}\dfrac{3x+\sin x}{2x-\sin x}$;

(8) $\lim\limits_{x\to 0}\dfrac{\tan x-\sin x}{\sin^3 x}$;

(9) $\lim\limits_{x\to 0^+}x\sqrt{\sin\dfrac{1}{x^2}}$;

(10) $\lim\limits_{x\to 0}\dfrac{\sqrt{1+x}-1}{\tan 2x}$;

(11) $\lim\limits_{x\to +\infty}\left(1-\dfrac{1}{x}\right)^{\sqrt{x}}$;

(12) $\lim\limits_{x\to\infty}\left(\dfrac{x+a}{x-a}\right)^x$;

(13) $\lim\limits_{x\to 0}\dfrac{1-\cos x}{(e^x-1)\ln(1+x)}$;

(14) $\lim\limits_{n\to\infty}\left[\dfrac{1+3+\cdots+(2n-1)}{n+1}-\dfrac{2n+1}{2}\right]$.

十、设 $f(x)=\begin{cases}\dfrac{\sin x}{x}, & x<0,\\ x^2+1, & 0\leqslant x\leqslant 2,\\ e^x-1, & x>2.\end{cases}$ 讨论当 $x\to 0$ 及 $x\to 1$ 时函数的极限,并求函数的连续区间.

十一、求常数 a，使函数 $f(x) = \begin{cases} a + \ln x, & x \geq 1, \\ 2ax - 1, & x < 1 \end{cases}$ 在其定义域内连续.

十二、试证方程 $x = a\sin x + b$（其中 $a > 0$，$b > 0$）至少有一个正根，且不超过 $a + b$.

阅读材料

数学科学与国际数学家大会

一、科学之王——数学科学

被后人称为"数学王子"的德国大数学家高斯（Gauss，1777—1855）曾说过："数学是科学之王，数论是数学之王，它常常屈尊去为天文学和其他自然科学效劳，但在所有的关系中，它都堪称第一."

随着科学技术的迅猛发展，数学的地位也日益提高，这是因为当今科学技术发展的一个重要特点是高度的、全面的定量化. 定量化实际上就是数学化. 因此，人们把数学看成是与自然科学、社会科学并列的一门科学，叫作数学科学.

数学发展的历史非常悠久，数的概念形成可能与火的使用一样古老，大约是在30万年以前，但真正形成数学理论还是从古希腊人开始的. 两千多年来，数学的发展大体可以分为三个阶段：17世纪以前是数学发展的初级阶段，其内容主要是常量数学，如初等几何、初等代数；从文艺复兴开始，数学发展进入了第二个阶段，即变量数学阶段，产生了微积分、解析几何、高等代数等；从19世纪开始，数学获得了巨大的发展，形成了近现代数学阶段，产生了实变函数、泛函分析、非欧几何、拓扑学、计算数学、数理逻辑等新的数学分支.

近半个多世纪以来，数学以空前的广度与深度向其他科学技术和人类知识领域渗透，产生了一系列交叉学科，如数学物理、数理化学、生物数学、数理经济学、数学地质学、数理气象学、数理语言学、数理心理学、数学考古学……，它们的数目还在增加. 同时在数学科学内也产生了新的研究领域和方法，如混沌、分形、小波变换等. 现代数学不再仅仅是代数、几何、分析等经典学科的集合，而已成为拥有100多个分支的科学体系，并且仍在继续急剧地变化发展之中.

二、国际数学家大会与数学奖项

1893年为纪念哥伦布发现美洲大陆400周年，芝加哥市政府举办了"世界哥伦布博览会"，安排了一系列科学与哲学会议，数学家与天文学家的"国际大会"即在列. 德国数学家 F.克莱因（Felix Klein，1849—1925）作了题为"数学的现状"的演讲，并呼吁"全世界数学家，联合起来！"受此影响，真正意义上的第一次国际数学家大会于1897

年在瑞士苏黎世召开,并决定以后定期召开这样的大会. 从 1900 年第二届数学大会开始就形成了每 4 年举行一次的惯例,除两次世界大战期间外,未曾中断. 现在国际数学家大会已经成为规模最大、水平最高的全球性数学科学学术会议,平均与会人数达 3 000 人左右. 值得一提的是 2002 年第 24 届国际数学家大会在中国北京举行,这是大会首次在我国举行,也是第一次在发展中国家举行.

1932 年的苏黎世国际数学大会中,加拿大数学家约翰·查尔斯·菲尔兹(J.C. Fields,1863—1932)鉴于诺贝尔奖中没有数学奖,宣布成立菲尔兹奖基金会,从下一届 (1936 年)开始颁发,奖励不超过 4 位 40 岁以下的数学家,这就是后来的菲尔兹奖.

菲尔兹奖包括一枚金质奖章和 15 000 美元,每 4 年在国际数学家大会上颁奖一次,被视为数学界的诺贝尔奖. 事实上,由于获奖者是从全世界的一流数学家中评选出来的,并且还有年龄要求,其获奖机会比诺贝尔奖还少. 华裔数学家丘成桐与陶哲轩分别在 1983 年和 2006 年获得了此奖.

由于菲尔兹奖只授予 40 岁以下的数学家,为了弥补这一局限,数学界还有一个非常重要的奖项,即沃尔夫数学奖,它是由以色列犹太工业家沃尔夫(R.Wolf,1887—1981)出资设立的. 该奖项从 1978 年起,每年颁奖一次(可空缺),授予当代最有影响的数学家. 陈省身与丘成桐分别在 1984 年和 2010 年荣获此奖.

第2章 导数和微分

　　微分学是微积分的重要组成部分. 导数和微分是微分学中两个重要概念. 导数反映了函数相对于自变量的变化速度, 即函数的变化率, 如: 力学中物体运动的速度与加速度、电学中的电流、化学中的反应速度、生物学中的繁殖率、经济学中的增长率、边际成本等. 这些问题的解决都归结为函数的变化率问题, 即导数. 微分反映了当自变量有微小变化时, 函数相应的变化, 如: 物体热胀冷缩后体积的改变量等. 这些问题的解决可归结为函数的微分问题.

　　本章我们将在极限与连续的基础上, 从实际问题出发, 阐明导数与微分的概念及两者之间的关系, 并给出关于导数与微分的运算公式与法则, 从而系统地解决初等函数的求导与求微分的问题.

【本章导例】　边际成本问题

　　在经济学中, 边际成本是指企业在某件产品的生产过程中, 当产量增加 1 个单位时, 总成本增加的量. 在实际生产中, 企业管理者会根据边际成本与总成本及平均成本的相关分析与研究结果, 来决策是否继续提高该产品的产量.

　　导数是重要的理论工具, 在经济学中有着广泛的应用. 在本章的学习中, 我们将通过对函数变化率的研究, 应用导数知识分析解决经济学中的边际成本问题.

§2.1 导数的概念

2.1.1 问题的提出

问题 1 变速直线运动的瞬时速度

在实际生活中,我们常常要研究一个物体做直线运动时在某一时刻的速度,如火箭发射时的初始速度、子弹射穿目标时的速度、做自由落体运动的小球在某一时刻的速度.这些速度我们称之为瞬时速度.对于这类速度,我们显然不能直接用平均速度 = $\dfrac{位移}{时间}$ 来计算.下面,我们就以极限为工具,解决这类问题.

设质点沿直线做变速运动,其运动规律为 $s = s(t)$,其中 s 表示位移,t 表示时间,$s(t)$ 是 t 的连续函数,现在求质点在 $t = t_0$ 时的瞬时速度 $v(t_0)$.

分析 对于匀速直线运动来说,速度 = $\dfrac{位移}{时间}$,但对于变速运动,上述公式不成立.为此,我们做如下处理.

解 第一步:在 t_0 处取增量 Δt,则在 t_0 到 $t_0 + \Delta t$ 的时间段内,位移的增量为

$$\Delta s = s(t_0 + \Delta t) - s(t_0).$$

平均变化率和瞬时变化率

第二步:假设质点在该时间段内做匀速直线运动,则 t_0 时刻的瞬时速度 $v(t_0)$ 可表示为

$$\frac{\Delta s}{\Delta t} = \frac{s(t_0 + \Delta t) - s(t_0)}{\Delta t}.$$

此时 $\dfrac{\Delta s}{\Delta t}$ 也表示这段时间内的平均速度 $\bar{v}$,即

$$\bar{v} = \frac{\Delta s}{\Delta t} = \frac{s(t_0 + \Delta t) - s(t_0)}{\Delta t}.$$

第三步:做变速运动时,可用 $\bar{v}$ 近似代替质点在 t_0 时刻的瞬时速度 $v(t_0)$.易知,Δt 愈小,近似程度愈高,则当 Δt 无限趋近于零时,平均速度将无限趋近于瞬时速度.因此,当 $\Delta t \to 0$ 时,如果极限 $\lim\limits_{\Delta t \to 0} \dfrac{\Delta s}{\Delta t}$ 存在,就称此极限为质点在时刻 t_0 时的瞬时速度,即

$$v(t_0) = \lim_{\Delta t \to 0} \frac{\Delta s}{\Delta t} = \lim_{\Delta t \to 0} \frac{s(t_0 + \Delta t) - s(t_0)}{\Delta t}.$$

注意 解决这类问题的一个基本思想是:局部以"不变"代"变",即用 $[t_0, t_0 + \Delta t]$ 内质点的平均速度近似代替质点在 t_0 时刻的瞬时速度.

问题 2 曲线的切线及其斜率

在平面几何学中,我们常常要求平面曲线在某点处的切线方程.而求切线方程的关键是求切线的斜率.下面我们同样以极限为工具,解决这类问题.

已知曲线方程为 $y=f(x)$（图 2-1），求该曲线在点 $A(x_0, f(x_0))$ 处的切线斜率.

分析　让点 B 沿曲线逼近点 A，则割线以 A 点为定点旋转，当 B 与 A 最终重合时割线到达了某个极限位置，称此极限位置的直线为曲线在点 A 的切线，且割线的倾斜角 β 逼近于切线的倾斜角. 因此，求切线的斜率关键是求割线的斜率. 为此，我们做如下处理：

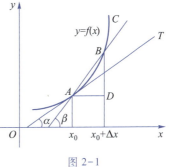

图 2-1

解　在曲线上点 A 附近另取一点 B，设其坐标为 $(x_0+\Delta x, f(x_0+\Delta x))$. 则直线 AB 是曲线 C 的割线，记其倾斜角为 β. 由图 2-1 中的直角 $\triangle ADB$ 可知，割线 AB 的斜率

$$\tan\beta = \frac{BD}{AD} = \frac{\Delta y}{\Delta x} = \frac{f(x_0+\Delta x) - f(x_0)}{\Delta x}.$$

当点 B 沿着曲线 C 趋向于点 A 时，此时 $\Delta x \to 0$，我们称割线 AB 的极限位置 AT 为点 A 处的切线，记 AT 的倾斜角为 α，显然 α 为 $\Delta x \to 0$ 时 β 的极限，则切线 AT 的斜率为

$$k = \tan\alpha = \lim_{\Delta x \to 0}\tan\beta = \lim_{\Delta x \to 0}\frac{\Delta y}{\Delta x} = \lim_{\Delta x \to 0}\frac{f(x_0+\Delta x) - f(x_0)}{\Delta x}.$$

注意　切线本身是个纯几何问题，但在物理学中有非常重要的应用，例如在光学中，我们需要知道光线的入射角，而入射角就是光线与曲线的法线之间的夹角，法线与切线是垂直的，所以问题在于如何求出法线或切线. 切线的另一个重要应用是研究物体在其运动轨迹上任一点的运动方向，即切线方向.

从以上两个例子我们看到了用极限方法处理非均匀变化量的优越性. 尽管以上两例的实际意义不同，但从数量关系来看，它们有着共同的特点：都是函数增量与自变量增量之比当自变量增量趋于零时的极限. 这种极限在实际生活中反映的是一个变量随着另一个变量变化的变化率问题，而这种变化率在自然科学、工程技术、经济科学中有很多相对应的量（比如功率、反应速度、边际成本等）. 正是这种共性的抽象引出了函数的导数定义.

2.1.2　导数的概念

定义 1　设函数 $y=f(x)$ 在点 x_0 的某一邻域内有定义，当自变量 x 在 x_0 处有增量 Δx（$\Delta x \neq 0$，$x_0+\Delta x$ 仍在该邻域内）时，函数相对应的有增量 $\Delta y = f(x_0+\Delta x) - f(x_0)$；如果当 $\Delta x \to 0$ 时极限 $\lim\limits_{\Delta x \to 0}\dfrac{\Delta y}{\Delta x} = \lim\limits_{\Delta x \to 0}\dfrac{f(x_0+\Delta x) - f(x_0)}{\Delta x}$ 存在，则称函数 $y=f(x)$ 在点 x_0 处可导，并称该极限值为函数 $y=f(x)$ 在点 x_0 处的导数，记为 $f'(x_0)$，即

$$f'(x_0) = \lim_{\Delta x \to 0}\frac{\Delta y}{\Delta x} = \lim_{\Delta x \to 0}\frac{f(x_0+\Delta x) - f(x_0)}{\Delta x}.$$

也可以记为

导数的定义

$$\left. y' \right|_{x=x_0}, \left. \frac{\mathrm{d}y}{\mathrm{d}x} \right|_{x=x_0} \text{或} \left. \frac{\mathrm{d}f}{\mathrm{d}x} \right|_{x=x_0}.$$

如果当 $\Delta x \to 0$ 时 $\frac{\Delta y}{\Delta x}$ 的极限不存在,就称函数 $y=f(x)$ 在点 x_0 处不可导或导数不存在. 若不可导的原因是当 $\Delta x \to 0$ 时, $\frac{\Delta y}{\Delta x} \to \infty$,为方便起见,也称函数 $y=f(x)$ 在点 x_0 处的导数为无穷大.

注意 （1）这里 Δx 只是个记号,表示 x 在点 x_0 处的增量,因此上述极限我们还可以用其他形式来表示:

① 令 $x=x_0+\Delta x$,则

$$f'(x_0) = \lim_{x \to x_0} \frac{f(x)-f(x_0)}{x-x_0};$$

② 令 h 为 x 在点 x_0 处的增量,则

$$f'(x_0) = \lim_{h \to 0} \frac{f(x_0+h)-f(x_0)}{h}.$$

（2）导数是一种差商的极限,该极限的大小反映了函数的函数值在该点处随自变量变化(增大或减小)而变化的快慢程度. 因此,上述两个问题的结论都可以用导数来表示,即

$$v(t_0) = s'(t_0), k=f'(x_0).$$

例 1　求做自由落体运动的物体在 t_0 时刻的瞬时速度.

解　物体做自由落体运动的运动方程为 $s=\frac{1}{2}gt^2$,则在 t_0 时刻的瞬时速度即为函数在 t_0 时刻的导数,即

$$\begin{aligned}
v(t_0) = s'(t_0) &= \lim_{\Delta t \to 0} \frac{s(t_0+\Delta t)-s(t_0)}{\Delta t} \\
&= \frac{1}{2}g \lim_{\Delta t \to 0} \frac{(t_0+\Delta t)^2-t_0^2}{\Delta t} \\
&= \frac{1}{2}g \lim_{\Delta t \to 0} \frac{2t_0 \cdot \Delta t+(\Delta t)^2}{\Delta t} \\
&= gt_0.
\end{aligned}$$

例 2　有一长方体游泳池,底面为边长为 $l=100$ m 的正方形,现以 $A=10$ m³/s 的速度往游泳池内注水,从注水时开始计时,求经过 $t(\mathrm{s})$ 时水面的上升速度.

解　设 t 时刻水面高度为 $y(\mathrm{m})$,显然,水面高度 y 随时间 t 的变化而变化,y 是 t 的函数,而水面的上升速度就是 y 对时间 t 的变化率,即 $\frac{\mathrm{d}y}{\mathrm{d}t}$. 要求导数先要建立 y 关于 t 的函数,t 时刻注入泳池中水的体积为 $V=l^2y$,另一方面 $V=At$,因此 $At=l^2y$. 从而

$$y = \frac{A}{l^2}t = 0.001t,$$

由导数定义得

$$\frac{\mathrm{d}y}{\mathrm{d}t} = \lim_{\Delta t \to 0} \frac{f(t+\Delta t) - f(t)}{\Delta t} = \lim_{\Delta t \to 0} \frac{0.001(t+\Delta t) - 0.001t}{\Delta t} = 0.001.$$

所以,$t(\mathrm{s})$ 时水面的上升速度为 $0.001(\mathrm{m/s})$.

如果函数 $y=f(x)$ 在开区间 (a,b) 内的每一点处都可导,则称函数 $y=f(x)$ 在开区间 (a,b) 内可导. 此时,对于每一个 $x \in (a,b)$,都对应唯一确定的导数值 $f'(x)$,这样就构成了一个新的函数,我们把这一新的函数称为 $f(x)$ 的导函数,记作 y',$f'(x)$,$\dfrac{\mathrm{d}y}{\mathrm{d}x}$ 或 $\dfrac{\mathrm{d}f}{\mathrm{d}x}$. 即

$$y' = f'(x) = \lim_{\Delta x \to 0} \frac{\Delta y}{\Delta x} = \lim_{\Delta x \to 0} \frac{f(x+\Delta x) - f(x)}{\Delta x}.$$

显然,函数 $y=f(x)$ 在点 x_0 处的导数 $f'(x_0)$ 就是导函数 $f'(x)$ 在点 $x=x_0$ 处的函数值,即

$$f'(x_0) = f'(x)\big|_{x=x_0}.$$

因此,求函数 $f(x)$ 在点 x_0 处的导数,只需先求导函数 $f'(x)$,再把 $x=x_0$ 代入 $f'(x)$ 中去求函数值即可. 因此,导函数也简称为导数. 今后,若不特别指明求某一点处的导数,求函数的导数就是指求导函数.

由导数定义知,求函数 $y=f(x)$ 的导数 y' 可分为以下三个步骤:

第一步:求增量:$\Delta y = f(x+\Delta x) - f(x)$;

第二步:算比值:$\dfrac{\Delta y}{\Delta x} = \dfrac{f(x+\Delta x) - f(x)}{\Delta x}$;

第三步:取极限:$y' = \lim\limits_{\Delta x \to 0} \dfrac{\Delta y}{\Delta x} = \lim\limits_{\Delta x \to 0} \dfrac{f(x+\Delta x) - f(x)}{\Delta x}$.

2.1.3 求导数举例

下面我们就利用定义求几个基本初等函数的导数.

例 3 求函数 $f(x) = C$(C 为常数)的导数.

解 求增量:

$$\Delta y = f(x+\Delta x) - f(x) = C - C = 0;$$

算比值:

$$\frac{\Delta y}{\Delta x} = \frac{f(x+\Delta x) - f(x)}{\Delta x} = 0;$$

取极限:

$$y' = \lim_{\Delta x \to 0} \frac{\Delta y}{\Delta x} = \lim_{\Delta x \to 0} \frac{f(x+\Delta x) - f(x)}{\Delta x} = \lim_{\Delta x \to 0} 0 = 0,$$

即

$$C' = 0.$$

这表明:任意常数的导数都等于零.

例 4 求幂函数 $y = x^n (n \in \mathbf{N})$ 的导数.

解 求增量:

$$
\begin{aligned}
\Delta y &= (x + \Delta x)^n - x^n \\
&= \left[C_n^0 x^n + C_n^1 x^{n-1} \Delta x + C_n^2 x^{n-2} (\Delta x)^2 + \cdots + C_n^n (\Delta x)^n \right] - x^n \\
&= C_n^1 x^{n-1} \Delta x + C_n^2 x^{n-2} (\Delta x)^2 + \cdots + C_n^n (\Delta x)^n ;
\end{aligned}
$$

算比值:

$$
\begin{aligned}
\frac{\Delta y}{\Delta x} &= \frac{C_n^1 x^{n-1} \Delta x + C_n^2 x^{n-2} (\Delta x)^2 + \cdots + C_n^n (\Delta x)^n}{\Delta x} \\
&= C_n^1 x^{n-1} + C_n^2 x^{n-2} \Delta x + \cdots + C_n^n (\Delta x)^{n-1} ;
\end{aligned}
$$

取极限:

$$
y' = \lim_{\Delta x \to 0} \frac{\Delta y}{\Delta x} = n x^{n-1} ,
$$

即

$$
(x^n)' = n x^{n-1} .
$$

可以证明:对任意实数 α,都有 $(x^\alpha)' = \alpha x^{\alpha-1}$.

例如: $(\sqrt{x})' = (x^{\frac{1}{2}})' = \frac{1}{2} x^{-\frac{1}{2}} = \frac{1}{2\sqrt{x}}$; $\quad \left(\frac{1}{x} \right)' = (x^{-1})' = -x^{-2} = -\frac{1}{x^2}$.

例 5 求 $y = \sin x (x \in \mathbf{R})$ 的导数.

解 求增量:

$$
\Delta y = \sin(x + \Delta x) - \sin x = 2\cos \left(x + \frac{\Delta x}{2} \right) \sin \frac{\Delta x}{2} ;
$$

算比值:

$$
\frac{\Delta y}{\Delta x} = \frac{\sin \dfrac{\Delta x}{2}}{\dfrac{\Delta x}{2}} \cdot \cos \left(x + \frac{\Delta x}{2} \right) ;
$$

取极限:

$$
y' = \lim_{\Delta x \to 0} \frac{\Delta y}{\Delta x} = \lim_{\Delta x \to 0} \frac{\sin \dfrac{\Delta x}{2}}{\dfrac{\Delta x}{2}} \cdot \cos \left(x + \frac{\Delta x}{2} \right) = \cos x ,
$$

即

$$
(\sin x)' = \cos x .
$$

用类似的方法可以求得

$$
(\cos x)' = -\sin x .
$$

例 6 求 $y = \log_a x (a > 0, a \neq 1, x > 0)$ 的导数.

解 求增量:

$$
\begin{aligned}
\Delta y &= f(x + \Delta x) - f(x) \\
&= \log_a (x + \Delta x) - \log_a x \\
&= \log_a \frac{x + \Delta x}{x} = \log_a \left(1 + \frac{\Delta x}{x} \right) ;
\end{aligned}
$$

算比值:

$$\frac{\Delta y}{\Delta x} = \frac{\log_a\left(1+\dfrac{\Delta x}{x}\right)}{\Delta x} = \frac{1}{x}\log_a\left(1+\frac{\Delta x}{x}\right)^{\frac{x}{\Delta x}};$$

取极限:

$$y' = \lim_{\Delta x\to 0}\frac{\Delta y}{\Delta x} = \lim_{\Delta x\to 0}\frac{1}{x}\log_a\left(1+\frac{\Delta x}{x}\right)^{\frac{x}{\Delta x}} = \frac{1}{x}\log_a \mathrm{e} = \frac{1}{x\ln a},$$

即

$$(\log_a x)' = \frac{1}{x\ln a} \quad (a>0, a\neq 1, x>0).$$

特别地,若 $a=\mathrm{e}$,则

$$(\ln x)' = \frac{1}{x}(x>0).$$

2.1.4 导数的几何意义

根据问题 2 的结论,导数的几何意义是:函数 $y=f(x)$ 在点 x_0 处的导数 $f'(x_0)$,就是曲线 $y=f(x)$ 在点 $(x_0, f(x_0))$ 处的切线的斜率,即 $k=\tan\alpha=f'(x_0)$.

易知,若 $f'(x_0)$ 存在,则曲线 $y=f(x)$ 在点 $(x_0, f(x_0))$ 处的切线方程为
$$y-f(x_0) = f'(x_0)(x-x_0).$$

如果函数 $y=f(x)$ 在点 x_0 处的导数为无穷大,这时曲线 $y=f(x)$ 的割线以垂直于 x 轴的直线 $x=x_0$ 为极限位置,即曲线 $y=f(x)$ 在点 $(x_0, f(x_0))$ 处的切线方程为 $x=x_0$.

过切点 $(x_0, f(x_0))$ 且垂直于切线的直线叫作曲线 $y=f(x)$ 在该点处的法线.

显然,当 $f'(x_0)$ 存在且 $f'(x_0)\neq 0$ 时,法线方程为
$$y-f(x_0) = \frac{-1}{f'(x_0)}(x-x_0);$$

当 $f'(x_0)=0$ 时,法线方程为 $x=x_0$.

导数的意义
和应用

例 7 求曲线 $y=\dfrac{1}{x}$ 在点 $(1,1)$ 处的切线方程与法线方程.

解 $f'(x)=\left(\dfrac{1}{x}\right)'=-\dfrac{1}{x^2}, f'(1)=-1$,即切线的斜率 $k=-1$,则所求切线方程为
$$y-1=-(x-1), \quad 即 \ x+y-2=0;$$

所求法线方程为
$$y-1=x-1, \quad 即 \ y=x.$$

例 8 某重型卡车的最大爬坡度为 $\dfrac{\pi}{6}$,现需在某矿山爬过一个山坡,已知爬坡路线满足曲线方程 $y=\dfrac{1}{3}\sin x, x\in\left[-\dfrac{\pi}{2}, \dfrac{\pi}{2}\right]$,问该车能否直接爬过这个山坡?

分析 卡车在山坡任意一点的倾斜度就是曲线上相应点处的切线倾斜角 α,因此所要讨论的问题就变为分析 α 是否比 $\dfrac{\pi}{6}$ 小.

解 设 α 为曲线上任意一点的切线倾斜角, 则在点 x 处的切线斜率为

$$k = \tan \alpha = f'(x) = \frac{1}{3}\cos x.$$

显然当 $x \in \left[-\dfrac{\pi}{2}, \dfrac{\pi}{2} \right]$ 时

$$k = \tan \alpha = f'(x) = \frac{1}{3}\cos x \leqslant \frac{1}{3} < \frac{\sqrt{3}}{3} = \tan \frac{\pi}{6},$$

即 $\tan \alpha < \tan \dfrac{\pi}{6}$, 所以该卡车在上坡过程中倾斜度都比最大爬坡度 $\dfrac{\pi}{6}$ 要小, 因此该卡车可以爬过这个山坡.

2.1.5 左导数与右导数

函数的导数是函数增量与自变量增量的比值的极限. 由左、右极限的概念, 可得如下定义.

定义 2 设函数 $y = f(x)$ 在点 x_0 的某一邻域内有定义, 如果极限 $\lim\limits_{\Delta x \to 0^-} \dfrac{f(x_0 + \Delta x) - f(x_0)}{\Delta x}$ 存在, 则称之为函数 $y = f(x)$ 在点 x_0 处的左导数, 记为 $f'_-(x_0)$; 如果极限 $\lim\limits_{\Delta x \to 0^+} \dfrac{f(x_0 + \Delta x) - f(x_0)}{\Delta x}$ 存在, 则称之为函数 $y = f(x)$ 在点 x_0 处的右导数, 记为 $f'_+(x_0)$.

由极限定理不难得到下面的结论.

定理 1 函数 $y = f(x)$ 在点 x_0 处可导的充分必要条件是 $f(x)$ 在点 x_0 处的左、右导数都存在且相等.

例 9 讨论函数 $f(x) = |x|$ (图 2-2) 在点 $x = 0$ 处的可导性.

解 在分段函数的分段点处讨论可导性, 必须用左、右导数的概念及定理 1 来判断.

按定义, 在 $x = 0$ 处,

$$f'_-(0) = \lim\limits_{\Delta x \to 0^-} \frac{f(0 + \Delta x) - f(0)}{\Delta x}.$$

当 $\Delta x < 0$ 时, $f(\Delta x) = -\Delta x$, 而 $f(0) = 0$, 于是有

$$f'_-(0) = \lim\limits_{\Delta x \to 0^-} \frac{-\Delta x - 0}{\Delta x} = -1.$$

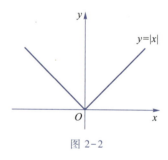

图 2-2

类似地,

$$f'_+(0) = \lim\limits_{\Delta x \to 0^+} \frac{f(0 + \Delta x) - f(0)}{\Delta x} = \lim\limits_{\Delta x \to 0^+} \frac{\Delta x}{\Delta x} = 1.$$

由于 $f'_-(0) \neq f'_+(0)$, 故由定理 1 知 $f(x)$ 在点 $x = 0$ 处不可导.

2.1.6 可导与连续的关系

定理 2 若函数 $y = f(x)$ 在点 x_0 处可导, 则函数 $f(x)$ 在 x_0 处连续.

左导数与右导数

可导与连续的关系

证明 因为 $y=f(x)$ 在点 x_0 处可导,所以 $\lim\limits_{\Delta x\to 0}\dfrac{\Delta y}{\Delta x}=f'(x_0)$,由极限与无穷小的关系定理,有

$$\frac{\Delta y}{\Delta x}=f'(x_0)+\alpha\ (\lim\limits_{\Delta x\to 0}\alpha=0),\ 即\ \Delta y=f'(x_0)\Delta x+\alpha\Delta x,$$

所以

$$\lim\limits_{\Delta x\to 0}\Delta y=\lim\limits_{\Delta x\to 0}\left[f'(x_0)\Delta x+\alpha\Delta x\right]=0.$$

这表明:函数 $y=f(x)$ 在点 x_0 处连续.

但 $y=f(x)$ 在点 x_0 处连续,却不一定可导. 例如:函数 $f(x)=|x|$,在 $x=0$ 处连续,但在 $x=0$ 处不可导(详见例9).

例 10 设 $f(x)=(x-a)\varphi(x)$,其中 $\varphi(x)$ 在 $x=a$ 处连续,求 $f'(a)$.

解 因为 $\varphi(x)$ 在 $x=a$ 处连续,所以 $f(x)$ 在 $x=a$ 处也连续. 由题意知 $f(a)=0$,因为

$$\lim\limits_{x\to a}\frac{f(x)-f(a)}{x-a}=\lim\limits_{x\to a}\frac{(x-a)\varphi(x)-0}{x-a}=\lim\limits_{x\to a}\varphi(x)=\varphi(a).$$

所以

$$f'(a)=\varphi(a).$$

习题 2.1

1. 根据导数的定义,求下列函数的导数.

(1) $y=\sqrt{x}$；　　　　　(2) $y=\cos x$.

2. 曲线 $y=\ln x$ 上哪点处的切线与直线 $x-2y+2=0$ 平行?

3. 求曲线 $y=x^2$ 上垂直于直线 $y+x+3=0$ 的切线方程.

*4. 已知 $f(x)=\begin{cases}x^2, & x\geqslant 0,\\ -x^2, & x<0,\end{cases}$ 求 $f'(0)$.

*5. 已知 $f(x)=\begin{cases}x^2, & x\leqslant 1,\\ ax+b, & x>1,\end{cases}$ 试确定 a,b,使 $f(x)$ 在实数域内处处可导.

6. (火星上的自由落体)火星表面的自由落体的方程是 $s=1.86t^2$,t 以 s 计,s 以 m 计. 假设一块岩石从 200 m 高的悬崖顶上掉下来,求岩石在 $t=1$ s 时的速度.

§ 2.2　导数的运算

在 §2.1,根据导数的定义,我们已经求得了基本初等函数中正弦函数、余弦函数、对数函数及幂函数的导数. 但对于其他的初等函数,用导数的定义求其导数往往会比较烦琐. 因此,我们希望能借助一些基本公式与运算法则来简化导数的计算. 本节将介绍一系列的求导法则和方法,从而解决初等函数的求导问题.

2.2.1　导数的基本公式

我们将所有基本初等函数的导数统称为导数基本公式. 导数基本公式在初等函

数的求导过程中起着十分重要的作用,为了便于熟练掌握,归纳如下:

1. $(C)' = 0$;

2. $(x^{\alpha})' = \alpha x^{\alpha-1}$;

3. $(\sin x)' = \cos x$;

4. $(\cos x)' = -\sin x$;

5. $(\tan x)' = \sec^2 x$;

6. $(\cot x)' = -\csc^2 x$;

7. $(\sec x)' = \sec x \tan x$;

8. $(\csc x)' = -\csc x \cot x$;

9. $(a^x)' = a^x \ln a \, (a>0)$;

10. $(e^x)' = e^x$;

11. $(\log_a x)' = \dfrac{1}{x \ln a} \, (a>0 \text{ 且 } a \neq 1)$;

12. $(\ln x)' = \dfrac{1}{x}$;

13. $(\arcsin x)' = \dfrac{1}{\sqrt{1-x^2}}$;

14. $(\arccos x)' = -\dfrac{1}{\sqrt{1-x^2}}$;

15. $(\arctan x)' = \dfrac{1}{1+x^2}$;

16. $(\operatorname{arccot} x)' = -\dfrac{1}{1+x^2}$.

上述基本公式,有些我们已经用导数的定义直接推导. 我们后面会利用法则逐一验证其余公式.

2.2.2 导数的四则运算法则

定理 1 设 $u = u(x), v = v(x)$ 均在点 x 可导,则它们的和、差、积、商(除分母为零的外)都在点 x 可导,且

(1) 和差法则:$(u \pm v)' = u' \pm v'$;

(2) 乘法法则:$(u \cdot v)' = u'v + uv'$,特别地,$(cu)' = cu' \,(c$ 是常数$)$;

(3) 除法法则:$\left(\dfrac{u}{v}\right)' = \dfrac{u'v - uv'}{v^2}$.

注意 法则(1)和(2)都可以推广到任意有限个可导函数的情形,即若 $u_1, u_2, \cdots, u_n$ 均为可导函数,则

$$(u_1 \pm u_2 \pm \cdots \pm u_n)' = u_1' \pm u_2' \pm \cdots \pm u_n';$$

$$(u_1 \cdot u_2 \cdot \cdots \cdot u_n)' = u_1' \cdot u_2 \cdot \cdots \cdot u_n + u_1 \cdot u_2' \cdot \cdots \cdot u_n + \cdots + u_1 \cdot u_2 \cdot \cdots \cdot u_n'.$$

以上三个法则均可利用导数的定义和极限的运算法则加以证明.

例 1 设 $f(x) = x^3 + \sqrt{x} + \ln x + \cos x - 3$,求 $f'(x), f'(1)$.

解
$$f'(x) = (x^3)' + (\sqrt{x})' + (\ln x)' + (\cos x)' - (3)'$$

$$= 3x^2 + \frac{1}{2\sqrt{x}} + \frac{1}{x} - \sin x;$$

$$f'(1) = 3 + \frac{1}{2} + 1 - \sin 1 = \frac{9}{2} - \sin 1.$$

例 2 设 $f(x) = (1 - 3x^2) \log_2 x$,求 $f'(x)$.

解
$$f'(x) = (1 - 3x^2)' \log_2 x + (1 - 3x^2)(\log_2 x)'$$

$$= -6x \log_2 x + (1 - 3x^2) \frac{1}{x \ln 2}.$$

例 3 设 $f(x) = x^3 e^x \cos x$,求 $f'(x)$.

解
$$f'(x) = (x^3)'e^x\cos x + x^3(e^x)'\cos x + x^3 e^x(\cos x)'$$
$$= 3x^2 e^x\cos x + x^3 e^x\cos x + x^3 e^x(-\sin x)$$
$$= x^2 e^x(3\cos x + x\cos x - x\sin x).$$

例 4 设 $y = \tan x$，求 y'.

解
$$y' = (\tan x)' = \left(\frac{\sin x}{\cos x}\right)' = \frac{(\sin x)'\cos x - \sin x(\cos x)'}{\cos^2 x}$$
$$= \frac{\cos^2 x + \sin^2 x}{\cos^2 x} = \frac{1}{\cos^2 x}.$$

即
$$(\tan x)' = \sec^2 x.$$

同理可得：
$$(\cot x)' = -\csc^2 x.$$

例 5 设 $y = \sec x$，求 y'.

解
$$y' = (\sec x)' = \left(\frac{1}{\cos x}\right)' = \frac{0 - 1 \cdot (\cos x)'}{\cos^2 x} = \frac{\sin x}{\cos^2 x} = \tan x\sec x.$$

即

$$(\sec x)' = \tan x\sec x.$$

同理可得：
$$(\csc x)' = -\cot x\csc x.$$

例 6 设 $y = \dfrac{x\sin x}{1 + \cos x}$，求 y'.

解
$$y' = \left(\frac{x\sin x}{1 + \cos x}\right)' = \frac{(x\sin x)'(1 + \cos x) - (x\sin x)(1 + \cos x)'}{(1 + \cos x)^2}$$
$$= \frac{(\sin x + x\cos x)(1 + \cos x) + (x\sin x)\sin x}{(1 + \cos x)^2}$$
$$= \frac{\sin x(1 + \cos x) + x(1 + \cos x)}{(1 + \cos x)^2}$$
$$= \frac{x + \sin x}{1 + \cos x}.$$

例 7 设 $g(x) = \dfrac{(x^2 + 1)^2}{x^2}$，求 $g'(x)$.

解 易知 $g(x) = x^2 + 2 + \dfrac{1}{x^2}$，于是

$$g'(x) = 2x - 2x^{-3} = \frac{2}{x^3}(x^4 - 1).$$

2.2.3 复合函数的求导法则

在前面，我们应用导数的四则运算法则和基本初等函数公式求出了一些函数的导数. 但是，对于复合函数，如 $y = \tan x^2$，$y = \ln\sin x$ 等，仅用前面的公式与法则是不够的. 我们要知道它们是否可导，可导的话如何求它们的导数. 下面的重要法则解决了这些问题，同时可以扩大求导数的范围.

定理 2 设函数 $u = \varphi(x)$ 在点 x 可导，函数 $y = f(u)$ 在点 $u = \varphi(x)$ 可导，则复合函

数 $y=f[\varphi(x)]$ 在点 x 可导,且

$$y'_x = y'_u \cdot u'_x \quad 或 \quad \frac{\mathrm{d}y}{\mathrm{d}x} = \frac{\mathrm{d}y}{\mathrm{d}u} \cdot \frac{\mathrm{d}u}{\mathrm{d}x}.$$

注意 这个法则可以推广到两个以上的中间变量的情形.

例如,$y=y(u)$,$u=u(v)$,$v=v(x)$,且在各对应点处的导数存在,则

$$y'_x = y'_u \cdot u'_v \cdot v'_x \quad 或 \quad \frac{\mathrm{d}y}{\mathrm{d}x} = \frac{\mathrm{d}y}{\mathrm{d}u} \cdot \frac{\mathrm{d}u}{\mathrm{d}v} \cdot \frac{\mathrm{d}v}{\mathrm{d}x}.$$

通常称这个公式为复合函数求导的链式法则.

从上述法则可以看出:求复合函数的导数,首先要分析所给函数由哪些函数复合而成,即明确中间变量,再用法则求导.

例 8 求 $y=(2x+1)^2$ 的导数.

解 令 $y=u^2$,$u=2x+1$,则 $y'_x = y'_u \cdot u'_x = 2u \cdot 2 = 4(2x+1)$.

例 9 求 $y=\mathrm{e}^{x^2}$ 的导数.

解 令 $y=\mathrm{e}^u$,$u=x^2$,则 $y'_x = y'_u \cdot u'_x = \mathrm{e}^u \cdot 2x = 2x\mathrm{e}^{x^2}$.

例 10 求 $y=\ln \tan \left(\dfrac{x}{2}+\dfrac{\pi}{4}\right)$ 的导数.

解 令 $y=\ln u$,$u=\tan v$,$v=\dfrac{x}{2}+\dfrac{\pi}{4}$,则

$$y' = \frac{1}{u} \cdot \sec^2 v \cdot \left(\frac{x}{2}+\frac{\pi}{4}\right)'$$

$$= \frac{1}{\tan\left(\dfrac{x}{2}+\dfrac{\pi}{4}\right)} \cdot \sec^2\left(\frac{x}{2}+\frac{\pi}{4}\right) \cdot \left(\frac{x}{2}+\frac{\pi}{4}\right)'$$

$$= \frac{1}{2\sin\left(\dfrac{x}{2}+\dfrac{\pi}{4}\right)\cos\left(\dfrac{x}{2}+\dfrac{\pi}{4}\right)}$$

$$= \frac{1}{\sin\left(x+\dfrac{\pi}{2}\right)} = \frac{1}{\cos x} = \sec x.$$

对复合函数的分解熟练之后,可省略设中间变量的步骤,用下面例题的方法来求导.

例 11 求 $y=\mathrm{e}^{\arctan\sqrt{x}}$ 的导数.

解
$$y' = \mathrm{e}^{\arctan\sqrt{x}} \cdot (\arctan\sqrt{x})' = \mathrm{e}^{\arctan\sqrt{x}} \cdot \frac{1}{1+(\sqrt{x})^2} \cdot (\sqrt{x})'$$

$$= \mathrm{e}^{\arctan\sqrt{x}} \cdot \frac{1}{1+x} \cdot \frac{1}{2\sqrt{x}}.$$

例 12 求 $y=\ln(x+\sqrt{x^2+1})$ 的导数.

解
$$y' = \frac{1}{x+\sqrt{x^2+1}} \cdot (x+\sqrt{1+x^2})' = \frac{1}{x+\sqrt{x^2+1}} \cdot \left[1+(\sqrt{1+x^2})'\right]$$

$$= \frac{1}{x+\sqrt{x^2+1}} \cdot \left[1+\frac{1}{2\sqrt{x^2+1}} \cdot (x^2+1)'\right] = \frac{1}{x+\sqrt{x^2+1}} \cdot \left[1+\frac{x}{\sqrt{x^2+1}}\right]$$

$$= \frac{1}{\sqrt{x^2+1}}.$$

例 13　$y=\ln|x| \, (x\neq 0)$，求 y'.

解　当 $x>0$ 时，$y=\ln x$，根据基本求导公式，

$$y'=\frac{1}{x};$$

当 $x<0$ 时，$y=\ln(-x)$，于是

$$y'=[\ln(-x)]'=\frac{1}{-x} \cdot (-x)' = \frac{1}{x}.$$

综上得　$(\ln|x|)'=\frac{1}{x}.$

进一步推广，可得下面结论.

例 14　设 $f(x)$ 是可导的非零函数，$y=\ln|f(x)|$，求 y'.

解　由上公式利用复合函数求导的方法：从外到内，逐层求导，作连乘. 可得：$y' = \frac{1}{f(x)} \cdot f'(x)$.

复合函数的求导方法是很重要的数学建模工具，下面我们研究一个运用复合函数求导方法来解决的实际问题.

例 15（立方体冰块融化问题）　一个立方体冰块，在 1 h 内，融化掉了总体积的 $\frac{1}{4}$，那么在周围空气湿度、温度等基本物理条件不变的情况下，该立方体冰块全部融化掉，还需要多长时间？

解　我们从创建数学模型开始，假定在融化过程中立方体的形状不变，设立方体的边长为 s，其体积为 $V=s^3$，而表面积为 $6s^2$.

考虑到融化发生在表面，根据物理学相关知识，可做基本设定：冰块体积的衰减率和冰块表面积成正比. 用数学语言来表述，即

$$\frac{\mathrm{d}V}{\mathrm{d}t}=-k(6s^2),k>0,$$

其中负号表明体积不断缩小，k 是比例系数，由周围空气的湿度、温度等基本物理因素决定.

$$V=s^3,$$
$$\frac{\mathrm{d}V}{\mathrm{d}t}=\frac{\mathrm{d}s^3}{\mathrm{d}t}=3s^2\frac{\mathrm{d}s}{\mathrm{d}t}=-6ks^2,$$
$$\frac{\mathrm{d}s}{\mathrm{d}t}=-2k.$$

即立方体冰块的边长以每小时 $2k$ 个单位这样的常速率减少.

设立方体冰块边长的初始长度为 s_0,则 $t(\text{h})$ 后冰块剩余边长 $s_1 = s_0 - 2kt$.

根据题目初始条件,1 h 内,立方体冰块融化掉了总体积的 $\dfrac{1}{4}$.

$$\frac{V_1}{V_0} = \frac{s_1^3}{s_0^3} = \frac{3}{4}, \quad s_1 = \left(\frac{3}{4}\right)^{\frac{1}{3}} s_0, \quad 2k = s_0 - s_1 = s_0\left(1 - \left(\frac{3}{4}\right)^{\frac{1}{3}}\right).$$

冰块全部融化掉,即 $s_1 = s_0 - 2kt = 0$. 所以

$$t_{\text{全部融化}} = \frac{s_0}{2k} = \frac{s_0}{s_0\left(1-\left(\frac{3}{4}\right)^{\frac{1}{3}}\right)} = \frac{1}{1-\left(\frac{3}{4}\right)^{\frac{1}{3}}} \approx 11 \text{ h}.$$

该立方体冰块全部融化掉,还需要约 10 h 左右的时间.

存在严重干旱问题的地区,总是在考虑挖掘新的水资源,建议之一就是把冰山从极地水域搬到靠近干旱地区的近岸水域,融化的冰块就能为干旱地区提供淡水. 分析这个建议的可行性,需考虑有多少冰在运输过程中丢失了,要多长时间才能把冰完全转化成可用的水. 本题为这些问题提供了基础的数学模型.

习题 2.2

1. 求下列函数在指定点处的导数值.

(1) $y = x^5 + 3\sin x, x = \dfrac{\pi}{2}$;   (2) $y = x^2\sin 2x, x = \dfrac{\pi}{2}$;

(3) $y = e^{\sin 3x}, x = \dfrac{\pi}{6}$.

2. 求下列函数的导数.

(1) $y = \sqrt[3]{x} \cdot x^2 - \dfrac{1}{x^3} + \sin\dfrac{\pi}{3}$;   (2) $y = x \cdot \cos x \cdot \ln x$;

(3) $y = \dfrac{x}{1 - \cos x}$;   (4) $y = \dfrac{x^3 + 1}{x + 1}$;

(5) $y = x\ln x\tan x$;   (6) $y = \csc x$;

(7) $y = \dfrac{1 + x}{x}$.

3. 求下列函数的导数.

(1) $y = e^x\sin 2x$;   (2) $y = \tan(3x + 3^x)$;

(3) $y = 2^{\sqrt{x}}$;   (4) $y = \ln\cos 2x$;

(5) $y = \dfrac{x}{2}\arctan\sqrt{x}$;   (6) $y = \sqrt{x + \sqrt{x}}$;

(7) $y = \arcsin\sqrt{1 - x^2}$;   (8) $y = \ln\left|\tan\dfrac{x}{2}\right|$.

4. 利用复合函数求导法则证明公式 $(x^\alpha)' = \alpha x^{\alpha-1}$.

5. 设通过某截面的电荷量 $q(t) = A\cos(\omega t + \varphi)$,其中 A, ω, φ 为常数,时间 t 的单位

为 s,求通过该截面的电流 $I(t)$(提示:截面上的电流 $I(t)$ 可看成是截面电荷量 $q(t)$ 对时间 t 的导数).

§ 2.3　隐函数和由参数方程所确定的函数的导数

如果函数能用一个显式表达(即写成 $y=f(x)$ 的形式),那么前面的各种求导法则基本够用了.然而,不是所有的函数都可以用显式表示的.例如,方程 $x^3+y^3=6xy$ 中隐含了 y 与 x 之间的函数关系;又如 $x=\sin t,y=\cos t$ 也表明了 y 与 x 之间的函数关系.

对于这些函数该如何求导?我们首先想到从方程中解出 y,将之转化成 $y=f(x)$ 的形式,但不是都能做到这一点的,比如 $x^3+y^3=6xy$.因此,需要寻求一种解决这类函数求导问题的办法.

2.3.1　隐函数的求导法则

如果变量 x 和 y 满足方程 $F(x,y)=0$,当 x 取某区间内任意一值时,总有满足该方程的唯一的 y 值存在,那么就称方程 $F(x,y)=0$ 在该区间内确定了一个隐函数.

对于隐函数的导数问题,下面我们通过例题探讨其求导方法.

例 1　求由方程 $e^y+xy-e^x=0$ 所确定的隐函数 $y=f(x)$ 的导数.

解　等式的两边同时对 x 求导.将 y 看成是 x 的函数 $y=f(x)$,所以 e^y 是 x 的复合函数.于是得

$$e^y \cdot y'+y+x \cdot y'-e^x=0,$$

解得

$$y'=\frac{e^x-y}{x+e^y},\text{其中 }y\text{ 是 }x\text{ 的函数}.$$

上述过程可归纳成两步:

(1)方程 $F(x,y)=0$ 两边同时对 x 求导,将 y 看成 x 的函数;

(2)从等式中解出 y'.

例 2　求曲线 $x^3+y^3=6xy$ 在点 $(3,3)$ 处的切线方程.

解　首先求方程所确定的隐函数 y 的导数,方程两边分别对 x 求导,得

$$3x^2+3y^2 \cdot y'=6y+6xy',$$

解得

$$y'=\frac{2y-x^2}{y^2-2x},$$

所以曲线在点 $(3,3)$ 处的切线的斜率为

$$k=y'\Big|_{\substack{x=3\\y=3}}=-1,$$

故所求的切线方程为

$$y-3=-(x-3),$$

即

$$y=-x+6.$$

利用隐函数的求导方法,可以验证基本求导公式中的指数函数、反三角函数的导

数公式.

例 3 设 $y = a^x (a > 0, a \neq 1)$，证明 $y = a^x \ln a$.

证明 $y = a^x$ 可视为由方程 $x = \log_a y$ 所确定的隐函数.

方程 $x = \log_a y$ 两边同时对 x 求导，得

$$1 = \frac{1}{y \ln a} \cdot y', \quad y' = y \cdot \ln a.$$

以 $y = a^x$ 回代，即得

$$(a^x)' = a^x \ln a.$$

特别地，若 $a = e$，则

$$(e^x)' = e^x.$$

例 4 设 $y = \arcsin x (|x| < 1)$，证明 $y' = \dfrac{1}{\sqrt{1 - x^2}}$.

证明 $y = \arcsin x$ 可视为由方程 $x = \sin y$ 所确定的隐函数.

方程 $x = \sin y$ 两边同时对 x 求导，得

$$1 = \cos y \cdot y', \quad y' = \frac{1}{\cos y}.$$

因为 $y \in \left(-\dfrac{\pi}{2}, \dfrac{\pi}{2} \right)$，所以 $\cos y > 0$. 故

$$y' = \frac{1}{\sqrt{1 - \sin^2 y}} = \frac{1}{\sqrt{1 - x^2}},$$

即

$$(\arcsin x)' = \frac{1}{\sqrt{1 - x^2}}.$$

类似地可证得：

$$(\arccos x)' = -\frac{1}{\sqrt{1 - x^2}}; \quad (\arctan x)' = \frac{1}{1 + x^2}; \quad (\text{arccot } x)' = -\frac{1}{1 + x^2}.$$

2.3.2 对数求导法

对一些特殊的函数求导，如幂指函数 $y = [f(x)]^{\varphi(x)} (f(x) \neq 0)$ 等，可采取两边先取对数，然后用隐函数求导的方法求得 y'，这种方法称为**对数求导法**.

例 5 利用对数求导法求函数 $y = x^{\sin x} (x > 0)$ 的导数.

解 对 $y = x^{\sin x}$ 两边同时取对数，得 $\ln y = \sin x \ln x$，两边分别对 x 求导，得

$$\frac{1}{y} \cdot y' = \cos x \cdot \ln x + \sin x \cdot \frac{1}{x},$$

即

$$y' = y \left(\cos x \cdot \ln x + \frac{\sin x}{x} \right) = x^{\sin x} \left(\cos x \cdot \ln x + \frac{\sin x}{x} \right).$$

注意　本题也可用下面的方法求导:因为 $y=x^{\sin x}=\mathrm{e}^{\sin x\ln x}$,所以根据复合函数的求导法则:

$$y'=(x^{\sin x})'=(\mathrm{e}^{\sin x\ln x})'=(\mathrm{e}^{\sin x\ln x})(\sin x\ln x)'$$

$$=\mathrm{e}^{\sin x\ln x}\left(\cos x\cdot\ln x+\frac{\sin x}{x}\right)=x^{\sin x}\left(\cos x\cdot\ln x+\frac{\sin x}{x}\right).$$

这种方法的基本思想仍然是化幂为积,但可以避免牵涉隐函数.

例 6　设 $y=\sqrt{\dfrac{x(x+2)}{(x-1)}}\,(x>1)$,求 y'.

解　在等式两边取对数,得

$$\ln y=\frac{1}{2}\left[\ln x+\ln(x+2)-\ln(x-1)\right],$$

方程两边同时对 x 求导,得

$$\frac{1}{y}\cdot y'=\frac{1}{2}\left(\frac{1}{x}+\frac{1}{x+2}-\frac{1}{x-1}\right),$$

即

$$y'=\frac{y}{2}\left(\frac{1}{x}+\frac{1}{x+2}-\frac{1}{x-1}\right)=\frac{1}{2}\sqrt{\frac{x(x+2)}{(x-1)}}\left(\frac{1}{x}+\frac{1}{x+2}-\frac{1}{x-1}\right).$$

2.3.3　由参数方程所确定的函数的导数

一般地,若参数方程 $\begin{cases}x=\varphi(t),\\y=\psi(t)\end{cases}$($t$ 为参数)确定 y 与 x 的函数关系,则称此函数关系所表达的函数为由参数方程所确定的函数.

设 $x=\varphi(t),y=\psi(t)$ 都可导,且当 $\varphi'(t)\neq0$ 时,$x=\varphi(t)$ 具有单调连续的反函数 $t=\varphi^{-1}(x)$.可以证明由参数方程所确定的函数的导数为

$$y'=\frac{\mathrm{d}y}{\mathrm{d}x}=\frac{\dfrac{\mathrm{d}y}{\mathrm{d}t}}{\dfrac{\mathrm{d}x}{\mathrm{d}t}}=\frac{y'_t}{x'_t}=\frac{\psi'(t)}{\varphi'(t)}.$$

这就是由参数方程所确定的函数 y 对 x 的求导公式.求导的结果一般是关于参数 t 的解析式.

例 7　求摆线方程 $\begin{cases}x=a(t-\sin t),\\y=a(1-\cos t)\end{cases}$ 所确定的函数 $y=f(x)$ 的导数 y'.

解　$\dfrac{\mathrm{d}y}{\mathrm{d}x}=\dfrac{\dfrac{\mathrm{d}y}{\mathrm{d}t}}{\dfrac{\mathrm{d}x}{\mathrm{d}t}}=\dfrac{a(1-\cos t)'}{a(t-\sin t)'}=\dfrac{a\sin t}{a(1-\cos t)}=\dfrac{\sin t}{1-\cos t},t\neq2n\pi.$

例 8　以初速 v_0、发射角 α 发射炮弹,已知炮弹的运动规律是 $\begin{cases}x=(v_0\cos\alpha)t,\\y=(v_0\sin\alpha)t-\dfrac{1}{2}gt^2\end{cases}$

(g 为重力加速度)(图 2-3).

求:(1) 炮弹在任一时刻 t 的运动方向;

(2) 炮弹在任一时刻 t 的速率.

分析 (1) 炮弹在任一时刻 t 的运动方向,就是指炮弹运动轨迹在时刻 t 的切线方向,而切线方向可由切线的斜率反映. 因此求炮弹的运动方向,即要求轨迹的切线的斜率.

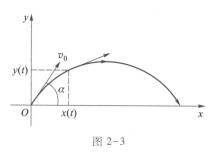

图 2-3

(2) 由于炮弹的速度是一个平面向量,因此求炮弹的速率就是求向量的模.

解 (1) 根据参数方程的求导公式,得

$$\frac{\mathrm{d}y}{\mathrm{d}x} = \frac{\left[\left(v_0\sin\alpha\right)t - \frac{1}{2}gt^2\right]'}{\left[\left(v_0\cos\alpha\right)t\right]'} = \frac{v_0\sin\alpha - gt}{v_0\cos\alpha} = \tan\alpha - \frac{g}{v_0\cos\alpha}t;$$

(2) 炮弹的运动速度是一个向量 $\boldsymbol{v} = (v_x, v_y)$,且

$$v_x = \frac{\mathrm{d}x}{\mathrm{d}t} = v_0\cos\alpha,$$

$$v_y = \frac{\mathrm{d}y}{\mathrm{d}t} = v_0\sin\alpha - gt.$$

设 t 时刻的速率为 $v(t)$,则

$$v(t) = \sqrt{v_x^2 + v_y^2} = \sqrt{(v_0\cos\alpha)^2 + (v_0\sin\alpha - gt)^2} = \sqrt{v_0^2 - 2v_0 gt\sin\alpha + g^2 t^2}.$$

*2.3.4　相关变化率

设 $x = x(t)$,$y = y(t)$ 都是可导函数,而变量 x 与 y 之间存在某种关系,从而变化率 $\frac{\mathrm{d}x}{\mathrm{d}t}$ 和 $\frac{\mathrm{d}y}{\mathrm{d}t}$ 之间也存在一定关系,这两个相互依赖的变化率称为相关变化率. 运用相关变化率来分析建立实际问题的数学模型,是数学建模最基本的思想之一.

*例 9（圆锥形水箱蓄水） 已知圆锥形水箱,如图 2-4 所示,水箱尖点朝下,高为 10 m,底面半径为 5 m. 水以 9 m³/min 的速率灌入水箱. 问,当箱内水深 6 m 时,水位的上升速度是多少?

解 如图 2-4 所示,设 t 时刻水箱中水的体积为 $V(t)$,水表面的半径为 $x(t)$,水深为 $y(t)$,则

$$\frac{x}{y} = \frac{5}{10}, \quad x = \frac{y}{2},$$

$$V = \frac{1}{3}\pi x^2 y = \frac{1}{3}\pi\left(\frac{y}{2}\right)^2 y = \frac{\pi}{12}y^3, \quad y \in [0, 10].$$

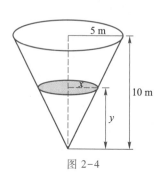

图 2-4

方程两边同时对 t 求导,得

$$\frac{\mathrm{d}V}{\mathrm{d}t} = \frac{\mathrm{d}\left(\frac{\pi}{12}y^3\right)}{\mathrm{d}t} = \frac{\pi}{12} \cdot 3y^2\frac{\mathrm{d}y}{\mathrm{d}t} = \frac{\pi}{4}y^2\frac{\mathrm{d}y}{\mathrm{d}t},$$

据题意，$\dfrac{\mathrm{d}V}{\mathrm{d}t}=9$ m³/min，当 $y=6$ m 时，

$$9=\frac{\pi}{4}(6)^2\frac{\mathrm{d}y}{\mathrm{d}t}\bigg|_{y=6},$$

$$\frac{\mathrm{d}y}{\mathrm{d}t}\bigg|_{y=6}=\frac{1}{\pi}\approx0.32\ \text{m/min}.$$

所以，当箱内水深 6 m 时，水位的上升速度是 $\dfrac{1}{\pi}$ m/min，约为 0.32 m/min.

习题 2.3

1. 求由下列方程确定的隐函数 $y=f(x)$ 的导数或在指定点的导数值.

(1) $y=\sin(2x+y)$；　　　(2) $y=1-xe^y$；　　　(3) $x=\ln(x+y)$；

(4) 设 $y=f(x)$ 由方程 $e^{xy}+y^3-5x=0$ 所确定，求 $\dfrac{\mathrm{d}y}{\mathrm{d}x}\bigg|_{x=0}$.

2. 用对数求导法求下列函数的导数.

(1) $y=\left(1+\dfrac{1}{x}\right)^x$；　　　(2) $y=\sqrt{\dfrac{(x+2)(x-3)}{x-4}}$ $(x>4)$.

3. 已知椭圆的参数方程为 $\begin{cases}x=4\cos t\\y=3\sin t\end{cases}$ $(0<t<\pi)$，求椭圆在 $t=\dfrac{\pi}{3}$ 处的切线方程.

4. 求曲线 $\begin{cases}x=2\sin t,\\y=\cos 2t\end{cases}$ 在 $t=\dfrac{\pi}{4}$ 处的切线方程.

*5. 圆锥形混凝土水库，顶点朝下，底面半径 54 m、高 6 m. 水以 50 m³/min 的速率，从顶点向下流出. 问，当水深为 5 m 时，水位的下降速度和水面半径的缩小速度.

§ 2.4　高 阶 导 数

在运动学中，我们不但需要了解物体运动的速度，有时还需要了解物体运动速度的变化率，即加速度问题. 所谓加速度，从变化率的角度来看，就是速度关于时间的变化率，也即速度的导数. 例如，物体自由下落，下落距离 s 与时间 t 的函数关系为 $s=\dfrac{1}{2}gt^2$，在任意时刻 t 的速度 $v(t)$ 和加速度 $a(t)$ 分别为

$$v(t)=\frac{\mathrm{d}s}{\mathrm{d}t}=\left(\frac{1}{2}gt^2\right)'=gt,\quad a(t)=\frac{\mathrm{d}v}{\mathrm{d}t}=(gt)'=g,$$

也即

$$a(t)=\frac{\mathrm{d}v}{\mathrm{d}t}=\frac{\mathrm{d}}{\mathrm{d}t}\left(\frac{\mathrm{d}s}{\mathrm{d}t}\right).$$

对 $s(t)$ 而言，"$\dfrac{\mathrm{d}}{\mathrm{d}t}\left(\dfrac{\mathrm{d}s}{\mathrm{d}t}\right)$" 是导数的导数. 类似这样的求导问题我们在运动学及其他工程技术问题中经常会遇到. 也就是说，我们对一个可导函数求导之后，其导函

$f'(x)$ 仍然是 x 的函数,还需要再研究其导数,这就是本节要讨论的高阶导数问题.

2.4.1 高阶导数的定义

定义 1 如果函数 $y=f(x)$ 的导函数 $f'(x)$ 在点 x 可导,则称导函数 $f'(x)$ 在点 x 的导数为函数 $y=f(x)$ 在点 x 的**二阶导数**,记作 y'',$f''(x)$,$\dfrac{\mathrm{d}^2 y}{\mathrm{d}x^2}$ 或 $\dfrac{\mathrm{d}^2 f(x)}{\mathrm{d}x^2}$,即

$$y'' = (y')' = \frac{\mathrm{d}}{\mathrm{d}x}\left(\frac{\mathrm{d}y}{\mathrm{d}x}\right) = \frac{\mathrm{d}^2 y}{\mathrm{d}x^2}.$$

类似地,二阶导函数 $f''(x)$ 的导数 $[f''(x)]'$ 为 $y=f(x)$ 的三阶导数,记作 y''' 或 $f'''(x)$.三阶导数的导数叫作四阶导数.

一般地,$y=f(x)$ 的 $n-1$ 阶导数的导数,称为 $y=f(x)$ 的 n 阶导数,记作 $y^{(n)}$,$f^{(n)}(x)$,$\dfrac{\mathrm{d}^n y}{\mathrm{d}x^n}$ 或 $\dfrac{\mathrm{d}^n f(x)}{\mathrm{d}x^n}$,即

$$y^{(n)} = \left[y^{(n-1)}\right]' \text{ 或 } f^{(n)}(x) = \left[f^{(n-1)}(x)\right]' \text{ 或 } \frac{\mathrm{d}^n y}{\mathrm{d}x^n} = \frac{\mathrm{d}}{\mathrm{d}x}\left(\frac{\mathrm{d}^{n-1} y}{\mathrm{d}x^{n-1}}\right).$$

函数的二阶及二阶以上的导数统称为函数的**高阶导数**.函数 $f(x)$ 的 n 阶导数在 x_0 处的函数值记作 $y^{(n)}(x_0)$,$f^{(n)}(x_0)$ 或 $\left.\dfrac{\mathrm{d}^n y}{\mathrm{d}x^n}\right|_{x=x_0}$.

可见,高价导数的求法就是对 $f(x)$ 逐次求导.

例 1 设 $y = \sin^2 x + 3\ln x$,求 y'',$y''(1)$.

解
$$y' = 2\sin x \cdot \cos x + \frac{3}{x} = \sin 2x + \frac{3}{x};$$
$$y'' = \cos 2x \cdot 2 - \frac{3}{x^2} = 2\cos 2x - \frac{3}{x^2};$$
$$y''(1) = 2\cos 2 - 3.$$

例 2 求函数 $f(x) = x\mathrm{e}^x$ 的 n 阶导数.

解
$$f'(x) = \mathrm{e}^x + x\mathrm{e}^x = (1+x)\mathrm{e}^x,$$
$$f''(x) = \mathrm{e}^x + (1+x)\mathrm{e}^x = (2+x)\mathrm{e}^x,$$
$$f'''(x) = \mathrm{e}^x + (2+x)\mathrm{e}^x = (3+x)\mathrm{e}^x,$$
$$\cdots\cdots\cdots,$$
$$f^{(n)}(x) = (n+x)\mathrm{e}^x.$$

例 3 求函数 $y = \sin x$ 的 n 阶导数 $y^{(n)}$.

解 $y' = (\sin x)' = \cos x$,也即

$$y' = \cos x = \sin\left(x + \frac{\pi}{2}\right);$$
$$y'' = (\cos x)' = -\sin x = \sin(x+\pi);$$
$$y''' = (-\sin x)' = -\cos x = \sin\left(x + \frac{3}{2}\pi\right);$$

依次类推可得

$$y^{(n)} = (\sin x)^{(n)} = \sin\left(x + n \cdot \frac{\pi}{2}\right).$$

例 4 设 $y = \ln(1+x)$，求 $y^{(n)}$．

解

$$y' = \frac{1}{1+x}(1+x)' = \frac{1}{1+x},$$

$$y'' = \left(\frac{1}{1+x}\right)' = -\frac{1}{(1+x)^2},$$

$$y''' = \left(-\frac{1}{(1+x)^2}\right)' = \frac{2 \cdot 1}{(1+x)^3},$$

$$y^{(4)} = -\frac{3 \cdot 2 \cdot 1}{(1+x)^4},$$

$$\cdots\cdots\cdots,$$

$$y^{(n)} = (-1)^{n-1}\frac{(n-1)!}{(1+x)^n}.$$

注意 从上述例子可以看出：求函数的 n 阶导数，关键是从前几阶导数中找出规律．

例 5 在竖直弹簧下面悬挂一物体，已知它的位移函数为 $y = A\sin \omega t$，其中 A 是物体振动的振幅，ω 是物体振动的频率．求该物体运动的速度与加速度．

解 速度为

$$y'(t) = A\cos \omega t \cdot (\omega t)' = A\omega\cos \omega t,$$

加速度为

$$y''(t) = -A\omega^2\sin \omega t.$$

上述例题都是针对函数有显式表达式进行计算．其实对于隐函数及参数式函数，我们也可以求它们的高阶导数．

*__例 6__ 设隐函数 $y = f(x)$ 由方程 $e^y = xy$ 确定，求 y'，y''．

解 在 $e^y = xy$ 两边对 x 求导得：$e^y \cdot y' = y + xy'$，则 $y' = \dfrac{y}{e^y - x}$．

再在 $e^y \cdot y' = y + xy'$ 两边对 x 求导，并注意现在 y，y' 都是 x 的函数，得

$$e^y \cdot (y')^2 + e^y \cdot y'' = y' + y' + xy'',$$

代入 $y' = \dfrac{y}{e^y - x}$，得

$$y'' = \frac{2y' - e^y \cdot (y')^2}{e^y - x} = \frac{y(2y - 2 - y^2)}{x^2(y-1)^3}.$$

*__例 7__ 设函数 $y = f(x)$ 的参数式为 $\begin{cases} x = a(t - \sin t), \\ y = a(1 - \cos t) \end{cases}$ $(t \neq 2n\pi, n \in \mathbf{Z})$，求 y 的二阶导数 $\dfrac{d^2 y}{dx^2}$．

解 $\dfrac{dy}{dx} = \dfrac{y'_t}{x'_t} = \dfrac{[a(1-\cos t)]'}{[a(t-\sin t)]'} = \dfrac{\sin t}{1-\cos t}$ $(t \neq 2n\pi, n \in \mathbf{Z})$，因为 $\dfrac{d^2 y}{dx^2} = \dfrac{d}{dx}\left(\dfrac{dy}{dx}\right)$，所以

求二阶导数相当于求由参数方程 $\begin{cases} x = a(t-\sin t), \\ y' = \cot \dfrac{t}{2} \end{cases}$ 确定的函数的导数. 继续应用参数式

函数的求导法则，得到

$$\dfrac{d^2 y}{dx^2} = \dfrac{(y')'_t}{x'_t} = \dfrac{\left(\cot \dfrac{t}{2}\right)'}{[a(t-\sin t)]'} = -\dfrac{1}{a(1-\cos t)^2} \quad (t \neq 2n\pi, n \in \mathbf{Z}).$$

2.4.2 导数的物理意义与经济意义

1. 导数的物理意义

建立了物理量之间的函数关系后，普遍关心的就是物理量的变化率问题，而变化率就是导数，因此导数是研究物理问题的基本工具. 特别地，在物理上这种变化率通常会得出一个新的物理概念，这样就使一些导数有了明确的物理含义，下面举几个简单的例子.

（1）速度与加速度

设物体做直线运动，位移函数为 $s = s(t)$. 速度函数 $v(t)$ 和加速度函数 $a(t)$ 分别为 $s(t)$ 对 t 的一阶和二阶导数，即

$$v(t) = s'(t), \quad a(t) = s''(t).$$

（2）功率

单位时间内所做的功称为功率. 若做功函数为 $W = W(t)$，则 t 时刻的功率是 $W(t)$ 对 t 的导数，即

$$N(t) = W'(t).$$

（3）电流

电流是单位时间内通过导体截面的电荷量. 记 $Q(t)$ 为通过截面的电荷量，则截面上的电流 $I(t)$ 是 $Q(t)$ 对 t 的导数，即

$$I(t) = Q'(t).$$

（4）线密度

设非均匀的线材的质量 H 与线材长度 s 有关系 $H = H(s)$，则在 s 处的线密度（即单位长度的质量）是 $H(s)$ 对 s 的导数，即

$$\mu(s) = H'(s).$$

以路程、速度和加速度为例，下面我们研究一个与运动有关的实际问题.

例 8（垂直运动模型） 炸药爆炸将岩石以初始速度 160 m/s 垂直射向空中，如图 2-5 所示. t s 后岩石达到的高度为 $s = (160t - 16t^2)$ m，如图 2-6 所示. 求：

（1）岩石能上升的最大高度；

（2）岩石离地面 256 m 时，岩石上升和下落的速度；

（3）岩石在爆炸后的飞行中任何时刻 t 的加速度；

（4）何时岩石再次击到地面.

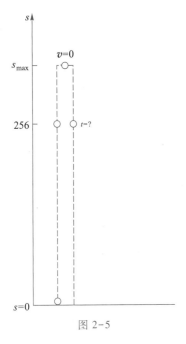

图 2-5

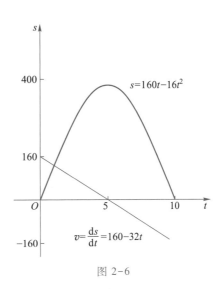

图 2-6

解　（1）如图 2-5 所示，在我们建立的坐标中，s 度量从地面上升的高度，所以上升时速度为正，下落时速度为负．岩石到达最高点的瞬间就是飞行中速度为零的时刻．

为求岩石上升的最大高度，我们需求出何时 $v=0$，并进一步计算该时刻的 s．

任意时刻 t 的速度 $v(t)=\dfrac{\mathrm{d}s}{\mathrm{d}t}=\dfrac{\mathrm{d}}{\mathrm{d}t}(160t-16t^2)=160-32t$，如图 2-6 所示．

当 $160-32t=0$，即 $t=5\ \mathrm{s}$ 时，速度为零，此时岩石到达高度的最大值．

$$s_{\max}=s(5)=800-400=400\ \mathrm{m}.$$

（2）岩石在上升和下落到 256 m 高度时，$s(t)=160t-16t^2=256$，解得 $t=2$，$t=8$．即，爆炸后 2 s 和 8 s 时岩石离地面高度为 256 m．在这两个时刻岩石的速度分别为

$$v(2)=160-64=96\ \mathrm{m/s},$$
$$v(8)=160-256=-96\ \mathrm{m/s}.$$

（3）爆炸后，飞行中每个时刻岩石的加速度为常数，

$$a(t)=\frac{\mathrm{d}v}{\mathrm{d}t}=\frac{\mathrm{d}}{\mathrm{d}t}(160-32t)=-32\ \mathrm{m/s}^2.$$

加速度总是向下的．当岩石向上运动时，加速度使岩石的运动慢下来；当岩石下落时，加速度使岩石加速．

（4）当 $s=0$ 时，岩石离开地面或再次击到地面．$160t-16t^2=0$，$16t(10-t)=0$，解得 $t=0$ 或 $t=10$．当 $t=0$ 时爆炸发生，岩石被上抛 10 s 后回到地面．

2. 导数的经济意义

在经济学中，通常把函数 $f(x)$ 的导函数称为 $f(x)$ 的边际函数．比如某产品，生产 x 件时的成本函数记为 $C(x)$，则 $C'(x)$ 就称为边际成本函数；出售 x 件时的收入函数记为 $R(x)$，则 $R'(x)$ 就称为边际收益函数．类似这样的边际概念在经济学上还有很多，这里我们重点介绍边际成本函数．

成本是指生产某种产品时消耗生产要素所支付的所有费用. 它是由固定成本和可变成本(随产量变动而变化的成本)两部分组成.

设某种产品的产量为 x,生产这 x 件产品的成本函数为 $f(x)$,则由上述定义可知,$f(x)$ 可简单表示为:$f(x)=ax+b$(其中 b 是固定成本,ax 为可变成本).

因为可变成本是随产量变动而变化的,所以 a 就可以看成是增加单位产量时所增加的成本.

$f'(x)$ 是 $f(x)$ 关于 x 的变化率,即成本关于产量的变化率,这种变化率在经济学上就称为边际成本.

因为 $f'(x)=a$,所以我们可以得出一个重要结论:生产 x 件产品时的边际成本就等于在生产 x 件产品的基础上再多生产一件产品时的成本.

在上面的简单假设下,产品的边际成本函数是一个常数. 但实际上边际成本函数不一定是常数,即成本函数不一定是一次函数. 实际上,成本函数通常用三次多项式来表示:

$$f(x)=a+bx+cx^2+dx^3,$$

其中 a 表示非生产费用(如租金、维护费等),bx 表示原材料成本,cx^2+dx^3 表示劳动力成本等其他因素.

例 9 【本章导例】边际成本问题

设某工厂生产某种产品的总成本 $f(x)$(万元)与产量 x(万件)之间的函数关系为

$$f(x)=100+6x-0.4x^2+0.02x^3.$$

试求当产量 $x=10$ 时的边际成本,并以此判断是否继续提高产量.

解　　　$f'(x)=6-0.8x+0.06x^2$,$f'(10)=6-0.8\times10+0.06\times100=4$,

即当产量为 10 时,再多生产一个单位产品的成本为 4.

而生产 10 个单位该产品的平均成本为 $\dfrac{f(10)}{10}=\dfrac{140}{10}=14>4$,故从降低成本的角度看,应继续提高产量.

习题 2.4

1. 已知 $y=1-x-x^2$,求 y'',y'''.

2. 求下列函数的二阶导数.

(1) $y=x\cos x$;　　　　　　　(2) $y=\ln(x+\sqrt{x^2+1}\,)$.

3. 求下列函数的 n 阶导数.

(1) $f(x)=a^x$,$a>0$,$a\neq1$;　　(2) $f(x)=x\ln x$.

*4. 求由方程 $x-y+\dfrac{1}{2}\sin y=0$ 所确定的隐函数的二阶导数 $\dfrac{\mathrm{d}^2y}{\mathrm{d}x^2}$.

*5. 求由方程 $y\ln y=x+y$ 所确定的隐函数 $y=y(x)$ 的二阶导数 $\dfrac{\mathrm{d}^2y}{\mathrm{d}x^2}$ 及 $\dfrac{\mathrm{d}^2y}{\mathrm{d}x^2}\Big|_{x=0}$.

*6. 已知 $\begin{cases}x=1+t^2,\\ y=1+t^3,\end{cases}$ 求 $\dfrac{\mathrm{d}^2y}{\mathrm{d}x^2}$.

*7. 求由参数方程 $\begin{cases} x=1+t^2, \\ y=t-\arctan t \end{cases}$ 所确定的隐函数 $y=y(x)$ 的二阶导数 $\dfrac{\mathrm{d}^2 y}{\mathrm{d}x^2}$.

8. 一质点做直线运动的位移方程为 $s=2+8t+5t^2$，求质点在 $t=3$ 时的瞬时速度及加速度.

9. 一块岩石在月球表面以 24 m/s 的速度垂直上抛，t s 时达到的高度为 $s=24t-0.8t^2$. 求：

（1）岩石在飞行过程中，任意时刻 t 的速度和加速度；

（2）岩石能上升的最大高度；

（3）岩石何时再次回到地面.

10.（边际成本）假设生产 x 台洗衣机的成本为 $C(x)=2\,000+100x-0.1x^2$ 元. 求：

（1）生产前 100 台洗衣机的平均成本；

（2）当 100 台洗衣机生产出来时的边际成本；

（3）试计算 $C(101)-C(100)$ 并与生产 100 台的边际成本进行比较.

11.（平均成本最小）某工厂生产某种产品，产量为 x（单位为件）时，生产成本函数（单位：元）为

$$C(x)=9\,000+40x+0.001x^2,$$

问该厂生产多少件该种产品，平均成本达到最小？并求出其最小平均成本和相应的边际成本.

§2.5　导数的 MATLAB 计算

在 MATLAB 软件中，用于求具体函数的导数的指令是 diff，具体使用格式如下：

```
diff(function,x,n)
```

返回函数 function 的 n 阶导数 $f^{(n)}(x)$；若 n 缺省，则返回 function 的一阶导数 f'；若 x 缺省，则返回 function 预设独立变量的 n 阶导数.

例 1　设 $f(x)=2x^2-3x+\sin\dfrac{\pi}{7}$，求 $f'(x)$，$f'(1)$.

解　输入命令：

```
>>syms x
>>f=2*x^2-3*x+sin(pi/7);
>>f1=diff(f,x).
```

输出结果：

```
f1 =
    4*x-3.
```

输入命令：

```
>>ff=inline(f1);
>>x=1;
>>ff(x)
```

输出结果:

```
ans =
        1.
```

例 2 求由方程 $x^2+y^2=4$ 所确定的隐函数 $y=f(x)$ 的导数.

解 输入命令:

```
>> syms x y;
>> f = solve('x^2+y^2 = 4',y);
>> f1 = diff(f,x)
```

输出结果:

```
f1 =
    -1/(-x^2+4)^(1/2) * x
    1/(-x^2+4)^(1/2) * x.
```

例 3 求由方程 $\begin{cases} x = 2\cos t, \\ y = 2\sin 2t \end{cases}$ 所确定的函数 $y=f(x)$ 的导数 y'.

解 输入命令:

```
>> syms t;
>> x = 2 * cos (t);
>> y = 2 * sin(2 * t);
>> x1 = diff(x,t);
>> y1 = diff(y,t);
>> f1 = y1/x1
```

输出结果:

```
f1 =
    -2 * cos (2 * t)/sin(t).
```

例 4 求函数 $y=(\sin x)^x$ 的导数 y'.

解 输入命令:

```
>> syms x;
>> y = (sin(x))^x;
>> f1 = diff(y,x)
```

输出结果:

```
f1 =
    sin(x)^x * (log(sin(x))+x * cos (x)/sin(x)).
```

例 5 求函数 $y=3x^3+2x^2+x+1$ 的二阶导数 y''.

解 输入命令:

```
>> syms x;
>> y = 3 * x^3+2 * x^2+x+1;
>> f2 = diff(y,x,2)
```

输出结果:

```
f2 =
```

```
18*x+4.
```

习题 2.5

写出计算下列导数的 MATLAB 程序.

（1）$f(x)=\dfrac{\arctan x}{1+\sin x}$，求 $f'(x)$，$f'\left(\dfrac{\pi}{4}\right)$.

（2）设函数 $y=\sin x$，求 y''.

§ 2.6　微　　分

函数 $y=f(x)$ 的导数表示函数的变化率，它描述了函数变化的快慢程度. 在实际问题中，有时还需要计算当自变量 x 取得一个微小的增量 Δx 时，函数相应的增量 Δy（如物体进行热胀冷缩时，体积的改变量等）. 一般来说，计算函数增量 Δy 的精确值比较困难，但有时也不需要计算它的精确值，而是需要运用简便的方法计算它的近似值，这就是函数的微分所要解决的问题.

2.6.1　问题的提出

问题　一块边长为 a 的正方形金属薄片，由于受温度变化的影响，其边长改变了 Δx，问其面积改变了多少（图 2-7）？

解　设此薄片边长为 x，面积为 s，则有
$$s=x^2.$$
当边长由 a 变化到 $a+\Delta x$ 时，面积 s 的增量为
$$\Delta s=(a+\Delta x)^2-a^2=2a\Delta x+(\Delta x)^2.$$

它由两部分构成：第一部分 $2a\Delta x$ 是 Δx 的线性函数（即是 Δx 的一次方），在图 2-7 上表示增大的两块长条矩形部分；第二部分 $(\Delta x)^2$，在图 2-7 上表示增大的右上角的小正方形部分，当 $\Delta x\to 0$ 时，它是比 Δx 高阶的无穷小，因

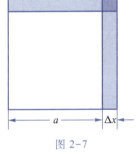

图 2-7

此，当 $|\Delta x|$ 很小时，$(\Delta x)^2$ 可忽略不计. 如此，在计算面积的增量时，我们可以只留下 Δs 的主要部分，即
$$\Delta s\approx 2a\Delta x.$$

对于一般函数，如果函数的增量能表示为 Δx 的线性函数与 Δx 的高阶无穷小之和的形式，则上述方法就为计算函数增量的近似值提供了极大的方便. 因此，我们便有了微分的概念.

2.6.2　微分的概念

与导数的概念类似，我们先定义函数在一点处的微分.

1. 函数在一点处可微的概念

定义 1　设函数 $y=f(x)$ 在某区间内有定义，x_0 及 $x_0+\Delta x$ 在该区间内，如果增量 $\Delta y=f(x_0+\Delta x)-f(x_0)$ 可以表示为 $\Delta y=A\cdot\Delta x+o(\Delta x)$（$A$ 是不依赖于 Δx 的常数），则

称函数 $y=f(x)$ 在点 x_0 处可微,且称 $A\Delta x$ 为函数 $f(x)$ 在点 x_0 处相应于 Δx 的微分,记作 $\mathrm{d}y\big|_{x=x_0}$,即

$$\mathrm{d}y\big|_{x=x_0}=A\Delta x.$$

注意 当 $\Delta x\to 0$ 时,$o(\Delta x)$ 可忽略不计,$A\Delta x$ 即为 Δy 的主要组成部分,所以 $A\cdot\Delta x$ 也称为 Δy 的线性主部,即当 $|\Delta x|$ 很小时,可以用微分 $\mathrm{d}y\big|_{x=x_0}$ 作为增量 Δy 的近似值,即

$$\Delta y\approx \mathrm{d}y\big|_{x=x_0}.$$

例 1 判断函数 $y=x^3$ 在点 $x=2$ 处是否可微,若可微则计算其在点 $x=2$ 处的微分.

解 因为

$$\Delta y=(2+\Delta x)^3-2^3=2^3+12\Delta x+6\Delta x^2+\Delta x^3-2^3=12\Delta x+6\Delta x^2+\Delta x^3,$$

其中 $12\Delta x$ 是 Δx 的线性函数,而 $\lim\limits_{\Delta x\to 0}\dfrac{6\Delta x^2+\Delta x^3}{\Delta x}=0$,所以 $6\Delta x^2+\Delta x^3=o(\Delta x)$,故由可微的定义可知:函数 $y=x^3$,在点 $x=2$ 处可微,且在点 $x=2$ 处的微分为

$$\mathrm{d}y\big|_{x=2}=12\Delta x.$$

从上述例题我们可以看出:要判断函数在某点是否可微,要先计算 Δy,再判断其是否可以写成 Δx 的线性函数与比 Δx 高阶的无穷小之和的形式. 而这种判断方法比较麻烦. 下面介绍一种简单的判别方法.

2. 可微与可导的关系

设函数 $y=f(x)$ 在点 x_0 处可微,则有 $\Delta y=A\cdot\Delta x+o(\Delta x)$ 成立,上式两端同除以 Δx,于是,当 $\Delta x\to 0$,得

$$\lim_{\Delta x\to 0}\frac{\Delta y}{\Delta x}=\lim_{\Delta x\to 0}\left[A+\frac{o(\Delta x)}{\Delta x}\right]=A.$$

这表明:若 $y=f(x)$ 在点 x_0 处可微,则在点 x_0 处必可导,且 $A=f'(x_0)$.

反之,如果 $y=f(x)$ 在点 x_0 处可导,即 $\lim\limits_{\Delta x\to 0}\dfrac{\Delta y}{\Delta x}=f'(x_0)$ 存在,根据极限与无穷小的关系,有 $\dfrac{\Delta y}{\Delta x}=f'(x_0)+\alpha$,其中 α 为当 $\Delta x\to 0$ 时的无穷小,从而

$$\Delta y=f'(x_0)\Delta x+\alpha\Delta x.$$

这里 $f'(x_0)$ 是不依赖于 Δx 的常数,$\alpha\Delta x$ 是当 $\Delta x\to 0$ 时比 Δx 高阶的无穷小. 按微分的定义,可知 $y=f(x)$ 在点 x_0 处是可微的,且

$$\mathrm{d}y\big|_{x=x_0}=f'(x_0)\Delta x.$$

由此可得重要结论:函数 $y=f(x)$ 在点 x_0 处可微的充分必要条件是函数 $y=f(x)$ 在点 x_0 处可导,且有

$$\mathrm{d}y\big|_{x=x_0}=f'(x_0)\Delta x.$$

有了上述结论,我们再判断函数在某点的可微性,可以转化成判断函数在该点是否可导.

3. 可微函数的概念

定义 2 如果函数 $y=f(x)$ 在某区间内每一点处都可微,则称函数在该区间内是

可微函数. 此时, 函数 $y=f(x)$ 的微分记为 $\mathrm{d}y=f'(x)\Delta x$.

特别地, 当 $y=x$ 时, $\mathrm{d}y=\mathrm{d}x=\Delta x$, 所以

$$\mathrm{d}y=f'(x)\mathrm{d}x.$$

由上式得 $f'(x)=\dfrac{\mathrm{d}y}{\mathrm{d}x}$, 即 $f'(x)$ 可表示为函数的微分 $\mathrm{d}y$ 与自变量的微分 $\mathrm{d}x$ 的商, 故导数也称为微商.

例 2　求函数 $y=\sin(2x+1)$ 的微分.

解　因为

$$y'=[\sin(2x+1)]'=2\cos(2x+1),$$

所以有

$$\mathrm{d}y=y'\mathrm{d}x=2\cos(2x+1)\mathrm{d}x.$$

2.6.3　微分的基本公式与运算法则

根据微分和导数的关系式 $\mathrm{d}y=f'(x)\mathrm{d}x$, 求函数 $y=f(x)$ 的微分只要求出导数, 再乘以自变量的微分 $\mathrm{d}x$ 就行了. 所以由导数的基本公式和运算法则, 就可以直接得到微分的基本公式与运算法则.

1. 微分的基本公式

(1) $\mathrm{d}(C)=0\cdot\mathrm{d}x=0$;

(2) $\mathrm{d}(x^{\alpha})=\alpha x^{\alpha-1}\mathrm{d}x$;

(3) $\mathrm{d}(\sin x)=\cos x\mathrm{d}x$;

(4) $\mathrm{d}(\cos x)=-\sin x\mathrm{d}x$;

(5) $\mathrm{d}(\tan x)=\sec^2 x\mathrm{d}x$;

(6) $\mathrm{d}(\cot x)=-\csc^2 x\mathrm{d}x$;

(7) $\mathrm{d}(\sec x)=\sec x\tan x\mathrm{d}x$;

(8) $\mathrm{d}(\csc x)=-\csc x\cot x\mathrm{d}x$;

(9) $\mathrm{d}(a^x)=a^x\ln a\mathrm{d}x\,(a>0)$;

(10) $\mathrm{d}(\mathrm{e}^x)=\mathrm{e}^x\mathrm{d}x$;

(11) $\mathrm{d}(\log_a x)=\dfrac{1}{x\ln a}\mathrm{d}x\,(a>0\ \text{且}\ a\neq1)$;

(12) $\mathrm{d}(\ln x)=\dfrac{1}{x}\mathrm{d}x$;

(13) $\mathrm{d}(\arcsin x)=\dfrac{1}{\sqrt{1-x^2}}\mathrm{d}x$;

(14) $\mathrm{d}(\arccos x)=-\dfrac{1}{\sqrt{1-x^2}}\mathrm{d}x$;

(15) $\mathrm{d}(\arctan x)=\dfrac{1}{1+x^2}\mathrm{d}x$;

(16) $\mathrm{d}(\operatorname{arccot} x)=-\dfrac{1}{1+x^2}\mathrm{d}x$.

2. 微分的四则运算法则

(1) $\mathrm{d}(u\pm v)=\mathrm{d}u\pm\mathrm{d}v$;

(2) $\mathrm{d}(u\cdot v)=v\mathrm{d}u+u\mathrm{d}v$, 特别地 $\mathrm{d}(Cu)=C\mathrm{d}u\,(C\ \text{为常数})$;

(3) $\mathrm{d}\left(\dfrac{u}{v}\right)=\dfrac{v\mathrm{d}u-u\mathrm{d}v}{v^2}\,(v\neq0)$.

3. 复合函数的微分法则

设 $y=f(u)$, $u=\varphi(x)$, 则复合函数 $y=f[\varphi(x)]$ 的微分可表示为

$$\mathrm{d}y=y'_x\mathrm{d}x=f'(u)\cdot\varphi'(x)\mathrm{d}x=f'(u)\mathrm{d}u.$$

注意　最后得到的结果与 u 是自变量的形式相同. 这说明对于函数 $y=f(u)$, 不论 u 是自变量还是中间变量, y 的微分都有 $f'(u)\mathrm{d}u$ 的形式. 这个性质称为一阶微分形

式的不变性.

例 3 已知函数 $y = \mathrm{e}^x \sin x$,求 $\mathrm{d}y$.

解
$$\begin{aligned}
\mathrm{d}y &= \mathrm{d}(\mathrm{e}^x \sin x) \\
&= \sin x \mathrm{d}(\mathrm{e}^x) + \mathrm{e}^x \mathrm{d}(\sin x) \\
&= \sin x \cdot (\mathrm{e}^x) \mathrm{d}x + \mathrm{e}^x \cos x \mathrm{d}x \\
&= \mathrm{e}^x (\cos x + \sin x) \mathrm{d}x.
\end{aligned}$$

例 4 求 $y = 2^{\ln x}$ 的微分.

解
$$\mathrm{d}y = \mathrm{d}(2^{\ln x}) = 2^{\ln x} \ln 2 \mathrm{d}(\ln x) = \frac{1}{x} 2^{\ln x} \ln 2 \mathrm{d}x.$$

例 5 在等式左端的括号中填入适当的函数,使等式成立.

(1) $\mathrm{d}(\quad) = x^2 \mathrm{d}x$; (2) $\mathrm{d}(\quad) = \cos 2x \mathrm{d}x$.

解 (1) 因为 $\mathrm{d}(x^3 + C) = 3x^2 \mathrm{d}x$,于是
$$x^2 \mathrm{d}x = \frac{1}{3} \mathrm{d}(x^3 + C) = \mathrm{d}\left(\frac{x^3}{3} + C\right),$$
即
$$\mathrm{d}\left(\frac{x^3}{3} + C\right) = x^2 \mathrm{d}x.$$

(2) 因为 $\mathrm{d}(\sin 2x + C) = 2\cos 2x \mathrm{d}x$,于是
$$\cos 2x \mathrm{d}x = \frac{1}{2} \mathrm{d}(\sin 2x + C) = \mathrm{d}\left(\frac{1}{2} \sin 2x + C\right),$$
即
$$\mathrm{d}\left(\frac{1}{2} \sin 2x + C\right) = \cos 2x \mathrm{d}x.$$

例 6 证明参数式函数的求导公式.

证明 设函数 $y = f(x)$ 的参数方程为 $\begin{cases} x = \varphi(t), \\ y = \psi(t), \end{cases}$ 其中 $\varphi(t), \psi(t)$ 可导,则
$$\mathrm{d}x = \varphi'(t) \mathrm{d}t, \quad \mathrm{d}y = \psi'(t) \mathrm{d}t.$$
当 $\varphi'(t) \neq 0$ 时,
$$\frac{\mathrm{d}y}{\mathrm{d}x} = \frac{\psi'(t) \mathrm{d}t}{\varphi'(t) \mathrm{d}t} = \frac{\psi'(t)}{\varphi'(t)}.$$

例 7 求由方程 $\mathrm{e}^y - xy = \sin(x + y)$ 所确定的隐函数 $y = f(x)$ 的微分与导数.

解 对方程两端分别求微分,有
$$\mathrm{e}^y \mathrm{d}y - \mathrm{d}(xy) = \cos(x + y) \mathrm{d}(x + y),$$
$$\mathrm{e}^y \mathrm{d}y - x \mathrm{d}y - y \mathrm{d}x = \cos(x + y) \mathrm{d}x + \cos(x + y) \mathrm{d}y,$$
$$\mathrm{e}^y \mathrm{d}y - x \mathrm{d}y - \cos(x + y) \mathrm{d}y = \cos(x + y) \mathrm{d}x + y \mathrm{d}x,$$
则
$$\frac{\mathrm{d}y}{\mathrm{d}x} = \frac{y + \cos(x + y)}{\mathrm{e}^y - x - \cos(x + y)},$$
$$\mathrm{d}y = \frac{y + \cos(x + y)}{\mathrm{e}^y - x - \cos(x + y)} \mathrm{d}x.$$

2.6.4　微分的几何意义

为了对函数的微分有一个比较直观的理解,下面来说明微分的几何意义.

设函数 $y = f(x)$ 的图像如图 2-8 所示,点 $M(x_0, y_0)$, $N(x_0 + \Delta x, y_0 + \Delta y)$ 在函数曲线上. 过 M, N 分别作 x, y 轴的平行线,相交于点 Q,则有向线段 $MQ = \Delta x$, $QN = \Delta y$. 过点 M 再作曲线的切线 MT,设其倾斜角为 α,交 QN 于点 P,则有向线段

$$QP = MQ \cdot \tan \alpha = \Delta x \cdot f'(x_0) = dy.$$

因此,函数 $y = f(x)$ 在点 x_0 处的微分 dy,在几何上表示为点 $M(x_0, y_0)$ 处切线的纵坐标的改变量.

从图 2-8 中还可以看出:用 dy 近似代替 Δy,就是以 PQ 近似代替 NQ,误差为

$$|\Delta y - dy| = PN \to 0 \ (\Delta x \to 0).$$

由此可见:在点 M 附近可用点 M 处的切线来近似代替曲线本身,这就是局部以"直"代"曲"的微分基本思想.

这种思想用数学语言可描述为:设函数 $y = f(x)$ 在 x_0 处可导,则其在 x_0 处的切线方程为

$$\bar{y} = f'(x_0)(x - x_0) + f(x_0).$$

因为当 $x \to x_0$ 时,有 $y \approx \bar{y}$,所以

$$f(x) \approx f'(x_0)(x - x_0) + f(x_0). \tag{1}$$

(1)式正是我们对函数进行近似计算的基础.

2.6.5　微分在近似计算上的应用

微分的本质就是局部用线性函数代替非线性函数,这一思想在实际问题中有许多重要的应用.

例 8　计算 $\sin 29°$ 的近似值(精确到第 4 位小数).

解　设 $f(x) = \sin x$,取 $x_0 = 30° = \dfrac{\pi}{6}$,则

$$x - x_0 = 29° - 30° = -1° = -\frac{\pi}{180},$$

又因为 $f'(x) = \cos x$,所以由(1)式得

$$\sin 29° \approx f\left(\frac{\pi}{6}\right) + f'\left(\frac{\pi}{6}\right)\left(-\frac{\pi}{180}\right) = \frac{1}{2} + \frac{\sqrt{3}}{2} \times \left(-\frac{\pi}{180}\right) \approx 0.484\ 9.$$

例 9　有一批半径为 1 cm 的小球,为了提高球面的光洁度,需镀上一层铜,其厚度为 0.01 cm,试求出每只小球需铜多少克?(已知铜的比重为 8.9 g/cm³.)

解　设球的体积为 V,半径为 r,据球的体积公式 $V = \dfrac{4r^3}{3}\pi$,有 $V'(r) = 4\pi r^2$. 取 $r_0 = 1$,$\Delta r = 0.01$,设镀层体积为 ΔV,则

$$dV\big|_{r = r_0} = V'(r_0) \cdot \Delta x,$$

$$\Delta V \approx V'(r_0) \cdot \Delta r = 4\pi r_0^2 \Delta r = 4\pi \cdot 1^2 \cdot 0.01 = 0.13 \text{ cm}^3,$$

即每只小球约需铜

$$m = 0.13 \times 8.9 = 1.157 \text{ g}.$$

若在(1)式中令 $x_0 = 0$，则(1)式就变为

$$f(x) \approx f'(0)x + f(0) \quad (\text{这时} |x| \text{很小}). \tag{2}$$

应用(2)式可推出以下几个常用的近似公式.

(1) $\sqrt[n]{1+x} \approx 1 + \dfrac{x}{n}$；　(2) $\sin x \approx x$（x 以弧度为单位）；　(3) $e^x \approx 1 + x$；

(4) $\tan x \approx x$（x 以弧度为单位）；　(5) $\ln(1+x) \approx x$.

注意　上述公式成立的前提条件是 $|x|$ 很小.

例 10　计算 $\sqrt[3]{65}$ 的近似值.

解　注意到公式(1) $\sqrt[n]{1+x} \approx 1 + \dfrac{x}{n}$，如果我们直接用公式 $\sqrt[3]{65} = \sqrt[3]{1+64} \approx 1 + \dfrac{64}{3}$，这种解法是错误的. 因为 64 是个很大的数，不能直接用公式. 正确解法如下：

$$\sqrt[3]{65} = \sqrt[3]{1+64} = \sqrt[3]{64\left(1 + \dfrac{1}{64}\right)} \approx 4 \times \left(1 + \dfrac{1}{3} \times \dfrac{1}{64}\right) \approx 4.02.$$

例 11（电阻两端电压）　设有一电阻负载 $R = 25 \ \Omega$，现负载功率 P 从 400 W 变到 401 W，求负载两端电压 U 的改变量.

解　由电学知识，负载功率 $P = \dfrac{U^2}{R}$，即 $U = \sqrt{PR}$，故

$$dU = (\sqrt{PR})' \Delta P = \dfrac{\sqrt{R}}{2\sqrt{P}} \Delta P.$$

电压 U 的改变量为

$$\Delta U \approx dU = \dfrac{\sqrt{R}}{2\sqrt{P}} \Delta P = \dfrac{\sqrt{25}}{2\sqrt{400}} \times 1 = 0.125 \text{ V}.$$

习题 2.6

1. 设 $f(x) = \ln(1+x)$，求 $df(x)\Big|_{\substack{x=2 \\ \Delta x = 0.01}}$.

2. 求下列函数的微分.

(1) $y = x^2 + \sin x$；　　　　　　　　(2) $y = (2x-1)^3$；

(3) $y = xe^x$；　　　　　　　　　　　(4) $y = \ln\sqrt{1-x^2}$.

3. 在下列括号内填入适当的函数，使等式成立.

(1) $d(\quad) = 2dx$；　　　　　　　　(2) $d(\quad) = e^{-2x}dx$；

(3) $d(\sin^2 x) = (\quad)d\sin x$；　　　(4) $\dfrac{1}{1+4x^2}dx = (\quad)d(\arctan 2x)$.

4. 求由方程 $e^{xy} + xy = 1$ 所确定的隐函数的微分.

5. 利用微分计算 arctan 1.02 的近似值(精确到三位有效数字).

6. 计算 $\sqrt[3]{1.03}$ 的近似值.

7. 一个外直径为 10 cm 的球,球壳厚度为 $\frac{1}{8}$ cm,试求球壳体积的近似值.

本 章 小 结

一、 主要内容

1. 导数的概念和运算

本章内容的重点是导数、微分的概念和求导运算. 求导运算的对象分为两类,一类是初等函数,另一类是非初等函数. 初等函数是由基本初等函数和常数经过有限次四则运算与复合运算得到的,因此求初等函数的导数必须熟记基本导数公式及求导法则,特别是复合函数的求导法则. 在本章中遇到的非初等函数,主要包括由方程确定的隐函数和参数方程表示的函数,对这两类函数的求导,前者可采用先在方程两边同时对自变量求导,然后解出所求导数的方法;后者可使用公式.

2. 导数的几何意义

函数 $y=f(x)$ 在点 x_0 处的导数 $f'(x_0)$,在几何上表示函数的图像在点 $(x_0, f(x_0))$ 处切线的斜率.

3. 微分的概念与运算

函数 $y=f(x)$ 在点 x_0 处可微,它表示 $y=f(x)$ 在点 x_0 附近,随着自变量 x 的增量 Δx 的变化,始终有

$$\Delta y = f(x_0 + \Delta x) - f(x_0) = f'(x_0)\Delta x + o(\Delta x)$$

成立. 称

$$dy = f'(x_0)\Delta x = f'(x_0)dx$$

为 $y=f(x)$ 在点 x_0 处的微分.

在运算上,求函数 $y=f(x)$ 的导数 $f'(x)$ 与求函数的微分 $f'(x)dx$ 是互通的,即

$$f'(x) = \frac{dy}{dx} \Leftrightarrow dy = f'(x)dx.$$

因此,可以先求导数然后乘以 dx 计算微分,也可以利用微分公式与微分的法则进行计算.

4. 可导、可微与连续的关系

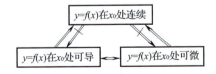

二、 学习指导

(1) 导数和微分的概念是本章的重要内容,它精确地描述了与变化率相关的实际

问题.

（2）导数及微分的几何意义不但有助于理解相关概念,也是导数应用的基础,应加深理解.

（3）熟练地求初等函数的导数（微分）是本章的重点,关键是熟记基本初等函数的导数公式和求导法则,务必掌握.

（4）隐函数及参数函数的求导是本章的一个难点,注意求导过程中复合函数求导法则的应用.

（5）对幂指函数及多项式乘积函数的求导,可采用对数求导法,其本质是利用对数的计算性质,化"幂"为"积",化"乘、除"为"加、减",达到简化运算的目的.

---------- 拓 展 提 高 ----------

1. 分段函数的导数

分段函数在非分段点的导数,可按前面的求导法则与公式直接求导;在分段点处应按如下步骤求导:

（1）函数是否连续? 若间断则导数不存在;若连续,则进入第二步.

（2）判断左右导数是否存在? 若其中之一不存在,则导数不存在;若都存在,则进入第三步.

（3）左右导数是否相等? 若不相等,则导数不存在;若相等,则导数存在且等于公共值.

其中的难点是第（2）步,因为在分段点处的左右导数通常需要用定义求得.

例 1 设函数 $f(x) = \begin{cases} ae^{2x}, & x<0, \\ 2-bx, & x\geq 0 \end{cases}$ 在 $x=0$ 处可导,求常数 a,b,并求 $f'(0)$.

分析 应用可导必连续以及连续和可导的充要条件,求得 a,b.

解 因为 $f(x)$ 在 $x=0$ 处可导,所以在 $x=0$ 处连续,所以

$$\lim_{x\to 0^-}f(x) = \lim_{x\to 0^+}f(x) = f(0),$$

$$\lim_{x\to 0^-}f(x) = \lim_{x\to 0^-}ae^{2x} = a,$$

$$\lim_{x\to 0^+}f(x) = \lim_{x\to 0^+}(2-bx) = 2,$$

$$f(0) = 2, a = 2.$$

因为 $f(x)$ 在 $x=0$ 处可导,所以在 $x=0$ 处的左右导数相等,

$$f'_-(0) = \lim_{x\to 0^-}\frac{f(x)-f(0)}{x} = \lim_{x\to 0^-}\frac{2e^{2x}-2}{x} = \lim_{x\to 0^-}\frac{4e^{2x}}{1} = 4,$$

$$f'_+(0) = \lim_{x\to 0^+}\frac{f(x)-f(0)}{x} = \lim_{x\to 0^+}\frac{(2-bx)-2}{x} = -b,$$

所以 $b=-4, f'(0)=4$.

2. 绝对误差与相对误差

在生产实践中,经常要求各种数据,这些数据常常根据有关量的测量值通过公式计算得到. 例如要求圆钢的截面积 A,可以用卡尺测量圆钢的直径 D,然后用公式 $A=$

$\dfrac{\pi}{4}D^2$ 算出 A. 由于测量仪器的精度、测量的条件和测量方法等各种因素的影响,测量值往往带有误差,称这种误差为**直接测量误差**;使用带有误差的数据代入公式计算,所得的结果也会有误差,称这种误差为**间接测量误差**.

误差可以从两个方面估计,一方面是精确值与近似值差的绝对值,称为**绝对误差**;另一方面是绝对误差与近似值绝对值之比,称为**相对误差**. 例如某个量的精确值为 A,近似值为 a,那么绝对误差为 $|A-a|$,相对误差为 $\dfrac{|A-a|}{|a|}$.

在实际工作中,某个量的精确值往往是不知道的,于是绝对误差、相对误差也就无法求得. 但是估计测量仪器的精度等因素,测量误差的范围有时是可以确定的. 若某个量的精确值为 A,测得它的近似值为 a,又知道它的误差不会超过 δ_A,即 $|A-a|<\delta_A$,那么称 δ_A 为测量值 A 的绝对误差限,称 $\dfrac{\delta_A}{|a|}$ 为测量值 A 的相对误差限.

下面通过一个具体的例子,讨论怎样利用微分来估计间接测量误差.

例 2　测得圆钢的直径 $D=60.03$ mm,测量直径的绝对误差限 $\delta_D=0.05$ mm. 利用公式 $A=\dfrac{\pi}{4}D^2$ 计算圆钢的截面积,试估计面积的误差.

解　面积计算公式是函数 $A=f(D)$. 把测量 D 所产生的误差当作 D 的改变量 ΔD,那么利用公式 $A=f(D)$ 计算 A 时所产生的误差就是 A 的对应改变量 ΔA. 一般 $|\Delta D|$ 很小,故可用微分 $\mathrm{d}A$ 来近似代替 ΔA,即

$$\Delta A \approx \mathrm{d}A = A'(D)\cdot\Delta D. \qquad (1)$$

由于 D 的绝对误差限 $\delta_D=0.05$ mm,所以 $|\Delta D|\le\delta_D=0.05$. 由(1)式可得

$$|\Delta A|\approx|\mathrm{d}A|=\frac{\pi}{2}D\cdot|\Delta D|\le\frac{\pi}{2}D\cdot\delta_D.$$

因此得出 A 的绝对误差限为

$$\delta_A=\frac{\pi}{2}D\delta_D=\frac{\pi}{2}\times60.03\times0.05\approx4.715(\mathrm{mm}^2);$$

A 的相对误差限为

$$\frac{\delta_A}{|A|}=\frac{\dfrac{\pi}{2}D\cdot\delta_D}{\dfrac{\pi}{4}D^2}=2\frac{\delta_D}{D}=2\times\frac{0.05}{60.03}\approx0.17\%.$$

一般地,根据测量值 x 按公式 $y=f(x)$ 计算 y 的值时,如果已知测量值 x 的绝对误差限是 δ_x,即 $|\Delta x|\le\delta_x$,那么当 $y'\ne0$ 时,y 的绝对误差

$$|\Delta y|\approx|\mathrm{d}y|=|y'|\cdot|\Delta x|\le|y'|\cdot\delta_x,$$

即

y 的绝对误差限约为 $\delta_y=|y'|\cdot\delta_x$;

y 的相对误差限约为 $\dfrac{\delta_y}{|y|}=\dfrac{|y'|}{|y|}\cdot\delta_x.$

以后常把绝对误差限与相对误差限简称为绝对误差和相对误差.

3. 牛顿(Newton)迭代法

牛顿(Newton)迭代法是非线性方程求根问题的一个基本方法,它的基本思想是将非线性方程 $f(x)=0$ 逐步线性化而形成迭代公式,从而用近似线性方程代替原方程求根.

设方程 $f(x)=0$ 的一个近似根为 x_0,用 $f(x)$ 在 x_0 处的微分来代替函数的改变量,即有

$$f(x) \approx f(x_0) + f'(x_0)(x-x_0),$$

则得到 $f(x)=0$ 的近似方程

$$f(x) \approx f(x_0) + f'(x_0)(x-x_0) = 0.$$

这是一个线性方程,设 $f'(x_0) \neq 0$,则得

$$x = x_0 - \frac{f(x_0)}{f'(x_0)}.$$

取 $x_1 = x_0 - \dfrac{f(x_0)}{f'(x_0)}$ 作为原方程的一个新的近似根 x_1,即

$$x_1 = x_0 - \frac{f(x_0)}{f'(x_0)},$$

继续上述过程,得到一般迭代公式

$$x_{n+1} = x_n - \frac{f(x_n)}{f'(x_n)}, \quad n = 0, 1, 2, \cdots,$$

这就是著名的牛顿迭代公式,这种迭代法称为牛顿迭代法.

牛顿迭代法有明显的几何意义(图 2-9):方程 $f(x)=0$ 的根 x^* 在几何上为曲线 $y=f(x)$ 与 x 轴交点的横坐标. 设 x_n 是根 x^* 的某个近似值,过曲线 $y=f(x)$ 上横坐标为 x_n 的点 $P_n(x_n, f(x_n))$ 做切线,则该切线的方程为

$$y = f(x_n) + f'(x_n)(x-x_n),$$

于是该切线与 x 轴交点的横坐标 x_{n+1} 必满足

$$f(x_n) + f'(x_n)(x-x_n) = 0,$$

若 $f'(x_n) \neq 0$,则解出 x_{n+1} 便得牛顿迭代公式. 所以牛顿迭代法就是用切线的根来逐步逼近方程 $f(x)=0$ 的根 x^*,因而也称为切线法.

综上所述,牛顿迭代法的计算步骤可归纳如下:

(1)选定初始近似值 x_0,精度要求为 ε,计算 $f(x)$ 的导数 $f'(x)$,计算 $f(x_0), f'(x_0)$;

(2)确定迭代公式:$x_1 = x_0 - \dfrac{f(x)}{f'(x_0)}$,迭代一次得到 x_1,并计算 $f(x_1)$;

(3)如果 $|x_1-x_0| < \varepsilon$,则终止迭代,x_1 就是方

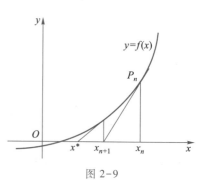

图 2-9

程式的近似根;否则,令 $x_1 = x_0$,执行(2).

例 3　用牛顿迭代法求方程 $x^3 + 2x^2 + 10x - 20 = 0$ 在 $x = 1$ 附近的根.

解　令 $f(x) = x^3 + 2x^2 + 10x - 20 = 0$,则 $f'(x) = 3x^2 + 4x + 10$,由牛顿迭代公式

$$x_{n+1} = x_n - \frac{f(x_n)}{f'(x_n)},$$

代入整理得

$$x_{n+1} = x_n - \frac{x_n^3 + 2x_n^2 + 10x_n - 20}{3x_n^2 + 4x_n + 10}, \quad n = 0, 1, 2, \cdots.$$

取初始值 $x_0 = 1$,迭代结果见表 2-1. 由表 2-1 可见,经过 4 次迭代即可精确到小数点后 7 位,$x^* = 1.368\ 808\ 1$.

例 4　用牛顿迭代法求方程 $e^{2x} + 3x - 7 = 0$ 的根.

解　令 $f(x) = e^{2x} + 3x - 7$,由牛顿迭代公式得

$$x_{n+1} = x_n - \frac{e^{2x_n} + 3x_n - 7}{2e^{x_n} + 3}, n = 0, 1, 2, \cdots.$$

取初始值 $x_0 = 1$,迭代结果见表 2-2. 由表 2-2 可见,经过 5 次迭代即可精确到小数点后 6 位,$x^* = 0.772\ 058$.

表 2-1

n	x_n
0	1
1	1.411 764 71
2	1.369 336 47
3	1.368 808 19
4	1.368 808 10

表 2-2

n	x_n
1	0.809 369
2	0.773 105
3	0.772 059
4	0.772 058
5	0.772 058

在 MATLAB 软件中没有现成的牛顿迭代法命令函数,可以自己编写牛顿迭代法的 M 函数,然后通过调用 M 函数进行运算. 下面是用 MATLAB 语言编写的函数文件.

```
function [x,n]=Newtondd(f,x,m,delta)
%% 牛顿迭代法,求 f(x)=0 在某个范围内的根
```

%%f 为 f(x),x 为迭代初值,m 为最大迭代步数,delta 为迭代精度,n 为迭代次数

```
x1＝x-eval(f)/eval(diff(f));
n＝1;
disp('［ n     x ］');
while abs(x-x1)>delta&&(n<=m),
     x＝x1;
     x1＝x-eval(f)/eval(diff(f));
     X＝[n,x1];
     disp(X),
     n＝n+1;
end
y＝x1;
```

例 5 用牛顿迭代法求方程 $x^4+4x^3-7=0$ 在 $x=1$ 附近的根,要求误差不超过 0.001.

解 输入命令:

```
>>syms  x;
>>f＝x^4+4*x^3-7;
>>newton(f,1,100,10^(-3))
```

输出结果:

```
［ n     x ］
  1.0000   1.1108
  2.0000   1.1106
ans =
  1.1108
```

复习题二

一、选择题

1. 已知 $f'(3)=2$, $\lim\limits_{h\to 0}\dfrac{f(3-h)-f(3)}{2h}=($ $)$.

A. $\dfrac{3}{2}$ B. $-\dfrac{3}{2}$ C. 1   D. -1

2. 函数 $y=f(x)$ 在点 x_0 处连续,是函数在该点可导的(   ).

A. 充分条件   B. 必要条件

C. 充要条件   D. 非充分条件也非必要条件

3. 设 $y=f(-x)$,则 $y'=($ $)$.

A. $f'(x)$ B. $-f'(x)$ C. $f'(-x)$ D. $-f'(-x)$

4. 设函数 $y=f(x)$ 在点 x_0 处的导数不存在,则曲线 $y=f(x)$ (　　　).

A. 在点 $(x_0,f(x_0))$ 的切线必不存在　　　　B. 在点 $(x_0,f(x_0))$ 的切线可能存在

C. 在点 x_0 处间断　　　　　　　　　　　　D. $\lim\limits_{x\to x_0}f(x)$ 不存在

5. 设 $y=\mathrm{e}^{f(x)}$,其中 $f(x)$ 为可导函数,则 $y''=$ (　　　).

A. $\mathrm{e}^{f(x)}$　　　　　　　　　　　　B. $\mathrm{e}^{f(x)}f''(x)$

C. $\mathrm{e}^{f(x)}[f'(x)+f''(x)]$　　　　　D. $\mathrm{e}^{f(x)}[(f'(x))^2+f''(x)]$

6. 设 $y=\dfrac{\varphi(x)}{x}$, $\varphi(x)$ 可导,则 $\mathrm{d}y=$ (　　　).

A. $\dfrac{x\mathrm{d}\varphi(x)-\varphi(x)\mathrm{d}x}{x^2}$　　　　　　B. $\dfrac{\varphi'(x)-\varphi(x)}{x^2}\mathrm{d}x$

C. $-\dfrac{\mathrm{d}\varphi(x)}{x^2}$　　　　　　　　　　D. $\dfrac{x\mathrm{d}\varphi(x)-\mathrm{d}\varphi(x)}{x^2}$

7. 若等式 $\mathrm{d}(\quad)=-2x\mathrm{e}^{-x^2}\mathrm{d}x$ 成立,则应填入的表达式是(　　　).

A. $-2x\mathrm{e}^{-x^2}+C$　　　　　　　　　B. $-\mathrm{e}^{-x^2}+C$

C. $\mathrm{e}^{-x^2}+C$　　　　　　　　　　　D. $2x\mathrm{e}^{-x^2}+C$

8. 已知一个质点做变速直线运动的位移函数 $S=3t^2+\mathrm{e}^{2t}$, t 为时间,则在时刻 $t=2$ 处的速度和加速度分别为(　　　).

A. $12+2\mathrm{e}^4,6+4\mathrm{e}^4$　　　　　　　B. $12+2\mathrm{e}^4,12+2\mathrm{e}^4$

C. $6+4\mathrm{e}^4,6+4\mathrm{e}^4$　　　　　　　D. $12+\mathrm{e}^4,6+\mathrm{e}^4$

二、填空题

1. 求曲线 $y=\ln x+\mathrm{e}^x$ 在 $x=1$ 处的切线方程是_____.

2. 已知函数 $y=\ln\sin^2 x$,则 $y'=$ _____ , $y'|_{x=\frac{\pi}{2}}=$ _____ .

3. 设 $f(x)=x(x-1)(x-2)(x-3)(x-4)$,则 $f'(0)=$ _____ .

4. 设曲线 $y=x^4+ax+b$ 在 $x=1$ 处的切线方程是 $y=x$,则 $a=$ ____ , $b=$ ____ .

5. 设 $y=x^3+\ln(1+x)$,则 $\mathrm{d}y=$ _____ .

6. 设方程 $x^2+y^2-xy=1$ 确定隐函数 $y=y(x)$,则 $\dfrac{\mathrm{d}y}{\mathrm{d}x}=$ _____ .

7. 设 $y=\mathrm{e}^{\cos x}$,则 $y''=$ _____ .

8. $\sqrt{25.01}\approx$ _____ .

*三、设函数 $f(x)=\begin{cases}\sin x+a,&x\leqslant 0,\\ bx+2,&x>0\end{cases}$ 在 $x=0$ 处可导,求常数 a 与 b 的值.

四、求下列函数的导数

1. $y=\dfrac{1}{\sin x\cdot\cos x}$;　2. $y=\mathrm{e}^{-2x}$;　　3. $y=\cos^3 x$;　4. $y=\ln[\sin(1-x)]$;

5. $y=3x^2+\cos 2x$;　6. $y=\dfrac{\ln\sin x}{x-1}$;　7. $y=10^{6x}+x^{\frac{1}{x}}$;

8. 已知 $\begin{cases}x=2\mathrm{e}^t,\\ y=\mathrm{e}^{-t},\end{cases}$ 求 $\dfrac{\mathrm{d}y}{\mathrm{d}x}\Big|_{t=0}$.

五、设 $f(x) = \ln(1+x)$，$y = f(f(x))$，求 $\dfrac{\mathrm{d}y}{\mathrm{d}x}$．

六、已知 $f(x)$ 在 $x=1$ 的某邻域内具有连续导数，且 $f'(1) = \dfrac{1}{2}$，求 $\lim\limits_{x \to 0^+} \dfrac{\mathrm{d}}{\mathrm{d}x} f(\cos\sqrt{x})$．

七、设由 $x^2 y - \mathrm{e}^{2y} = \sin y$ 确定 y 是 x 的函数，求 $\dfrac{\mathrm{d}y}{\mathrm{d}x}$．

八、一物体的运动方程是 $s = \mathrm{e}^{-kt} \sin \omega t$（$k, \omega$ 为常数），求速度和加速度．

一个重要又令人困惑的量

17 世纪,沃利斯发明了符号 ∞ ,用以表示一个无尽的数量,就是我们现在所说的无穷大,这是一个重要的概念,倘若没有这个无穷的概念,许多的数学思想将失去意义,许多的数学方法将无从谈起.极限理论与微积分的思想、方法也与无穷的概念紧密相连.

从 16 世纪下半叶开始,随着生产力的发展,使得力学的研究越来越重要,以力学的需要为中心,引出了大量的数学问题,包括寻求长度、面积、体积计算的一般方法,这一工作开始于德国的天文学家开普勒,据说开普勒对体积问题的兴趣,起因是怀疑啤酒商的酒桶体积.17 世纪初,开普勒发表了一篇文章《酒桶的新立体几何学》,研究求旋转体体积的问题,其基本思想就是把曲线看作边数无限增大的直线.把曲线转化为直线,这个看起来不严格的方法,在当时极富启发性.开普勒方法的核心,就是用无限个同维的无限小元素之和,来确定曲边形的面积和体积.这也是开普勒对积分学的最大贡献.

当人们注意到无穷的出现和考虑它的性质时,发现无穷这个特别的量,自有它有趣的特性:

无限个数之和未必是一个无限的数.例如, $\dfrac{1}{3} + \dfrac{1}{9} + \dfrac{1}{27} + \cdots + \left(\dfrac{1}{3}\right)^n + \cdots = \dfrac{1}{2}$.

无穷多的数量却无须占有一个无限的地方.例如,线段 AB 上有无穷多个点,但线段 AB 的长度却是有限的.

一个有限的长度能与一个无限的长度相对应.例如,与半圆相切的直线上的点与半圆上的点一一对应.

一个无限集可以与其子集元素一一对应.例如,自然数集 $\{0,1,2,3,4,5,\cdots\}$ 与自然数的平方的集合 $\{0,1,4,9,16,25,\cdots\}$ 的元素一一对应,但后者是前者的子集.

无穷也产生了一些令人困惑的悖论,公元前 5 世纪,芝诺用他关于无限、连续及部分和等知识,创造了许多著名的悖论,以下是其中的两个.

二分法悖论:一位旅行者步行前往一个特定的地点,他必须先走完一半的距离,然后走剩下距离的一半,再走剩下距离的一半,这样永远有剩下部分的一半要走,因而这位旅行者永远走不到目的地.

阿喀琉斯和乌龟悖论:在阿喀琉斯和乌龟之间展开一场比赛,乌龟在阿喀琉斯前头 1 000 米开始爬行,阿喀琉斯跑得比乌龟快 10 倍. 比赛开始,当阿喀琉斯跑了 1 000 米时,乌龟仍在他前头 100 米,而当阿喀琉斯又跑了 100 米到达乌龟原来的地方时,乌龟又向前爬了 10 米,芝诺争辩说,阿喀琉斯在不断地逼近乌龟,但他永远无法赶上它. 芝诺的理由正确吗?

奇妙的数学,有无尽的未知等待我们去发现、去探索,有无限的快乐在其中.

第 3 章　导数的应用

在第 2 章里,我们从分析实际问题中因变量相对于自变量的变化快慢出发,利用极限理论通过对函数的局部变化性态的研究,引进了导数概念,并讨论了导数的计算方法.本章将应用导数来研究函数以及曲线的某些性态,并利用这些知识解决一些实际问题.

【本章导例】　咳嗽问题的研究

肺内压力的增加可以引起咳嗽,而肺内压力的增加伴随着气管半径的缩小,那么气管半径的缩小是促进还是阻碍空气在气管内的流动?

在工程技术、科学实验等实际问题中,常常会遇到这样一类问题:在一定条件下,怎样使"容积最大""路程最短""费用最低"等最优问题.这类问题在数学上可归结为求某一函数的最大值或最小值.本例属于单位时间内流过气管的空气体积的最大问题.我们将通过对函数的局部性态的研究,应用导数知识分析解决.

§3.1 微分中值定理

微分中值定理是导数应用的理论基础,我们先介绍罗尔定理,然后根据它推出拉格朗日中值定理.

3.1.1 罗尔(Rolle)定理

定理 1(罗尔定理) 如果函数 $f(x)$ 满足下列三个条件:

(1) 在闭区间 $[a,b]$ 上连续;

(2) 在开区间 (a,b) 内可导;

(3) 在区间端点处的函数值相等,即 $f(a)=f(b)$,

则在开区间 (a,b) 内至少存在一点 ξ,使得 $f'(\xi)=0$.

罗尔定理的几何意义:如果连续曲线 $y=f(x)$ 的弧 $\overset{\frown}{AB}$ 上,除端点外处处都有不垂直于 x 轴的切线,且两端点 A 与 B 的纵坐标相等,则在弧 $\overset{\frown}{AB}$ 上至少有一点 C,使曲线在点 C 的切线平行于 x 轴. 如图 3-1 所示.

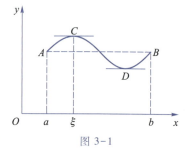

图 3-1

注意 (1) 罗尔定理的三个条件中,缺少一个都可能使结论不成立.

(2) 罗尔定理的条件是充分的,但不是必要的. 换句话说,如果定理的三个条件都满足,则定理的结论一定成立. 但当定理的三个条件不全满足时,定理的结论仍然可能成立.

例 1 验证函数 $f(x)=x^2-4x-5$ 在区间 $[0,4]$ 上罗尔定理成立,并求出点 ξ.

解 因为 $f(x)=x^2-4x-5$ 在区间 $[0,4]$ 上连续, $f'(x)=2x-4$ 在 $(0,4)$ 内存在;又 $f(0)=f(4)=-5$. 所以 $f(x)$ 在区间 $[0,4]$ 上满足罗尔定理的三个条件. 令

$$f'(x)=2x-4=0,$$

得

$$x=2.$$

所以,存在 $\xi=2\in(0,4)$,使 $f'(\xi)=0$.

3.1.2 拉格朗日(Lagrange)中值定理

罗尔定理中 $f(a)=f(b)$ 这个条件很特殊,它使罗尔定理的应用受到限制. 如果取消 $f(a)=f(b)$ 这个条件,我们就得到微分学中十分重要的拉格朗日中值定理.

定理 2(拉格朗日中值定理) 设函数 $f(x)$ 满足下列条件:

(1) 在闭区间 $[a,b]$ 上连续;

(2) 在开区间 (a,b) 内可导,

则在 (a,b) 内至少存在一点 ξ,使得

$$f'(\xi) = \frac{f(b) - f(a)}{b - a}. \tag{1}$$

拉格朗日中值定理的几何意义:如果连续曲线 $y = f(x)$ 的弧 $\overset{\frown}{AB}$ 上,除端点外处处

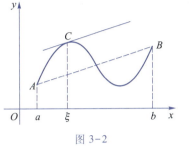

都有不垂直于 x 轴的切线,则在弧 $\overset{\frown}{AB}$ 上至少有一点 C,使曲线在点 C 的切线平行于割线 AB.如图 $3-2$ 所示.显然,罗尔定理是拉格朗日中值定理当 $f(a) = f(b)$ 时的特例.

图 3-2

拉格朗日中值定理可以写成如下不同的形式:

$$f(b) - f(a) = f'(\xi)(b - a) \quad (a < x < b). \tag{2}$$

设 $x, x + \Delta x$ 为区间 $[a, b]$ 内的点,在以 $x, x + \Delta x$ 为端点的闭区间上,就有

$$f(x + \Delta x) - f(x) = f'(x + \theta \Delta x) \cdot \Delta x \quad (0 < \theta < 1), \tag{3}$$

这里数值 θ 在 0 与 1 之间,所以 $x + \theta \Delta x$ 在 x 与 $x + \Delta x$ 之间.

如果设 $y = f(x), \Delta y = f(x + \Delta x) - f(x)$,则(3)式可以写成

$$\Delta y = f'(x + \theta \Delta x) \cdot \Delta x \quad (0 < \theta < 1). \tag{4}$$

将(4)式与函数 $y = f(x)$ 的微分 $dy = f'(x) \Delta x$ 比较可知 $f'(x) \Delta x$ 只是函数增量 Δy 的近似表达式.在一般情况下,以它代替 Δy 所产生的误差仅当 $\Delta x \to 0$ 时才会趋于零;而(4)式则表明:当 Δx 为有限时,就有 $\Delta y = f'(x + \theta \Delta x) \cdot \Delta x (0 < \theta < 1)$.因此,拉格朗日中值定理精确地表达了函数在一个区间上的增量与该函数在这个区间内某点处的导数之间的关系.也称公式(4)为有限增量形式.

由拉格朗日中值定理可得到下面的推论.

推论 1　如果函数 $f(x)$ 在区间 I 内的导数恒为零,即 $f'(x) \equiv 0, x \in I$,则 $f(x)$ 在区间 I 内是一个常数.

推论 2　如果在区间 I 内 $f'(x) \equiv g'(x)$,则

$$f(x) = g(x) + C \quad (x \in I, C 为常数).$$

* **例 2**　证明当 $x > 0$ 时,

$$\frac{x}{1+x} < \ln(1+x) < x.$$

证明　设 $f(t) = \ln(1+t)$,显然 $f(t)$ 在区间 $[0, x]$ 内满足拉格朗日中值定理的条件,根据定理,应有

$$f(x) - f(0) = f'(\xi)(x - 0) \quad (0 < \xi < x).$$

由于 $f(0) = 0, f'(t) = \frac{1}{1+t}$,因此上式即为

$$\ln(1+x) = \frac{x}{1+\xi}.$$

又由 $0 < \xi < x$,有

$$\frac{x}{1+x} < \frac{x}{1+\xi} < x,$$

即

$$\frac{x}{1+x} < \ln(1+x) < x, x > 0.$$

习题 3.1

1. 验证罗尔定理对函数 $f(x) = x^2 - 5x + 6$ 在区间 $[2,3]$ 上的正确性.

2. 验证拉格朗日中值定理对函数 $f(x) = \ln(1+x)$ 在区间 $[1,e]$ 上的正确性.

3. 不用求出函数 $f(x) = x(x-1)(x-2)(x-3)$ 的导数,说明方程 $f'(x) = 0$ 有几个实根,并指出它们所在的区间.

4. 设 $\varphi(x)$ 在 $[0,1]$ 内可导,$f(x) = (x-1)\varphi(x)$,证明:存在 $x_0 \in (0,1)$,使 $f'(x_0) = \varphi(0)$.

*5. 设 $a > b > 0$,证明:$\dfrac{a-b}{a} < \ln\dfrac{a}{b} < \dfrac{a-b}{b}$.

§3.2 洛必达法则

前面我们在求极限时,常会遇到当 $x \to x_0$(或 $x \to \infty$)时,两个函数 $f(x)$ 与 $g(x)$ 都趋于零(或无穷大)之比的极限,这些极限 $\lim\limits_{\substack{x \to x_0 \\ (x \to \infty)}} \dfrac{f(x)}{g(x)}$ 可能存在,也可能不存在. 通常这类极限称为未定式,记作 $\dfrac{0}{0}$ 型或 $\dfrac{\infty}{\infty}$ 型. 对于这类极限,如果利用第 1 章的求法通常是困难的. 因此,有必要给出求未定式极限的一种简便且重要的方法,这个方法就是洛必达(L'Hospital)法则.

我们着重讨论 $\dfrac{0}{0}$ 型未定式的情形.

3.2.1 $\dfrac{0}{0}$ 型未定式

定理 1 设函数 $f(x)$ 和 $g(x)$ 满足:

(1) $\lim\limits_{x \to x_0} f(x) = 0, \lim\limits_{x \to x_0} g(x) = 0$;

(2) 在点 x_0 的某个去心邻域内,$f'(x)$ 及 $g'(x)$ 都存在,且 $g'(x) \neq 0$;

(3) $\lim\limits_{x \to x_0} \dfrac{f'(x)}{g'(x)} = A$($A$ 可以是有限数,也可为 ∞).

则

$$\lim\limits_{x \to x_0} \frac{f(x)}{g(x)} = \lim\limits_{x \to x_0} \frac{f'(x)}{g'(x)} = A.$$

注意 对于 $x \to \infty$ 时的 $\dfrac{0}{0}$ 型未定式,也有相应的洛必达法则.

例 1 求下列极限.

（1）$\lim\limits_{x\to 0}\dfrac{\sin ax}{\sin bx}(b\neq 0)$；　（2）$\lim\limits_{x\to 0}\dfrac{\ln(1-x)}{x}$；　（3）$\lim\limits_{x\to 1}\dfrac{x^2-1}{\ln x}$；

（4）$\lim\limits_{x\to 0}\dfrac{x-\sin x}{x^3}$；　　　　（5）$\lim\limits_{x\to 0}\dfrac{e^x+e^{-x}-2}{1-\cos x}$.

解　（1）$\lim\limits_{x\to 0}\dfrac{\sin ax}{\sin bx}=\lim\limits_{x\to 0}\dfrac{a\cos ax}{b\cos bx}=\dfrac{a}{b}$；

（2）$\lim\limits_{x\to 0}\dfrac{\ln(1-x)}{x}=\lim\limits_{x\to 0}\dfrac{\dfrac{-1}{1-x}}{1}=-1$；

（3）$\lim\limits_{x\to 1}\dfrac{x^2-1}{\ln x}=\lim\limits_{x\to 1}\dfrac{2x}{\dfrac{1}{x}}=2$；

（4）$\lim\limits_{x\to 0}\dfrac{x-\sin x}{x^3}=\lim\limits_{x\to 0}\dfrac{1-\cos x}{3x^2}=\lim\limits_{x\to 0}\dfrac{\sin x}{6x}=\dfrac{1}{6}$；

（5）$\lim\limits_{x\to 0}\dfrac{e^x+e^{-x}-2}{1-\cos x}=\lim\limits_{x\to 0}\dfrac{e^x-e^{-x}}{\sin x}=\lim\limits_{x\to 0}\dfrac{e^x+e^{-x}}{\cos x}=2$.

3.2.2　$\dfrac{\infty}{\infty}$型未定式

定理 2　设函数 $f(x)$ 和 $g(x)$ 满足：

（1）$\lim\limits_{x\to x_0}f(x)=\infty$，$\lim\limits_{x\to x_0}g(x)=\infty$；

（2）在点 x_0 的某个去心邻域内，$f'(x)$ 及 $g'(x)$ 都存在，且 $g'(x)\neq 0$；

（3）$\lim\limits_{x\to x_0}\dfrac{f'(x)}{g'(x)}=A$（$A$ 为有限数，也可为 ∞）.

则

$$\lim\limits_{x\to x_0}\dfrac{f(x)}{g(x)}=\lim\limits_{x\to x_0}\dfrac{f'(x)}{g'(x)}=A.$$

注意　对于 $x\to\infty$ 时的 $\dfrac{\infty}{\infty}$ 型未定式，也有相应的洛必达法则.

例 2　求下列极限.

（1）$\lim\limits_{x\to+\infty}\dfrac{\ln x}{x^n}$（$n$ 为自然数）；　（2）$\lim\limits_{x\to+\infty}\dfrac{x^n}{e^x}$（$n$ 为自然数）；　（3）$\lim\limits_{x\to\frac{\pi}{2}}\dfrac{\tan x}{\tan 3x}$.

解　（1）$\lim\limits_{x\to+\infty}\dfrac{\ln x}{x^n}=\lim\limits_{x\to+\infty}\dfrac{\dfrac{1}{x}}{nx^{n-1}}=\lim\limits_{x\to+\infty}\dfrac{1}{nx^n}=0$.

（2）$\lim\limits_{x\to+\infty}\dfrac{x^n}{e^x}=\lim\limits_{x\to+\infty}\dfrac{nx^{n-1}}{e^x}=\lim\limits_{x\to+\infty}\dfrac{n(n-1)x^{n-2}}{e^x}$

$$=\lim\limits_{x\to+\infty}\dfrac{n(n-1)(n-2)x^{n-3}}{e^x}=\cdots=\lim\limits_{x\to+\infty}\dfrac{n!}{e^x}=0.$$

（3）$\lim\limits_{x\to\frac{\pi}{2}}\dfrac{\tan x}{\tan 3x}=\lim\limits_{x\to\frac{\pi}{2}}\dfrac{\sec^2 x}{3\sec^2 3x}=\lim\limits_{x\to\frac{\pi}{2}}\dfrac{\cos^2 3x}{3\cos^2 x}=\lim\limits_{x\to\frac{\pi}{2}}\dfrac{-6\cos 3x\sin 3x}{-6\cos x\sin x}$

$$= \lim_{x \to \frac{\pi}{2}} \frac{-\cos 3x}{\cos x} = \lim_{x \to \frac{\pi}{2}} \frac{3\sin 3x}{-\sin x} = 3.$$

注意 （1）每次使用洛必达法则时,必须检验极限是否是 $\dfrac{0}{0}$ 型或 $\dfrac{\infty}{\infty}$ 型未定式,如果不是这两种未定式就不能使用该法则.

（2）洛必达法则是求未定式极限的一种有效的方法,最好能与其他求极限的方法结合使用. 如能化简时应尽可能先化简,可以应用等价无穷小替换或重要极限时,应尽可能应用,这样可以使运算简捷.

例如, $\lim\limits_{x \to 0} \dfrac{\tan x - x}{x^2 \sin x} = \lim\limits_{x \to 0} \dfrac{\tan x - x}{x^3} = \lim\limits_{x \to 0} \dfrac{\sec^2 x - 1}{3x^2} = \lim\limits_{x \to 0} \dfrac{\tan^2 x}{3x^2} = \lim\limits_{x \to 0} \dfrac{x^2}{3x^2} = \dfrac{1}{3}.$

（3）运用洛必达法则,当定理条件满足时所求极限当然存在(或为 ∞),但当定理条件不满足时,所求极限不一定不存在.

例如, $\lim\limits_{x \to \infty} \dfrac{x + \sin x}{x} = \lim\limits_{x \to \infty} \dfrac{1 + \cos x}{1}$ 此极限不存在,但 $\lim\limits_{x \to \infty} \dfrac{x + \sin x}{x} = \lim\limits_{x \to \infty} \left(1 + \dfrac{\sin x}{x}\right) = 1.$

*3.2.3 其他类型的未定式

对函数 $f(x), g(x)$ 在求 $x \to x_0, x \to \infty$ 的极限时,除 $\dfrac{0}{0}$ 型与 $\dfrac{\infty}{\infty}$ 型未定式之外,还有其他一些 $0 \cdot \infty, \infty \cdot \infty, 1^\infty, 0^0, \infty^0$ 型的未定式,这些未定式可通过转化,化为 $\dfrac{0}{0}$ 型或 $\dfrac{\infty}{\infty}$ 型未定式,再用洛必达法则求极限.

例 3 求 $\lim\limits_{x \to 0^+} x \ln x$.

解 这是 $0 \cdot \infty$ 型未定式,可将其化为 $\dfrac{\infty}{\infty}$ 型未定式.

$$\lim_{x \to 0^+} x \ln x = \lim_{x \to 0^+} \frac{\ln x}{\dfrac{1}{x}} = \lim_{x \to 0^+} \frac{\dfrac{1}{x}}{-\dfrac{1}{x^2}} = 0.$$

例 4 求 $\lim\limits_{x \to 1^+} \left(\dfrac{x}{x-1} - \dfrac{1}{\ln x}\right)$.

解 这是 $\infty - \infty$ 型未定式,通过"通分"将其化为 $\dfrac{0}{0}$ 型未定式.

$$\lim_{x \to 1^+} \left(\frac{x}{x-1} - \frac{1}{\ln x}\right) = \lim_{x \to 1^+} \frac{x \ln x - x + 1}{(x-1) \ln x} = \lim_{x \to 1^+} \frac{\ln x + 1 - 1}{\ln x + \dfrac{x-1}{x}}$$

$$= \lim_{x \to 1^+} \frac{\ln x}{\ln x + 1 - \dfrac{1}{x}} = \lim_{x \to 1^+} \frac{\dfrac{1}{x}}{\dfrac{1}{x} + \dfrac{1}{x^2}} = \frac{1}{2}.$$

例 5　求 $\lim\limits_{x\to+\infty} x^{\frac{1}{x}}$.

解　这是 ∞^0 型未定式,将其化为 $0\cdot\infty$ 型,再将其化为 $\dfrac{\infty}{\infty}$ 型未定式.

$$\lim_{x\to+\infty} x^{\frac{1}{x}} = \lim_{x\to+\infty} \mathrm{e}^{\frac{1}{x}\cdot\ln x} = \lim_{x\to+\infty} \mathrm{e}^{\frac{\ln x}{x}} = \mathrm{e}^{\lim\limits_{x\to+\infty}\frac{\ln x}{x}} = \mathrm{e}^{\lim\limits_{x\to+\infty}\frac{\frac{1}{x}}{1}} = \mathrm{e}^0 = 1.$$

习题 3.2

1. 求下列极限.

（1）$\lim\limits_{x\to0} \dfrac{\mathrm{e}^x+\mathrm{e}^{-x}-2}{x^2}$；

（2）$\lim\limits_{x\to a} \dfrac{\sin x-\sin a}{x-a}$；

（3）$\lim\limits_{x\to0} \dfrac{x-\sin x}{x^2+x}$；

（4）$\lim\limits_{x\to0} \dfrac{\mathrm{e}^x-1-x}{\sin^2 x}$；

（5）$\lim\limits_{x\to1} \dfrac{x^3-3x+2}{x^3-x^2-x+1}$；

（6）$\lim\limits_{x\to0} \dfrac{\ln(1+x^2)}{\mathrm{e}^x-x-1}$.

2. 求下列极限.

（1）$\lim\limits_{x\to+\infty} \dfrac{\mathrm{e}^x}{x^2+x+1}$；

（2）$\lim\limits_{x\to\frac{\pi}{2}} \dfrac{\tan x-5}{\sec x+4}$；

（3）$\lim\limits_{x\to+\infty} \dfrac{x^2+1}{x\ln x}$；

（4）$\lim\limits_{x\to-\infty} \dfrac{\mathrm{e}^{1-x}}{x+x^2}$.

*3. 求下列极限.

（1）$\lim\limits_{x\to0} x\cot 2x$；

（2）$\lim\limits_{x\to0}\left(\dfrac{1}{x}-\dfrac{1}{\mathrm{e}^x-1}\right)$；

（3）$\lim\limits_{x\to\infty}\left(1+\dfrac{a}{x}\right)^x$；

（4）$\lim\limits_{x\to0^+} x^{\sin x}$.

§3.3　函数的单调性、极值

我们曾经学习过函数单调性的定义,但使用定义来判断函数的单调性往往是困难的. 下面我们利用导数来对函数单调性进行研究.

3.3.1　函数单调性的判断法

观察图 3-3(a),函数 $y=f(x)$ 在 $[a,b]$ 上是单调增加的,这时,曲线上各点处的切线斜率是非负的,即 $y'=f'(x)\geqslant0$；观察图 3-3(b),函数 $y=f(x)$ 在 $[a,b]$ 上是单调减少的,这时,曲线上各点处的切线斜率是非正的,即 $y'=f'(x)\leqslant0$.由此可见,函数的单调性与导数的符号有着密切的联系.

函数的单调性

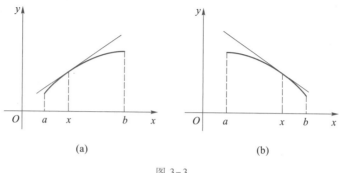

图 3-3

反过来,能否用导数的符号来判断函数的单调性呢?

定理 1 设函数 $f(x)$ 在 $[a,b]$ 上连续,在 (a,b) 内可导,则有

(1) 若在 (a,b) 内 $f'(x)>0$,则函数 $f(x)$ 在 $[a,b]$ 上单调增加;

(2) 若在 (a,b) 内 $f'(x)<0$,则函数 $f(x)$ 在 $[a,b]$ 上单调减少.

证明 在 $[a,b]$ 内任取两点 x_1,x_2,不妨设 $x_1<x_2$,显然函数 $f(x)$ 在 $[x_1,x_2]$ 上满足拉格朗日中值定理的条件,从而得到

$$f(x_2)-f(x_1)=f'(x)(x_2-x_1) \quad (x_1<\xi<x_2).$$

若在 (a,b) 内 $f'(x)>0$,必有 $f'(\xi)>0$,又 $x_2-x_1>0$,所以 $f(x_2)-f(x_1)>0$,即 $f(x_2)>f(x_1)$. 由于 x_1,x_2 是 $[a,b]$ 上的任意两点,所以函数 $f(x)$ 在 $[a,b]$ 上单调增加.

同理可证,若在 (a,b) 内 $f'(x)<0$,则函数 $f(x)$ 在 $[a,b]$ 上单调减少.

注意 如果把这个判定法中的闭区间换成其他各种区间(包括无穷区间),那么结论也成立.

例 1 讨论函数 $y=x^3$ 的单调性.

解 函数的定义域为 $(-\infty,+\infty)$,$y'=3x^2$,因为在 $(-\infty,0)$ 和 $(0,+\infty)$ 内 $y'>0$,所以函数 $y=x^3$ 在 $(-\infty,+\infty)$ 上单调增加,如图 3-4 所示.

例 2 讨论函数 $y=e^x-x+1$ 的单调性.

解 函数 $y=e^x-x+1$ 的定义域为 $(-\infty,+\infty)$,$y'=e^x-1$. 因为在 $(-\infty,0)$ 内 $y'<0$,所以函数 $y=e^x-x+1$ 在 $(-\infty,0]$ 上单调减少;因为在 $(0,+\infty)$ 内 $y'>0$,所以函数 $y=e^x-x+1$ 在 $[0,+\infty)$ 上单调增加.

例 3 讨论函数 $y=\sqrt[3]{x^2}$ 的单调性.

解 函数的定义域为 $(-\infty,+\infty)$. 当 $x\neq 0$ 时,函数的导数为 $y'=\dfrac{2}{3\sqrt[3]{x}}$,当 $x=0$ 时,函数的导数不存在. 在 $(-\infty,0)$ 内 $y'<0$,所以函数 $y=\sqrt[3]{x^2}$ 在 $(-\infty,0]$ 上单调减少;因为在 $(0,+\infty)$ 内 $y'>0$,所以函数 $y=e^x-x+1$ 在 $[0,+\infty)$ 上单调增加,如图 3-5 所示.

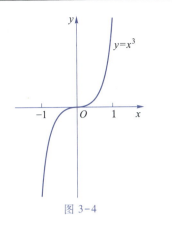

图 3-4

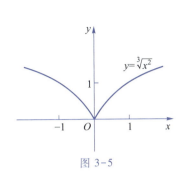

图 3-5

从例 2,例 3 中看出,有些函数在它的定义区间上并不单调,这时,就需要把定义区间划分为若干个单调区间. 例 2 中 $x=0$ 是函数单调区间的分界点,而在该点处 $f'(0)=0$;例 3 中 $x=0$ 也是函数单调区间的分界点,而在该点处的导数不存在. 但使得一阶导数为零的点和一阶导数不存在的点并不一定改变函数的单调性,如例 1.

这说明使得 $f'(x)=0$ 的点和 $f'(x)$ 不存在的点有可能改变函数的单调性.

确定函数单调区间的方法和步骤如下:

(1) 求函数 $f(x)$ 的定义域;

(2) 求 $f'(x)$,求出使得 $f'(x)=0$ 的点(称为驻点)以及找出使 $f'(x)$ 不存在的点(不可导点);

(3) 以(2)中所找点为分界点,将定义域分成若干个子区间,分别判断每个子区间上导数的符号,根据定理 1 得出函数在各个子区间的单调性.

为了表述清楚,函数单调性的讨论常采用列表方式进行.

例 4 讨论函数 $f(x)=2x^3-3x^2-12x+9$ 的单调性.

解 (1) 定义域为 $(-\infty,+\infty)$.

(2) $f'(x)=6x^2-6x-12=6(x+1)(x-2)$,令 $f'(x)=0$,得驻点 $x_1=-1,x_2=2$.

(3) 以 $x_1=-1,x_2=2$ 为分界点,划分 $(-\infty,+\infty)$ 为 3 个子区间:

$$(-\infty,-1),(-1,2),(2,+\infty).$$

列表 3-1 确定在每个子区间内导数的符号,用定理 1 判断函数的单调性(在表 3-1 中我们形象地用"↗""↘"表示单调增加、单调减少.)

表 3-1

x	$(-\infty,-1)$	$(-1,2)$	$(2,+\infty)$
$f'(x)$	+	−	+
$f(x)$	↗	↘	↗

所以 $f(x)$ 在 $(-\infty,-1]$ 和 $[2,+\infty)$ 上单调增加,在 $(-1,2)$ 上单调减少.

应用函数的单调性还可以证明不等式.

例 5 证明 $x>0$ 时,$x>\ln(1+x)$.

证明 令 $f(x)=x-\ln(1+x)$,因为 $f(x)$ 在 $[0,+\infty)$ 上连续,又

$$f'(x) = 1 - \frac{1}{1+x} = \frac{x}{1+x}.$$

当 $x>0$ 时, $f'(x)>0$,所以 $f(x)$ 在 $[0,+\infty)$ 内单调增加.

又 $f(0)=0$,所以当 $x>0$ 时,有

$$f(x)>f(0)=0,$$

即

$$x-\ln(1+x)>0 \quad (x>0).$$

移项即得当 $x>0$ 时,

$$x>\ln(1+x).$$

例 6　已知一病人在注射一种抗生素 t h 后血液中该药物的浓度为

$$C(t) = \frac{t^2}{2t^3+1} \quad (0 \leqslant t \leqslant 4).$$

问该病人注射后血液中该药物的浓度何时上升? 何时下降?

解　
$$C'(t) = \frac{2t(2t^3+1)-t^2 \cdot 6t^2}{(2t^3+1)^2} = \frac{2t(1-t^3)}{(2t^3+1)^2}.$$

故当 $0 \leqslant t \leqslant 1$ 时, $C'(t)>0$,药物的浓度上升,当 $1 \leqslant t \leqslant 4$ 时, $C'(t)<0$,药物的浓度下降.

3.3.2　函数的极值

函数的极值

定义　设函数 $f(x)$ 在点 x_0 的某邻域 $U(x_0)$ 内有定义,如果对于去心邻域 $\mathring{U}(x_0)$ 内的任一 x,有 $f(x)<f(x_0)$ (或 $f(x)>f(x_0)$),那么就称 $f(x_0)$ 是函数 $f(x)$ 的一个极大值(或极小值).

函数的极大值与极小值统称为函数的极值,使函数取得极值的点称为极值点. 如例 4 中的函数 $f(x)=2x^3-3x^2-12x+9$ 有极大值 $f(-1)=16$ 和极小值 $f(2)=-11$,点 $x=-1$ 和 $x=2$ 是函数的极值点.

函数的极大值和极小值概念是局部性的. 如果 $f(x_0)$ 是函数 $f(x)$ 的一个极大值,那只是就 x_0 附近的一个局部范围来说, $f(x_0)$ 是函数 $f(x)$ 的一个最大值;如果就 $f(x)$ 的整个定义域来说, $f(x_0)$ 不见得是 $f(x)$ 的最大值. 极小值也类似.

从图 3-6 中可以看出,函数 $f(x)$ 有两个极大值: $f(x_2)$, $f(x_5)$,三个极小值, $f(x_1)$, $f(x_4)$, $f(x_6)$,其中极大值 $f(x_2)$ 比极小值 $f(x_6)$ 还小. 就整个区间 $[a,b]$ 来说,只有一个极小值 $f(x_1)$ 同时也是最小值,而没有一个极大值成为最大值.

从图 3-6 中还可以看出,在函数取得极值处,曲线的切线是水平的. 但曲线上有水平切线的地方,函数不一定取得极值. (例如图 3-6 中点 $x=x_3$ 处,曲线上有水平切线,但 $f(x_3)$ 不是极值.)

问题 1　哪些点可能为函数的极值点呢? 下面给出极值的必要条件.

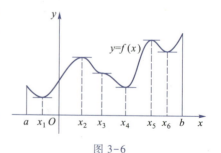

图 3-6

定理 2(必要条件) 设函数 $f(x)$ 在 x_0 处可导,且在 x_0 处取得极值,那么 $f'(x_0)=0$.

注意 可导函数 $f(x)$ 的极值点必定是它的驻点. 但反过来,函数的驻点有可能是极值点也有可能不是极值点. 此外,函数在它的导数不存在的点处也可能取得极值. 例如,函数 $f(x)=|x|$ 在点 $x=0$ 处不可导,但函数在该点取得极小值.

问题 2 对驻点和一阶不可导点如何判断其是否为极值点? 如果是极值点,是极大值点还是极小值点呢?

下面给出两个判定极值的充分条件.

定理 3(第一充分条件) 设函数 $f(x)$ 在点 x_0 的某个邻域内连续,且在 x_0 的某去心邻域 $\overset{\circ}{U}(x_0,\delta)$ 内可导. 则

(1)若 $x\in(x_0-\delta,x_0)$ 时,$f'(x)>0$,而 $x\in(x_0,x_0+\delta)$ 时,$f'(x)<0$,则函数 $f(x)$ 在 x_0 处取得极大值;

(2)若 $x\in(x_0-\delta,x_0)$ 时,$f'(x)<0$,而 $x\in(x_0,x_0+\delta)$ 时,$f'(x)>0$,则函数 $f(x)$ 在 x_0 处取得极小值;

(3)若 $x\in U(x_0,\delta)$ 时,$f'(x)$ 的符号保持不变,则 $f(x)$ 在 x_0 没有极值.

定理 3 也可以这样说:当 x 在 x_0 的邻近渐增地经过 x_0 时,如果 $f'(x)$ 的符号由正变负,那么 $f(x)$ 在 x_0 处取得极大值;如果 $f'(x)$ 的符号由负变正,那么 $f(x)$ 在 x_0 处取得极小值;如果 $f'(x)$ 的符号并不改变,则 $f(x)$ 在 x_0 处没有极值.

注意观察前面的研究单调性的例子不难发现,单调性改变的点恰是极值点. 由此,可以按下列步骤求 $f(x)$ 在所讨论区间内的极值点和相应的极值:

(1)确定函数 $f(x)$ 的定义域,求出导数 $f'(x)$;

(2)求出 $f(x)$ 的所有驻点及不可导点;

(3)利用定理 3,判定上述驻点或不可导点是否为函数的极值点;

(4)求出各极值点的函数值,就得到 $f(x)$ 的全部极值.

注意 列表讨论函数的单调性和极值更直观.

例 7 求函数 $f(x)=2x^3-6x^2-18x-7$ 的极值.

解 (1)函数的定义域为 $(-\infty,+\infty)$;

(2)$f'(x)=6x^2-12x-18=6(x+1)(x-3)$;

(3)令 $f'(x)=0$,得驻点为 $x_1=-1$,$x_2=3$;$f(x)$ 没有不可导点;

(4)利用定理 3,判定驻点是否为函数的极值点. 该步常用类似于确定函数增减区间那样的列表方法,只是加了从导数符号判定驻点是否为极值点的内容,其结果如表 3-2 所示.

表 3-2

x	$(-\infty,-1)$	-1	$(-1,3)$	3	$(3,+\infty)$
$f'(x)$	+	0	−	0	+
$f(x)$	↗	极大值 3	↘	极小值 −61	↗

所以,$f(x)$ 在 $x=-1$ 处取极大值 3,在 $x=3$ 处取极小值 −61.

例 8 求函数 $f(x) = (x-1)x^{\frac{2}{3}}$ 的极值.

解 (1) 函数的定义域为 $(-\infty, +\infty)$;

(2) $f'(x) = \dfrac{5x-2}{3 \cdot \sqrt[3]{x}}$;

(3) 令 $f'(x) = \dfrac{5x-2}{3 \cdot \sqrt[3]{x}} = 0$,解得驻点 $x = \dfrac{2}{5}$,不可导点 $x = 0$,这两个点分定义域

$(-\infty, +\infty)$ 为三个部分 $(-\infty, 0)$, $\left(0, \dfrac{2}{5}\right)$, $\left(\dfrac{2}{5}, +\infty\right)$.列表 3-3 讨论如下:

表 3-3

x	$(-\infty, 0)$	0	$\left(0, \dfrac{2}{5}\right)$	$\dfrac{2}{5}$	$\left(\dfrac{2}{5}, +\infty\right)$
$f'(x)$	+	不存在	−	0	+
$f(x)$	↗	极大值 0	↘	极小值 $-\dfrac{3}{5}\sqrt[3]{\dfrac{4}{25}}$	↗

所以,$f(x)$ 在 $x = 0$ 处取极大值 0,在 $x = \dfrac{2}{5}$ 处取极小值 $-\dfrac{3}{5}\sqrt[3]{\dfrac{4}{25}}$.

定理 4(第二充分条件) 设 x_0 为函数 $f(x)$ 的驻点,且在点 x_0 处有二阶非零导数 $f''(x_0) \neq 0$,那么

(1) 如果 $f''(x_0) < 0$,则 $f(x)$ 在点 x_0 处取得的极大值;

(2) 如果 $f''(x_0) > 0$,则 $f(x)$ 在点 x_0 处取得的极小值;

(3) 如果 $f''(x_0) = 0$,则无法判断.

比较两个判定方法,显然定理 3 适用于对驻点和不可导点的判定,而定理 4 只能对驻点判定.

例 9 求函数 $f(x) = (x^2-1)^3 + 1$ 的极值.

解 $f'(x) = 6x(x^2-1)^2$,令 $f'(x) = 0$,求得驻点 $x_1 = -1, x_2 = 0, x_3 = 1$,而

$$f''(x) = 6(x^2-1)(5x^2-1).$$

因为 $f''(0) = 6 > 0$,故 $f(x)$ 在 $x = 0$ 处取得极小值,极小值为 $f(0) = 0$.

因为 $f''(-1) = f''(1) = 0$,故用定理 3 无法判别.考察一阶导数 $f'(x)$ 在驻点 $x_1 = -1, x_3 = 1$ 左右邻近的符号.

当 x 取 -1 左侧邻近的值时,$f'(x) < 0$;当 x 取 -1 右侧邻近的值时,$f'(x) < 0$;因为 $f'(x)$ 的符号没有改变,所以 $f(x)$ 在 $x = -1$ 处没有极值.同理,$f(x)$ 在 $x = 1$ 处也没有极值(图 3-7).

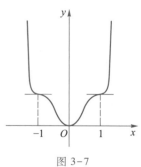

图 3-7

习题 3.3

1. 求下列函数的单调区间.

（1）$y = x^3(1-x)$；

（2）$y = 2x^2 - \ln x$；

（3）$y = 2x + \dfrac{8}{x}\ (x>0)$；

（4）$y = \dfrac{x}{1+x^2}$.

2. 求下列函数在其定义域内的极值.

（1）$y = -x^2(x^2-2)$；

（2）$y = 2 - (x+1)^{\frac{2}{3}}$；

（3）$y = e^x \cos x$；

（4）$y = \dfrac{2x}{\ln x}$.

*3. 利用单调性，证明当 $x>0$ 时，$\ln(1+x) > \dfrac{x}{1+x}$.

§ 3.4　曲线的凹凸性与拐点

　　函数的单调性反映在图形上，就是曲线的上升或下降. 但是，曲线在上升或下降的过程中，还有一个弯曲方向的问题. 如图 3-8 中有两条曲线弧，虽然它们都是上升的，但图形却有显著的不同，$\overparen{ACB}$ 是向上凸的曲线弧，而 $\overparen{ADB}$ 是向下凹的曲线弧，它们的凹凸性不同，本节就来研究曲线的凹凸性及其判断法.

3.4.1　曲线的凹凸性及其判定

　　由图 3-9 可以看出，凹口向上的曲线弧上各点处切线都位于曲线弧的下方，凹口向下的曲线弧上各点处切线都位于曲线弧的上方. 因此得出曲线凹凸性的定义.

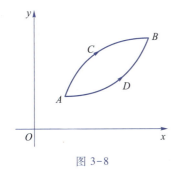

图 3-8

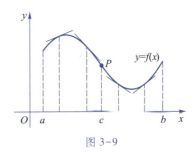

图 3-9

　　定义 1　若在区间 (a,b) 内，曲线 $y=f(x)$ 上各点处切线都位于曲线的下方，则称此曲线在区间 (a,b) 内是凹的；若曲线 $y=f(x)$ 上各点处切线都位于曲线的上方，则称此曲线在区间 (a,b) 内是凸的.

　　由图 3-10 可以看出：对于凹的曲线弧，沿 x 轴正向，曲线 $y=f(x)$ 的切线斜率递增；对于凸的曲线弧，沿 x 轴正向，曲线 $y=f(x)$ 的切线斜率递减. 如果 $y=f(x)$ 在区间 (a,b) 内可导，则 $f'(x)$ 的单调性可以由 $f''(x)$ 的符号确定. 因此可以利用函数

$y=f(x)$ 的二阶导数 $f''(x)$ 的符号来判定曲线的凹凸性.

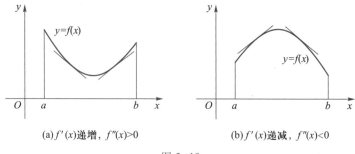

(a) $f'(x)$ 递增，$f''(x)>0$ (b) $f'(x)$ 递减，$f''(x)<0$

图 3-10

定理（曲线的凹凸性的判定定理） 设函数 $y=f(x)$ 在区间 (a,b) 内具有二阶导数，

（1）如果在区间 (a,b) 内 $f''(x)>0$，则曲线 $y=f(x)$ 在 (a,b) 内是凹的；

（2）如果在区间 (a,b) 内 $f''(x)<0$，则曲线 $y=f(x)$ 在 (a,b) 内是凸的.

例 1 判定曲线 $y=\ln x$ 的凹凸性.

解 因为 $y'=\dfrac{1}{x},y''=-\dfrac{1}{x^2}$，所以在函数 $y=\ln x$ 的定义域 $(0,+\infty)$ 内，$y''<0$，由上述定理可知，曲线 $y=\ln x$ 是凸的.

例 2 判定曲线 $y=\arctan x$ 的凹凸性.

解 因为 $y'=\dfrac{1}{1+x^2},y''=-\dfrac{2x}{(1+x^2)^2}$，当 $x<0$ 时，$y''>0$，所以曲线在 $(-\infty,0]$ 内为凹弧；当 $x>0$ 时，$y''<0$，所以曲线在 $[0,+\infty)$ 内为凸弧；$(0,0)$ 是曲线的凹凸弧的分界点.

3.4.2 拐点及其求法

对于连续曲线 $y=f(x)$，若点 P 是凹的曲线弧与凸的曲线弧的分界点，则称点 P 是曲线 $y=f(x)$ 的拐点.

如何来寻找曲线 $y=f(x)$ 的拐点呢？

从上面的定理可知，由 $f''(x)$ 的符号可以判定曲线的凹凸性，如果 $f''(x)$ 在点 x_0 左右两侧邻近异号，那么点 $(x_0,f(x_0))$ 就是曲线的一个拐点，因此要找寻拐点只要找出使得 $f''(x)$ 的符号发生变化的分界点即可. 如果函数 $f(x)$ 在区间 (a,b) 内具有二阶连续导数，那么在这样的分界点处必然有 $f''(x)=0$；除此之外，$f(x)$ 二阶导数不存在的点，也有可能是 $f''(x)$ 的符号发生变化的分界点. 综合以上分析，我们可以按下列步骤来判定区间 (a,b) 内的连续曲线的拐点：

（1）确定函数的定义域；

（2）求出 $f''(x)$；

（3）令 $f''(x)=0$，解出这个方程在区间 (a,b) 内的实根，并找出区间 (a,b) 内 $f''(x)$ 不存在的点；

（4）讨论 $f''(x)$ 在上述点左右两侧邻近的符号，当两侧的符号相反时，点 $(x_0,f(x_0))$ 是拐点，当两侧的符号相同时，点 $(x_0,f(x_0))$ 不是拐点.

注意 （1）列表讨论曲线的凹凸性、拐点；

（2）拐点要用坐标形式 $(x_0, f(x_0))$ 表示.

例 3　求曲线 $y = 3x^4 - 4x^3 + 1$ 的凹凸区间及拐点.

解　函数 $y = 3x^4 - 4x^3 + 1$ 的定义域为 $(-\infty, +\infty)$.

$$y' = 12x^3 - 12x^2,$$

$$y'' = 36x^2 - 24x = 36x\left(x - \frac{2}{3}\right).$$

解方程 $y'' = 0$，得 $x_1 = 0, x_2 = \frac{2}{3}$.

$x_1 = 0, x_2 = \frac{2}{3}$ 把函数的定义域 $(-\infty, +\infty)$ 分成三个部分：$(-\infty, 0)$，$\left[0, \frac{2}{3}\right]$，$\left[\frac{2}{3}, +\infty\right)$.列表 3-4 讨论如下.

表 3-4

x	$(-\infty, 0)$	0	$\left(0, \frac{2}{3}\right)$	$\frac{2}{3}$	$\left(\frac{2}{3}, +\infty\right)$
y''	$+$	0	$-$	0	$+$
y	凹	拐点 $(0,1)$	凸	拐点 $\left(\frac{2}{3}, \frac{11}{27}\right)$	凹

所以，曲线的凹区间为 $(-\infty, 0]$，$\left[\frac{2}{3}, +\infty\right)$，凸区间为 $\left[0, \frac{2}{3}\right]$，拐点为 $(0,1)$，$\left(\frac{2}{3}, \frac{11}{27}\right)$.

例 4　求曲线 $y = \sqrt[3]{x}$ 的拐点.

解　该函数在 $(-\infty, +\infty)$ 内连续，当 $x \neq 0$ 时，

$$y' = \frac{1}{3\sqrt[3]{x^2}}, \quad y'' = -\frac{2}{9x\sqrt[3]{x^5}}.$$

当 $x = 0$ 时，y', y'' 都不存在.故二阶导数在 $(-\infty, +\infty)$ 内不连续且不具有零点.

但 $x = 0$ 是 y'' 不存在的点，它把 $(-\infty, +\infty)$ 分成两个部分：$(-\infty, 0]$，$[0, +\infty)$.

在 $(-\infty, 0)$ 内，$y'' > 0$，所以曲线在 $(-\infty, 0]$ 上是凹的；在 $(0, +\infty)$ 内，$y'' < 0$，所以曲线在 $[0, +\infty)$ 上是凸的.

所以当 $x = 0$ 时，$y = 0$，点 $(0, 0)$ 是该曲线上的一个拐点.

习题 3.4

1. 确定下列曲线的凹凸区间与拐点.

（1）$y = x^3 - 5x^2 + 3x - 5$；

（2）$y = x + \dfrac{1}{x}$ $(x > 0)$；

（3）$y = xe^{-x}$；　　　　　　　　　　　　（4）$y = a - \sqrt[3]{x-b}$.

2. 设点 $(1,3)$ 是曲线 $y = ax^3 + bx^2$ 的拐点，求 a,b 的值.

§3.5 函数的最值及其应用

在许多实际问题中，常常会遇到在一定条件下，怎样使"用料最省""成本最低""效率最高""收益最大"等一类问题. 这类问题在数学上可归结为求某一个函数（通常称为目标函数）的最大值、最小值的问题.

3.5.1 函数的最值

设目标函数 $y = f(x)$，$x \in I$（I 可以为有界区间、无界区间，可以为闭区间、非闭区间），$x_1, x_2 \in I$.

（1）若对任意 $x \in I$，都有 $f(x) \geqslant f(x_1)$ 成立，则称 $f(x_1)$ 为 $f(x)$ 在 I 上的最小值，称 x_1 为 $f(x)$ 在 I 上的最小值点；

（2）若对任意 $x \in I$，都有 $f(x) \leqslant f(x_2)$ 成立，则称 $f(x_2)$ 为 $f(x)$ 在 I 上的最大值，称 x_2 为 $f(x)$ 在 I 上的最大值点.

函数的最值

函数的最大值、最小值统称为最值，最大值点、最小值点统称为最值点.

最值与极值不同，极值是一个仅与一点附近的函数值有关的局部概念，最值却是一个与函数考察范围 I 有关的整体概念. 因此一个函数的极值可以有若干个，但一个函数的最大值、最小值如果存在的话，只能是唯一的.

由闭区间上连续函数的性质可知，如果函数 $f(x)$ 在闭区间 $[a,b]$ 上连续，则 $f(x)$ 在 $[a,b]$ 上的最大值和最小值一定存在.

如果最大值（或最小值）$f(x_0)$ 在开区间 (a,b) 内的点 x_0 处取得，且 $f(x)$ 在开区间内至多有有限个驻点和有限个不可导点，可知 $f(x_0)$ 一定也是 $f(x)$ 的极大值（或极小值），从而 x_0 一定是 $f(x)$ 的驻点或不可导点. 又 $f(x)$ 的最大值和最小值也可能在区间的端点处取得. 因此，可用如下方法求 $f(x)$ 在 $[a,b]$ 上的最大值和最小值.

设函数 $f(x)$ 在 $[a,b]$ 上连续，则求最值的步骤为

（1）求出函数 $f(x)$ 在 (a,b) 内的所有可能的极值点：驻点及不可导点；

（2）计算函数 $f(x)$ 在驻点、不可导点处及端点 a,b 处的函数值；

（3）比较这些函数值，其中最大者即为函数在 $[a,b]$ 上的最大值，最小者即为函数在 $[a,b]$ 上的最小值.

例 1　求函数 $f(x) = x^4 - 2x^2 + 5$ 在区间 $[-2,2]$ 上的最大值和最小值.

解　由于 $f(x)$ 在 $[-2,2]$ 上连续，所以在该区间存在着最大值和最小值.

（1）$f'(x) = 4x^3 - 4x = 4x(x-1)(x+1)$，令 $f'(x) = 0$，得驻点 $x_1 = -1$，$x_2 = 0$，$x_3 = 1$，且无不可导点；

（2）计算函数 $f(x)$ 在驻点、区间端点处的函数值：

$$f(-2) = 13,\ f(-1) = 4,\ f(0) = 5,\ f(1) = 4,\ f(2) = 13;$$

（3）比较这些值，即得函数在 $[-2,2]$ 上的最大值为 13，最大值点为 $-2,2$；最小值为 4，最小值点为 $-1,1$.

3.5.2 最值的应用

在很多实际问题中遇到的函数,未必都是闭区间上的连续函数.一般可按下述原则处理:如果实际问题归结出的函数 $f(x)$ 在其考察范围 I 上是可导的,且事先可断定最大值(或最小值)必定在 I 的内部达到,而在 I 的内部又仅有 $f(x)$ 的唯一驻点 x_0,那么就可断定 $f(x)$ 的最大值(或最小值)就在点 x_0 取得.

例 2 要做一个容积为 V 的圆柱形煤气柜,问怎样设计才能使所用材料最省?

解 要材料最省,就是它的表面积最小.设煤气柜的底面半径为 r,高为 h,则煤气柜的侧面积为 $2\pi rh$,底面积为 πr^2,表面积为 $s=2\pi r^2+2\pi rh$. 由 $V=\pi r^2 h$, $h=\dfrac{V}{\pi r^2}$,所以

$$s=2\pi r^2+\frac{2V}{r}, r\in(0,+\infty).$$

由问题的实际意义知 $s=2\pi r^2+\dfrac{2V}{r}$,在 $r\in(0,+\infty)$ 必有最小值.

$$s'=\frac{2(2\pi r^3-V)}{r^2},$$

令 $s'=0$,有唯一驻点 $r=\left(\dfrac{V}{2\pi}\right)^{\frac{1}{3}}\in(0,+\infty)$,因此它一定是使 s 取得最小值的点. 此时对应的高为 $h=\dfrac{V}{\pi r^2}=2\left(\dfrac{V}{2\pi}\right)^{\frac{1}{3}}=2r.$

即当煤气柜的高和底面直径相等时,所用材料最省.

例 3 一房地产公司有 50 套公寓房要出租,当月租金定为 1 800 元时,公寓可全部租出;当月租金提高 100 元,租不出的公寓就增加一套;已租出的公寓每月整修维护费为 200 元. 问租金定为多少时可获得最多月收入?

解 设租金为 P 元,根据假设 $P\geqslant 1\,800$. 此时未租出公寓为 $\dfrac{1}{100}(P-1\,800)$ 套,租出公寓为 $50-\dfrac{1}{100}(P-1\,800)=68-\dfrac{P}{100}$ 套,从而月收入

$$R(P)=\left(68-\frac{P}{100}\right)(P-200)=-\frac{P^2}{100}+70P-13\,600, 1\,800\leqslant P\leqslant 6\,800,$$

$$R'(P)=-\frac{P}{50}+70.$$

令 $R'(P)=0$,得唯一解 $P=3\,500.$

此时 $R(3\,500)=108\,900$ 元,而 $R(1\,800)=80\,000$ 元,$R(6\,800)=0$ 元.

事实上,由本题实际意义,适当的租金价位必定能使月收入达到最大,而函数 $R(P)$ 仅有唯一驻点,因此这个驻点必定是最大值点. 所以月租金定为 3 500 元时,可获得最多月收入.

例 4 铁路线上 AB 段的距离为 100 km,工厂 C 距 A 处为 20 km,AC 垂直于 AB

(图 3-11). 为了运输需要,要在 AB 线上选定一点 D 向工厂修筑一条公路. 已知铁路每公里货运的运费与公路上每公里货运的运费之比为 $3:5$. 为了使货物从供应站 B 运到工厂 C 的运费最省,问 D 点应选在何处?

解 设 $AD=x$ km,那么 $DB=(100-x)$ km,

$$CD=\sqrt{20^2+x^2}=\sqrt{400+x^2}.$$

图 3-11

由于铁路上每公里货运的运费与公路上每公里货运的运费之比是 $3:5$,因此我们不妨设铁路上每公里的运费为 $3k$,公路上每公里的运费为 $5k$(k 为某个正数,因它与本题的解无关,所以不必定出). 设从 B 点到 C 需要的总运费为 y,那么 $y=5k\cdot CD+3k\cdot DB$,即

$$y=5k\sqrt{400+x^2}+3k(100-x)\quad(0\leqslant x\leqslant 100).$$

现在,问题就归结为:x 在 $[0,100]$ 内取何值时目标函数 y 的值最小.

$$y'=k\left(\frac{5x}{\sqrt{400+x^2}}-3\right).$$

解方程 $y'=0$,得 $x=15$ km.

由于 $y\big|_{x=0}=400k$,$y\big|_{x=15}=380k$,$y\big|_{x=100}=500k\sqrt{1+\frac{1}{25}}$,其中 $y\big|_{x=15}=380k$ 为最小,因此,当 $AD=x=15$ km 时,总费用最省.

例 5 【本章导例】咳嗽问题的研究

肺内压力的增加可以引起咳嗽,而肺内压力的增加伴随着气管半径的缩小,那么气管半径的缩小是促进还是阻碍空气在气管内的流动?

解 为简单起见,把气管理想化为一个圆柱形的管子. 记管半径为 r,管长为 l,管两端的压力差为 p,η 为流体的黏滞度,由物理学知识,在单位时间内流过管子的流体体积为

$$V=\frac{\pi p r^2}{8\eta l}.$$

实验证明,当压力差 p 增加,且在 $\left[0,\frac{r_0}{2a}\right]$ 内时,半径 r 按照方程 $r=r_0-ap$ 减少,其中 r_0 为无压力差时的管半径,a 为正数.

一方面,$r=r_0-ap$ 在条件 $0\leqslant p\leqslant\frac{r_0}{2a}$ 下成立,于是把 $p=\frac{r_0-r}{a}$ 代入 $0\leqslant p\leqslant\frac{r_0}{2a}$,得 $\frac{r_0}{2}\leqslant r\leqslant r_0$,因而 $r=r_0-ap$ 可化为

$$p=\frac{r_0-r}{a},\quad \frac{r_0}{2}\leqslant r\leqslant r_0.$$

则

$$V=\frac{\pi p r^2}{8\eta l}=\frac{\pi(r_0-r)r^4}{8\eta la}=k(r_0-r)r^4,\quad \frac{r_0}{2}\leqslant r\leqslant r_0,$$

其中 $k=\frac{\pi}{8\eta la}$ 为常数.

由 $V'(r)=k(4r_0-5r)r^3=0$，$r=\dfrac{4}{5}r_0\in\left[\dfrac{r_0}{2},r_0\right]$. 当 $r_0\in\left[\dfrac{r_0}{2},\dfrac{4}{5}r_0\right]$ 时，$V'(r)>0$；当

$r_0\in\left[\dfrac{4}{5}r_0,r_0\right]$ 时，$V'(r)<0$. 可见当 $r=\dfrac{4}{5}r_0$ 时，单位时间内流过气管的空气体积最大.

另一方面，如果用 v 来表示空气在气管内流动速度，显然有 $V=v(\pi r^2)$，故

$$v=\frac{V}{\pi r^2}=\frac{k}{\pi}(r_0-r)r^2.$$

再由 $v'(r)=\dfrac{k}{\pi}(2r_0-3r)r=0$，得 $r=\dfrac{2}{3}r_0\in\left[\dfrac{1}{2}r_0,r_0\right]$，故当 $r=\dfrac{2}{3}r_0$ 时，v 取得最大值.

从上述两方面看，气管收缩（在一定范围内）有助于咳嗽，它促进气管内空气的流动，从而使气管内的异物能较快地被清除掉.

若实际问题归结出的函数 $f(x)$ 在其考察范围 I 上是可导的，但无法确定函数 $f(x)$ 在驻点处的最大值（或最小值）情况，或者当 $f(x)$ 在 I 的内部存在多个驻点时，可根据这些驻点的二阶导数的符号判断 $f(x)$ 的最大值（或最小值）情况：

若函数 $f(x)$ 在驻点处的二阶导数小于零，则函数 $f(x)$ 在该点取最大值；若函数 $f(x)$ 在驻点处的二阶导数大于零，则函数 $f(x)$ 在该点取最小值.

例 6 某厂每月生产 x 单位产品的总收入为 $R(x)=100x-x^2$ 万元，而生产 x 单位产品的总成本为 $C(x)=40+111x-7x^2+\dfrac{1}{3}x^3$ 万元，试求生产多少单位产品时利润最大？

解 设利润函数为 $L(x)$，则 $L(x)=R(x)-C(x)=-\dfrac{1}{3}x^3+6x^2-11x-40$，

$$L'(x)=-x^2+12x-11，令 L'(x)=0，得驻点 x_1=1，x_2=11；$$

$$L''(x)=-2x+12.$$

由于 $L''(1)=10>0$，$L''(11)=-10<0$，因此 $L(x)$ 在 $x_2=11$ 处取得最大利润，此时 $R(11)=979$，$C(11)=\dfrac{2\,453}{3}$.

所以当生产 11 单位产品时，利润最大，最大利润为 $L(11)=979-\dfrac{2\,453}{3}\approx161.33$ 万元.

习题 3.5

1. 求下列函数在给定区间上的最大值与最小值.

(1) $f(x)=x^4-2x^2+1$，$x\in[-2,3]$；　　　　(2) $f(x)=xe^{-x}$，$x\in[0,2]$；

(3) $f(x)=(x-3)\sqrt{x}$，$x\in[0,4]$；　　　　(4) $y=x^2-\dfrac{54}{x}$（$x<0$）.

2. 某车间靠墙壁要盖一间长方形小屋，现有存砖只够砌 20 m 长的墙壁，问应围成怎样的长方形才能使这间小屋的面积最大？

3. 从一块边长为 a 的正方形铁皮的四个角上分别截去同样大小的小正方形，做

成无盖盒子,问怎样截取才能使做成的盒子的容积最大?

4. 已知某产品的价格函数(需求函数)为 $P=10-\dfrac{Q}{5}$,成本函数为 $C=50+2Q$,求产品售出多少时,总利润最大?

5. 欲造一个底面为正方形、体积为 $180\ \text{m}^3$ 的开口长方体容器,若底面造价与侧面造价的比为 $5:3$,问底面边长和高为多少时造价最低?

6. (最优包机)2019 年 100 人旅行团乘坐深航深圳至重庆包机航线,双程有效期 0—7 天的特殊票价是 1 500 元. 如果旅行团每增加一人,每人的购票费用减少 10 元,问旅行团应增加多少人才能使总的包机费用达到最大?此时每人的购票费用是多少?

——— 本 章 小 结 ———

一、 主要内容

1. 微分中值定理(罗尔定理、拉格朗日中值定理).

2. 洛必达法则.

3. 函数单调性、极值.

*4. 曲线的凹凸性与拐点及函数图形的描绘.

5. 函数的最值及其应用.

二、 学习指导

1. 微分中值定理是讨论函数单调性、极值、凹凸性等的基础. 应掌握罗尔定理、拉格朗日中值定理的条件、结论及几何解释.

2. 用洛必达法则求未定式的极限.

洛必达法则是求极限的重要方法,在使用过程中要注意如下几个问题:

(1) 使用之前要先检查是否是 $\dfrac{0}{0}$ 或 $\dfrac{\infty}{\infty}$ 型未定式;

(2) 如果含有某些非零因子,可以单独对它们求极限,不必参与洛必达法则求导运算,以简化运算;

(3) 注意使用法则时配以等价无穷小替换,以简化运算;

(4) 对其他类型的未定式,以适当方式变形为 $\dfrac{0}{0}$ 或 $\dfrac{\infty}{\infty}$ 型未定式;

(5) 洛必达法则是求未定式极限的有力工具,但未必是最简方法,更不是万能方法,当使用洛必达法则失效时,可试用其他方法.

3. 函数单调性与极值、曲线的凹凸性与拐点.

判定函数的单调性和求解函数的极值,根据函数在单调区间内一阶导数符号与单调性的关系,列表讨论,再依据极值第一充分条件确定极值. 判定方法列表 3-5 如下,表中的 x_0 是一阶导数的零点,或者是一阶不可导点:

表 3-5

	x	(x_1, x_0)	x_0	(x_0, x_2)
		函数的单调性与极值的判定		
(1)	y'	+		−
	y	单调增加	极大值	单调减少
(2)	y'	−		+
	y	单调减少	极小值	单调增加
(3)	y'	+(−)		+(−)
	y	单调增加(减少)	无极值	单调增加(减少)

4. 函数单调性与极值、曲线的凹凸性与拐点.

判定曲线的凹凸性和拐点,根据函数在凹凸区间内二阶导数符号与凹凸性的关系,列表讨论,再依据拐点的定义确定拐点坐标. 判定方法列表 3-6 如下,表中的 x_0 是二阶导数的零点,或者是二阶不可导点:

表 3-6

	x	(x_1, x_0)	x_0	(x_0, x_2)
		函数图像的凹凸性与拐点的判定		
(1)	y''	+		−
	y	凹	拐点	凸
(2)	y''	−		+
	y	凸	拐点	凹
(3)	y''	+(−)		+(−)
	y	凹(凸)	无拐点	凹(凸)

5. 函数的最值及应用.

理解函数的最值与极值在概念上的本质区别及其联系. 对于实际应用题,关键是先以数学模型思想建立目标函数,确定其考察范围,判定最值存在. 如果驻点唯一,则驻点即为最值点.

拓 展 提 高

1. 费马引理

设函数 $f(x)$ 在点 x_0 的某邻域 $U(x_0)$ 内有定义,并且在 x_0 处可导,如果对任意的 $x \in U(x_0)$,有 $f(x) \leqslant f(x_0)$(或 $f(x) \geqslant f(x_0)$),那么 $f'(x_0) = 0$.

证明 不妨设 $x \in U(x_0)$ 时,$f(x) \leqslant f(x_0)$(如果 $f(x) \geqslant f(x_0)$,可以类似地证明).

于是，对于 $x_0 + \Delta x \in U(x_0)$，有 $f(x) \leqslant f(x_0)$，从而当 $\Delta x > 0$ 时，$\dfrac{f(x_0 + \Delta x) - f(x_0)}{\Delta x} \leqslant$

0；当 $\Delta x < 0$ 时，$\dfrac{f(x_0 + \Delta x) - f(x_0)}{\Delta x} \geqslant 0$.

根据函数 $f(x_0)$ 在点 x_0 可导的条件及极限的保号性，便得到

$$f'(x_0) = f'_+(x_0) = \lim_{\Delta x \to 0^+} \frac{f(x_0 + \Delta x) - f(x_0)}{\Delta x} \leqslant 0,$$

$$f'(x_0) = f'_-(x_0) = \lim_{\Delta x \to 0^-} \frac{f(x_0 + \Delta x) - f(x_0)}{\Delta x} \geqslant 0.$$

所以 $f'(x_0) = 0$. 证毕.

2. 罗尔定理的证明

证明 由于 $f(x)$ 在闭区间 $[a,b]$ 上连续，根据闭区间上连续函数的最大值、最小值定理，$f(x)$ 在闭区间 $[a,b]$ 上必取得它的最大值 M 和最小值 m. 这样，只有两种可能情形：

（1）$M = m$. 这时 $f(x)$ 在区间 $[a,b]$ 上必然取得相同的数值 $M : f(x) = M$. 由此，对任意 $x \in (a,b)$，有 $f'(x) = 0$. 因此任取 $\xi \in (a,b)$，有 $f'(\xi) = 0$.

（2）$M > m$. 因为 $f(a) = f(b)$，所以 M 和 m 这两个数中至少有一个不等于 $f(x)$ 在区间 $[a,b]$ 的端点处的函数值. 不妨设 $M \neq f(a)$（如果设 $m \neq f(a)$，证法完全类似），那么必定在开区间 (a,b) 内有一点 ξ 使 $f(\xi) = M$. 因此，对任意 $x \in [a,b]$，有 $f(x) \leqslant f(\xi)$，从而由费马引理可知 $f'(\xi) = 0$. 定理证毕.

3. 拉格朗日中值定理的证明

分析 从罗尔定理和拉格朗日中值定理条件与几何解释可见，罗尔定理是拉格朗日中值定理的特殊情形，因此下面用罗尔定理来证明拉格朗日中值定理. 设 $y = f(x)$ 在 $[a,b]$ 上连续、在 (a,b) 内可导，作辅助函数 $F(x) = f(x) - kx$，则不论常数 k 取何值，$F(x)$ 也在 $[a,b]$ 上连续、在 (a,b) 内可导；现在选取 k，使 $F(x)$ 能满足罗尔定理的条件，即使 $F(a) = f(a) - ka$ 与 $F(b) = f(b) - kb$ 相等，则对 $F(x)$ 可应用罗尔定理，为此只要取 $k = \dfrac{f(b) - f(a)}{b - a}$.

证明 作辅助函数 $F(x) = f(x) - \dfrac{f(b) - f(a)}{b - a} x$，则 $F(x)$ 在 $[a,b]$ 上连续，在 (a,b) 内可导，且 $F(a) = F(b)$. 据罗尔定理，至少存在一点 $\xi \in (a,b)$，使

$$F'(\xi) = f'(\xi) - \frac{f(b) - f(a)}{b - a} = 0, \quad \text{即} \frac{f(b) - f(a)}{b - a} = f'(\xi).$$

4. 证明不等式

使用导数、函数的单调性、极值及凹凸性等，可以解决不少不等式证明问题. 根据题目的特点，可以从以下几个方面考虑.

（1）利用拉格朗日中值定理证明不等式

把不等式变形成为同一个函数 $f(x)$ 之函数值的差 $f(b)-f(a)$，应用拉格朗日中值定理

$$f(b)-f(a)=f'(\xi)(b-a), \quad \xi\in(a,b),$$

只要估计 $f(\xi)$.

（2）利用函数的单调性证明不等式

将不等式改写成 $f(x)>0(<0)$ 的形式，由不等式的条件确定 x 的变化范围 I. 若在 I 的端点 x_0 处有 $f(x_0)\geqslant0(\leqslant0)$，则当函数在 I 上单调递增（递减）时，即可知不等式成立.

（3）利用函数的极值证明不等式

与（2）类似，把不等式变形为 $f(x)>0(<0)$ 的形式，x 的变化范围为 I. 若能证明 $f(x)$ 在 I 上的最小值 $m>0$（最大值 $M>0$），则不等式成立.

例 证明不等式：$e^x>1+x(x\neq0)$.

证法 1（利用拉格朗日中值定理） 令 $f(x)=e^x$，则对任意 $x\neq0$，$f(x)$ 在 0，x 为两端的闭区间上满足拉格朗日中值定理条件，所以

$$f(x)-f(0)=f'(\xi)(x-0), \quad \xi\in(0,x).$$

即

$$e^x-1=e^\xi x, \quad \xi\in(0,x).$$

若 $x>0$，则 $\xi\in(0,x)$，$e^\xi>1$，所以 $e^x-1>x$，即 $e^x>x+1$；

若 $x<0$，则 $\xi\in(x,0)$，$0<e^\xi<1$，$e^\xi x>x$，所以 $e^x-1>x$，即 $e^x>x+1$.

证法 2（利用函数的单调性）

令 $f(x)=e^x-1-x$，则只要证明 $f(x)>0$.

又 $f(0)=0$，$f'(x)=e^x-1$.

当 $x\in(-\infty,0)$ 时，$f'(x)<0$，所以 $f(x)$ 在 $(-\infty,0)$ 内单调减少，所以 $f(x)>f(0)$，即 $e^x-1-x>0$；

当 $x\in(0,+\infty)$ 时，$f'(x)>0$，所以 $f(x)$ 在 $(0,+\infty)$ 内单调增加，所以 $f(x)>f(0)$，即 $e^x-1-x>0$.

证法 3（利用函数的最值） 令 $f(x)=e^x-1-x$，则只要证明 $f(x)>0$.

令 $f'(x)=e^x-1=0$，得唯一驻点 $x=0$；$f''(0)=1>0$，所以 $x=0$ 为极小值点，极小值 $f_{\min}=0$.

因为 $f(x)$ 在 $(-\infty,+\infty)$ 连续可导，故唯一极小值也是最小值，所以 $f(x)>f(0)=0$.

复习题三

一、填空题

1. 函数 $y=\ln(x+1)$ 在 $[0,1]$ 上满足拉格朗日中值定理的 $\xi=$ _____；

2. $\lim\limits_{x\to+\infty}\dfrac{x^2}{x+e^x}=$ _____；

3. 函数 $y = \dfrac{e^x}{x}$ 的单调增加区间是_____,单调减少区间是_____;

4. 若函数 $f(x) = ax^2 + bx$ 在点 $x = 1$ 处取极大值 2,则 $a =$ _____,$b =$ _____;

5. 函数 $f(x) = x^3 - 3x^2 + 3x - 10$ 在 $[0,2]$ 上的最大值为_____,最小值为_____;

6. 曲线 $y = 2\ln x + x^2 - 1$ 的拐点是_____.

二、选择题

1. 罗尔定理中的条件是结论成立的 (　　).

　A. 必要非充分条件 　　　　　　　B. 充分非必要条件

　C. 充分必要条件 　　　　　　　　D. 既非充分也非必要条件

2. 已知 $f(x)$ 在 $[0, +\infty)$ 上可导,且 $f(0) < 0$,$f'(x) > 0$,则方程 $f(x) = 0$ 在 $[0, +\infty)$ 上(　　).

　A. 有唯一根 　　　　　　　　　　B. 至少存在一个根

　C. 没有根 　　　　　　　　　　　D. 不能确定有根

3. 如果一个函数在闭区间上既有极大值,又有极小值,则 (　　).

　A. 极大值一定是最大值 　　　　　B. 极小值一定是最小值

　C. 极大值必大于极小值 　　　　　D. 以上说法都不一定成立

4. 设 $f(x) = \left(\dfrac{1}{2}\right)^x$,则 (　　).

　A. 在 $(-\infty, +\infty)$ 内单调增加

　B. 在 $(-\infty, +\infty)$ 内单调减少

　C. 在 $(-\infty, 0)$ 内单调增加,在 $(0, +\infty)$ 内单调减少

　D. 在 $(-\infty, 0)$ 内单调减少,在 $(0, +\infty)$ 内单调增加

5. 下列说法中正确的是(　　).

　A. 若 $f'(x_0) = 0$,则 $f(x_0)$ 必是极值

　B. 若 $f(x_0)$ 是极值,则 $f(x)$ 在 x_0 可导且 $f'(x_0) = 0$

　C. 若 $f(x)$ 在 x_0 可导,则 $f'(x_0) = 0$ 是 $f(x_0)$ 为极值的必要条件

　D. 若 $f(x)$ 在 x_0 可导,则 $f'(x_0) = 0$ 是 $f(x_0)$ 为极值的充分条件

6. 函数 $y = x - \ln(1 + x^2)$ 的极值为 (　　).

　A. 0 　　　　　　　　　　　　　　B. $1 - \ln 2$

　C. $-1 - \ln 2$ 　　　　　　　　　D. 不存在

*7. $\lim\limits_{x \to +\infty} e^{-x} \cdot \sin x = $ (　　).

　A. 0 　　　　　　　　　　　　　　B. 1

　C. ∞ 　　　　　　　　　　　　D. 不存在

三、求下列极限.

1. $\lim\limits_{x \to 0} \dfrac{\tan x - x}{x - \sin x}$;

2. $\lim\limits_{x \to \infty} \dfrac{\ln(1 + 3x^2)}{\ln(3 + x^4)}$;

3. $\lim\limits_{x \to 0} \dfrac{\sin x - e^x + 1}{1 - \sqrt{1 - x^2}}$;

4. $\lim\limits_{x \to 1} (\ln x)^{x-1}$.

四、研究下列函数的单调性并求极值.

（1）$y=(x-1)(x+1)^3$；

（2）$y=x^n \cdot e^{-x}$.

五、设点$(0,1)$是曲线$y=x^3+ax^2+b$的拐点,求a,b.

六、有一汽艇从甲地开往乙地,设汽艇耗油量与行驶速度的立方成正比,汽艇逆流而上,水的流速为a（单位:km/h）,问汽艇以什么速度行驶,才能使从甲地开往乙地的总耗油量最少？

七、要造一个长方体无盖蓄水池,其容积为500 m^3,底面为正方形.设底面与四壁所使用材料的单位造价相同,问底边和高各为多少时,才能使所用材料费最省？

八、证明：

（1）当$x>1$时,$2\sqrt{x}>3-\dfrac{1}{x}$；

（2）当$|x| \leqslant 2$时,$|x^3-3x| \leqslant 2$.

悖论与数学史上的三次危机（一）

数学历来被视为严格、和谐、精确的学科.但纵观数学发展史,数学理论的创立与发展从来都不是完全精确的,它的体系也不是永远和谐的,而是会出现可怕的悖论.悖论是指在某理论体系的基础上,根据合理的推理原则,得出了两个互相矛盾的命题或结论.数学悖论在数学理论中的出现与发展是一件非常严重的事,它直接导致了人们对于相应理论体系的怀疑.如果一个数学悖论所影响的面十分广泛,特别是涉及整个学科的基础时,这种怀疑情绪就可能发展成为普遍的对数学可靠性的信任危机.数学史上曾经发生过三次数学危机,每次都是由一两个典型的数学悖论引起的.

一、毕达哥拉斯悖论与第一次数学危机

公元前6世纪,在古希腊学术界占统治地位的毕达哥拉斯学派,其思想在当时被认为是绝对权威的真理,毕达哥拉斯学派倡导的是一种称为"唯数论"的哲学观点,他们认为宇宙的本质就是数的和谐.他们认为万物皆数,而数只有两种,就是正整数和可通约的数（即分数,两个整数的比）,除此之外不再有别的数,即世界上只有整数或分数.毕达哥拉斯学派在数学上的一项重大贡献是证明了毕达哥拉斯定理,也就是我们所说的勾股定理.然而不久毕达哥拉斯学派的一个学生希伯斯很快便发现了这个结论的问题.他通过反证法,证明了边长相等的正方形,若其对角线长能用整数或整数之比来表示的话,则正方形的边长既是奇数又是偶数.这一发现在历史上被称为毕达哥拉斯悖论.毕达哥拉斯悖论的出现,给毕达哥拉斯学派带来了沉重的打击,"万物皆数"的世界观被极大地动摇了,有理数的尊崇地位也受到了挑战,使数学界产生了

混乱,历史上称之为第一次数学危机.

第一次数学危机的影响是巨大的,它极大地推动了数学及其相关学科的发展.首先,第一次数学危机让人们第一次认识到了无理数的存在,无理数从此诞生了.之后,许多数学家正式研究无理数,给出了无理数的严格定义,提出了一个含有有理数和无理数的新的数类——实数,并建立了完整的实数理论,为微积分的发展奠定了基础.再者,第一次数学危机表明,直觉和经验不一定靠得住,推理证明才是可靠的,从此希腊人开始重视演绎推理,并由此建立了几何公理体系.欧氏几何就是人们为了消除矛盾、解除危机,在这时候应运而生的.第一次数学危机极大地促进了几何学的发展,使几何学在此后两千年间成为几乎是全部严密数学的基础,这不能不说是数学思想史上的一次巨大革命.

二、 贝克莱悖论与第二次数学危机

公元 17 世纪,牛顿和莱布尼茨创立了微积分,微积分能提示和解释许多自然现象,它在自然科学的理论研究和实际应用中的重要作用引起了人们的高度重视.然而,因为微积分才刚刚建立,这时的微积分只有方法,没有严密的理论作为基础,许多地方存在漏洞,还不能自圆其说.特别是在无穷小量这个问题上,十分含糊.牛顿的无穷小量,有时候是零,有时候又是有限小量.针对牛顿对导数求导过程的论述,贝克莱很快发现了其中的问题,他指出:先用 Δx 为除数去除 Δy,说明 Δx 不等于零,而后又扔掉含有 Δx 的项,则又说明 Δx 等于零,这岂不是自相矛盾吗? 因此,他认为微积分是依靠双重的错误得到了正确的结果.这就是著名的"贝克莱悖论".确实,这种在同一问题的讨论中,将所谓的无穷小量有时作为零,有时又异于零的做法,不得不让人怀疑.无穷小量究竟是不是零? 无穷小及其分析是否合理? 贝克莱悖论的出现危及到了微积分的基础,引起了数学界长达两个多世纪的论战,从而引发了数学发展史中的第二次危机.

第4章 不定积分

在前面我们学习了如何求一个函数的导数问题,本章将讨论它的反问题:寻求一个可导函数,其导数等于已知函数. 这是积分学的基本问题之一.

【本章导例】　环境污染问题

建设美丽中国对于我们国家乃至整个民族影响重大、意义深远. 应对气候变化就是其中的一项重要任务.

某城市的空气在夏天平均一天的 CO(一氧化碳)浓度是 2 ppm. 环保机构预言,如果不采取措施,该城市空气中 CO 的浓度将会以较快的速率增加. 那么如何根据浓度增加的速率去计算该城市 CO 的浓度呢?

在一类与变化率相关的实际问题中,通过简化、假设、建模,我们往往能得到目标函数的导函数,即已知 $f(x)$ 及 $F'(x) = f(x)$,要求原函数 $F(x)$. 这类问题可以运用不定积分的知识加以解决. 在学习了本章相关知识后,我们再来研究上述环境污染问题.

§4.1 不定积分的概念与性质

4.1.1 原函数的概念

定义1 设函数 $f(x)$ 在区间 I 上有定义,若对任意 $x \in I$ 都有可导函数 $F(x)$,使得 $F'(x) = f(x)$ 或 $dF(x) = f(x)dx$,则称 $F(x)$ 是 $f(x)$ 在区间 I 上的一个原函数.

例如,在区间 $(-\infty, +\infty)$ 内,有 $(\sin x)' = \cos x$,所以 $\sin x$ 是 $\cos x$ 的一个原函数. 容易发现,对于任意常数 C,$\sin x + C$ 也是 $\cos x$ 的原函数.

由此可见,如果某个函数的原函数存在,则其原函数必有无穷多个. 若 $F(x)$ 是 $f(x)$ 的原函数,即 $F'(x) = f(x)$,则对于任意常数 C,显然有 $[F(x) + C]' = f(x)$,所以 $F(x) + C$ 也是 $f(x)$ 的原函数.

反之,若 $F(x)$ 和 $G(x)$ 都是 $f(x)$ 的原函数,即 $F'(x) = G'(x) = f(x)$,那么 $F'(x) - G'(x) = 0$,所以 $F(x) - G(x) = C$,即 $G(x) = F(x) + C$. 也就是 $f(x)$ 的任意两个原函数 $F(x)$ 和 $G(x)$ 之间只相差一个常数.

4.1.2 不定积分的概念

1. 不定积分的定义

定义2 在区间 I 上,函数 $f(x)$ 带有任意常数项的原函数称为 $f(x)$ 在区间 I 上的不定积分,记为 $\int f(x)dx$,即

$$\int f(x)dx = F(x) + C,$$

不定积分的
概念

其中 $\int$ 为积分号,$f(x)$ 为被积函数,x 为积分变量,$f(x)dx$ 为被积表达式,C 称为积分常数.

从定义可知,对 $f(x)$ 求不定积分只需求出一个原函数 $F(x)$,再加上任意常数 C 即可.

例1 求 $\int x^2 dx$.

解 因为 $\left(\dfrac{1}{3}x^3\right)' = x^2$,所以 $\int x^2 dx = \dfrac{1}{3}x^3 + C$.

例2 求 $\int \dfrac{1}{x}dx$.

解 因为当 $x > 0$ 时,$(\ln x)' = \dfrac{1}{x}$,所以

$$\int \frac{1}{x}dx = \ln x + C.$$

当 $x < 0$ 时,有 $[\ln(-x)]' = \dfrac{1}{-x} \cdot (-1) = \dfrac{1}{x}$,所以

$$\int \frac{1}{x} dx = \ln(-x) + C.$$

综上,

$$\int \frac{1}{x} dx = \ln|x| + C.$$

由不定积分的定义可得下述关系:

(1) $\left[\int f(x)dx\right]' = f(x)$ 或 $d\left[\int f(x)dx\right] = f(x)dx$;

(2) $\int F'(x)dx = F(x) + C$ 或 $\int dF(x) = F(x) + C$.

由此可见,微分运算和不定积分运算是互逆的.

2. 不定积分的几何意义

$y = F(x)$ 表示一条曲线, $y = F(x) + C$ 表示一个曲线族,故通常将 $f(x)$ 的不定积分 $\int f(x)dx = F(x) + C$ 称为 $f(x)$ 的积分曲线族, C 取不同值对应不同曲线. 积分曲线族中的任一条曲线都可由曲线 $y = F(x)$ 沿 y 轴上下平移得到,如图 4-1 所示.

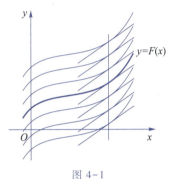

例 3　已知曲线上任一点 $M(x,y)$ 处切线斜率等于该点横坐标的 2 倍,且曲线过点 $(-1,2)$,求此曲线的方程.

解　根据题意,$2x$ 是曲线上点 $M(x,y)$ 处的切线斜率,即 $\dfrac{dy}{dx} = 2x$. 因此,所求曲线应该是曲线族

图 4-1

$$y = \int 2x dx = x^2 + C$$

中的一条. 又曲线过点 $(-1,2)$,代入上式得 $2 = 1^2 + C$,所以 $C = 1$.

所求曲线的方程为 $y = x^2 + 1$.

4.1.3　基本积分公式

不定积分的
性质

由于不定积分是微分的逆运算,所以根据微分公式可推出下面的积分公式.

(1) $\int x^\alpha dx - \dfrac{1}{\alpha+1} x^{\alpha+1} + C \quad (\alpha \neq -1)$;　　(2) $\int \dfrac{1}{x} dx = \ln|x| + C$;

(3) $\int a^x dx = \dfrac{1}{\ln a} a^x + C(a > 0 \text{ 且 } a \neq 1)$;　　(4) $\int e^x dx = e^x + C$;

(5) $\int \sin x dx = -\cos x + C$;　　(6) $\int \cos x dx = \sin x + C$;

(7) $\int \sec^2 x dx = \int \dfrac{1}{\cos^2 x} dx = \tan x + C$;

(8) $\int \csc^2 x dx = \int \dfrac{1}{\sin^2 x} dx = -\cot x + C$;

(9) $\int \dfrac{\mathrm{d}x}{\sqrt{1-x^2}} = \arcsin x + C;$ $\qquad$ (10) $\int \dfrac{\mathrm{d}x}{1+x^2} = \arctan x + C;$

(11) $\int \sec x \tan x \mathrm{d}x = \sec x + c;$ $\qquad$ (12) $\int \csc x \cot x \mathrm{d}x = -\csc x + C.$

以上公式是积分运算的基础, 必须熟记.

4.1.4 不定积分的基本运算法则

法则 1 若函数 $f(x), g(x)$ 的原函数都存在, 则

$$\int [f(x) \pm g(x)] \mathrm{d}x = \int f(x) \mathrm{d}x \pm \int g(x) \mathrm{d}x.$$

法则 1 可以推广到有限个函数的情况.

法则 2 若函数 $f(x)$ 的原函数存在, 则对任意常数 $k(k \neq 0)$, 有

$$\int k f(x) \mathrm{d}x = k \int f(x) \mathrm{d}x.$$

下面结合不定积分的公式和法则求一些简单函数的不定积分.

例 4 求 $\int \left(\dfrac{2}{x} + \sqrt{x} - 3\sin x \right) \mathrm{d}x.$

解 $\int \left(\dfrac{2}{x} + \sqrt{x} - 3\sin x \right) \mathrm{d}x = 2\int \dfrac{1}{x} \mathrm{d}x + \int \sqrt{x} \mathrm{d}x - 3\int \sin x \mathrm{d}x$

$$= 2\ln |x| + \dfrac{2}{3} x^{\frac{3}{2}} + 3\cos x + C.$$

例 5 求 $\int \dfrac{2^x}{3^x} \mathrm{d}x.$

解 $\int \dfrac{2^x}{3^x} \mathrm{d}x = \int \left(\dfrac{2}{3} \right)^x \mathrm{d}x = \dfrac{1}{\ln \dfrac{2}{3}} \cdot \left(\dfrac{2}{3} \right)^x + C = \ln \dfrac{3}{2} \cdot \left(\dfrac{2}{3} \right)^x + C.$

例 6 求 $\int \dfrac{x^2}{1+x^2} \mathrm{d}x.$

解 $\int \dfrac{x^2}{1+x^2} \mathrm{d}x = \int \dfrac{1+x^2-1}{1+x^2} \mathrm{d}x = \int 1 - \dfrac{1}{1+x^2} \mathrm{d}x = x - \arctan x + C.$

例 7 求 $\int \dfrac{1}{x(1+x)} \mathrm{d}x.$

解 $\int \dfrac{1}{x(1+x)} \mathrm{d}x = \int \left(\dfrac{1}{x} - \dfrac{1}{x+1} \right) \mathrm{d}x = \ln |x| - \ln |x+1| + C = \ln \left| \dfrac{x}{x+1} \right| + C.$

例 8 求 $\int \cos^2 \dfrac{x}{2} \mathrm{d}x.$

解 $\int \cos^2 \dfrac{x}{2} \mathrm{d}x = \dfrac{1}{2} \int (1 + \cos x) \mathrm{d}x = \dfrac{1}{2} x + \dfrac{1}{2} \sin x + C.$

例 9 求 $\int \dfrac{1}{\sin^2 x \cdot \cos^2 x} \mathrm{d}x.$

解　$\displaystyle\int \frac{1}{\sin^2 x \cdot \cos^2 x}\mathrm{d}x = \int \frac{\sin^2 x + \cos^2 x}{\sin^2 x \cdot \cos^2 x}\mathrm{d}x = \int \left(\frac{1}{\cos^2 x} + \frac{1}{\sin^2 x}\right)\mathrm{d}x$

$$= \tan x - \cot x + C.$$

通过上面几个例子可知,当被积函数形式不能直接运用基本积分公式和法则时,需要先对被积函数进行适当的恒等变形,所以计算不定积分还需通过练习掌握一些常用的变形方法.

习题 4.1

1. 已知 $\displaystyle\int f(x)\mathrm{d}x = x\cos x + C$,求 $f(x)$.

2. 填空题.

$(1)\ \dfrac{\mathrm{d}}{\mathrm{d}x}\displaystyle\int f(x)\mathrm{d}x = (\qquad)$;　$\qquad$ $(2)\ \mathrm{d}\displaystyle\int f(x)\mathrm{d}x = (\qquad)$;

$(3)\ \displaystyle\int f'(x)\mathrm{d}x = (\qquad)$;　$\qquad$ $(4)\ \displaystyle\int \mathrm{d}f(x) = (\qquad)$.

3. 计算下列不定积分.

$(1)\ \displaystyle\int (x^3 - 2x^2 + 3)\mathrm{d}x$;　$\qquad$ $(2)\ \displaystyle\int \left(\frac{1}{\sqrt{1 - x^2}} + \frac{1}{\sin^2 x}\right)\mathrm{d}x$;

$(3)\ \displaystyle\int \frac{(x^2 - 3)(x + 1)}{x^2}\mathrm{d}x$;　$\qquad$ $(4)\ \displaystyle\int 3^x \cdot \mathrm{e}^x\mathrm{d}x$;

$(5)\ \displaystyle\int \sin^2 \frac{x}{2}\mathrm{d}x$;　$\qquad$ $(6)\ \displaystyle\int \frac{1 + x^2 - x^4}{x^2(1 + x^2)}\mathrm{d}x$;

$(7)\ \displaystyle\int \frac{1 + \cos^2 x}{1 + \cos 2x}\mathrm{d}x$.

4. 曲线经过点 $(1,2)$,且在曲线上任一点处的切线的斜率等于该点横坐标的倒数,求该曲线的方程.

§4.2　不定积分的换元积分法

求不定积分时,如果原函数可以通过恒等变形后直接运用法则、公式求出,通常将这种求积分的方法称为直接积分法. 但是在积分时能够利用直接积分法求出的不定积分是很有限的,因此还需要学习其他积分法. 本节将介绍不定积分的换元积分法.

换元积分法就是作变量代换后再求积分的方法,通常分为两种类型:第一类换元积分法和第二类换元积分法.

4.2.1　第一类换元积分法(凑微分法)

设 $\displaystyle\int f(x)\mathrm{d}x = F(x) + C$,若 $u = u(x)$ 可微,则

$$\int f(u)\mathrm{d}u = F(u) + C.$$

在上式中,无论 u 是自变量还是中间变量均成立,因此称为**积分形式的不变性**.

求不定积分时,如 $\int \sin 3x \mathrm{d}x$,因为 $\sin 3x$ 是复合函数,故不能直接运用公式. 结合积分形式的不变性,可以作如下变量代换再计算:

$$\int \sin 3x \mathrm{d}x = \frac{1}{3}\int \sin 3x \mathrm{d}3x \xlongequal{\diamondsuit u = 3x} \frac{1}{3}\int \sin u \mathrm{d}u = -\frac{1}{3}\cos u + C = -\frac{1}{3}\cos 3x + C.$$

在求不定积分时,如果可以将被积表达式变形成 $f[\varphi(x)] \cdot \varphi'(x)\mathrm{d}x$ 的形式, $f(u)$ 的一个原函数为 $F(u)$,就可作代换,令 $u = \varphi(x)$,则 $\varphi'(x)\mathrm{d}x = \mathrm{d}[\varphi(x)] = \mathrm{d}u$,有

$$\int f[\varphi(x)] \cdot \varphi'(x)\mathrm{d}x = \int f(u)\mathrm{d}u = F(u) + C.$$

将这样的积分法称为**第一类换元积分法**(或凑微分法).

不定积分的换元积分法(一)

例 1 求 $\int (2x + 1)^{99}\mathrm{d}x$.

解 令 $u = 2x + 1$,则 $\mathrm{d}x = \frac{1}{2}\mathrm{d}u$,所以

$$\int (2x + 1)^{99}\mathrm{d}x = \frac{1}{2}\int u^{99}\mathrm{d}u = \frac{1}{200}u^{100} + C = \frac{1}{200}(2x + 1)^{100} + C.$$

熟练使用第一类换元积分法后,变量代换过程可以省略,如:

$$\int (2x + 1)^{99}\mathrm{d}x = \frac{1}{2}\int (2x + 1)^{99}\mathrm{d}(2x + 1) = \frac{1}{200}(2x + 1)^{100} + C.$$

例 2 求 $\int \dfrac{x}{\sqrt{1 - x^2}}\mathrm{d}x$.

解
$$\int \frac{x}{\sqrt{1 - x^2}}\mathrm{d}x = -\frac{1}{2}\int \frac{1}{\sqrt{1 - x^2}}\mathrm{d}(1 - x^2) = -\frac{1}{2}\int (1 - x^2)^{-\frac{1}{2}}\mathrm{d}(1 - x^2)$$
$$= -\sqrt{1 - x^2} + C.$$

例 3 求 $\int \tan x \mathrm{d}x$.

解
$$\int \tan x \mathrm{d}x = \int \frac{\sin x}{\cos x}\mathrm{d}x = -\int \frac{1}{\cos x}\mathrm{d}(\cos x) = -\ln |\cos x| + C.$$

同理可得

$$\int \cot x \mathrm{d}x = \ln |\sin x| + C.$$

例 4 求 $\int \dfrac{1}{x(3\ln x - 1)}\mathrm{d}x$.

解
$$\int \frac{1}{x(3\ln x - 1)}\mathrm{d}x = \frac{1}{3}\int \frac{1}{(3\ln x - 1)}\mathrm{d}(3\ln x - 1)$$
$$= \frac{1}{3}\ln |3\ln x - 1| + C.$$

例 5 求 $\int \dfrac{1}{a^2 + x^2}\mathrm{d}x (a > 0)$.

解
$$\int \frac{1}{a^2 + x^2} \mathrm{d}x = \frac{1}{a^2} \int \frac{1}{1 + \left(\frac{x}{a}\right)^2} \mathrm{d}x = \frac{1}{a} \int \frac{1}{1 + \left(\frac{x}{a}\right)^2} \mathrm{d}\frac{x}{a}$$

$$= \frac{1}{a}\arctan \frac{x}{a} + C.$$

例 6 求 $\int \frac{1}{a^2 - x^2} \mathrm{d}x$ ($a>0$).

解
$$\int \frac{1}{a^2 - x^2} \mathrm{d}x = \int \frac{1}{(a + x)(a - x)} \mathrm{d}x = \frac{1}{2a} \int \left(\frac{1}{a + x} + \frac{1}{a - x}\right) \mathrm{d}x$$

$$= \frac{1}{2a} \int \frac{1}{a + x} \mathrm{d}(a + x) - \frac{1}{2a} \int \frac{1}{a - x} \mathrm{d}(a - x)$$

$$= \frac{1}{2a}\ln |a + x| - \frac{1}{2a}\ln |a - x| + C = \frac{1}{2a}\ln \left| \frac{a + x}{a - x} \right| + C.$$

例 7 求 $\int \sec x \mathrm{d}x$.

解
$$\int \sec x \mathrm{d}x = \int \frac{\sec x(\tan x + \sec x)}{\tan x + \sec x} \mathrm{d}x = \int \frac{\sec x \tan x + \sec^2 x}{\tan x + \sec x} \mathrm{d}x$$

$$= \int \frac{1}{\tan x + \sec x} \mathrm{d}(\sec x + \tan x) = \ln |\sec x + \tan x| + C.$$

4.2.2 第二类换元积分法

第一类换元积分法是先凑微分,后换元求积分. 但是,有些被积函数必须先换元后再积分,即当 $\int f(x)\mathrm{d}x$ 不易积分时,适当地选择变量代换 $x = \varphi(t)$,将 $\int f(x)\mathrm{d}x$ 化为 $\int f[\varphi(t)]\varphi'(t)\mathrm{d}t$ 再进行积分. 注意,所作的代换 $x = \varphi(t)$ 要具有反函数.

一般地,第二类换元积分法针对被积函数是无理函数,即被积函数中含有根式的情况,作适当的代换 $x = \varphi(t)$,可将被积函数中的根式去掉,化无理式为有理式,再积分.

例 8 求 $\int \frac{1}{1 + \sqrt{x}} \mathrm{d}x$.

解 令 $\sqrt{x} = t$,则 $\mathrm{d}x = 2t\mathrm{d}t$,所以

$$\int \frac{1}{1 + \sqrt{x}} \mathrm{d}x = 2\int \frac{t}{1 + t} \mathrm{d}t = 2\int \frac{1 + t - 1}{1 + t} \mathrm{d}t = 2\int \left(1 - \frac{1}{1 + t}\right) \mathrm{d}t$$

$$= 2(t - \ln |1 + t|) + C = 2\sqrt{x} - 2\ln (1 + \sqrt{x}) + C.$$

例 9 求 $\int \frac{1}{\sqrt{x}(1 + \sqrt[3]{x})} \mathrm{d}x$.

解 令 $\sqrt[6]{x} = t$,则 $\mathrm{d}x = 6t^5 \mathrm{d}t$,所以

$$\int \frac{1}{\sqrt{x}(1 + \sqrt[3]{x})} \mathrm{d}x = 6\int \frac{t^2}{1 + t^2} \mathrm{d}x = 6\int \frac{t^2 + 1 - 1}{1 + t^2} \mathrm{d}x = 6\left(\int \mathrm{d}t - \int \frac{1}{1 + t^2} \mathrm{d}x\right).$$

$$= 6(t - \arctan t) + C = 6(\sqrt[6]{x} - \arctan \sqrt[6]{x}) + C.$$

不定积分的换元积分法(二)

归纳 如果被积函数中含有 $\sqrt[n]{ax+b}\left(\text{或}\sqrt[n]{\dfrac{ax+b}{cx+d}}\right)$，作代换，令 $\sqrt[n]{ax+b}=t$，可将根号去掉，变无理式为有理式.

例 10 求 $\displaystyle\int\sqrt{a^2-x^2}\,\mathrm{d}x\ (a>0)$.

解 为了将根式去掉，注意到根式内为二次多项式 a^2-x^2，利用三角公式进行代换. 令 $x=a\sin t,t\in\left[-\dfrac{\pi}{2},\dfrac{\pi}{2}\right]$，则 $\mathrm{d}x=a\cos t\mathrm{d}t,\sqrt{a^2-x^2}=a\cos t$，所以

$$\int\sqrt{a^2-x^2}\,\mathrm{d}x=a^2\int\cos^2t\mathrm{d}t=\frac{a^2}{2}\int(1+\cos 2t)\,\mathrm{d}t$$
$$=\frac{a^2}{2}t+\frac{a^2}{4}\sin 2t+C=\frac{a^2}{2}t+\frac{a^2}{2}\sin t\cos t+C.$$

为代回原变量，根据 $\sin t=\dfrac{x}{a}$ 作一个辅助直角三角形，如图 4-2 所示，则 $\cos t=\dfrac{\sqrt{a^2-x^2}}{a}$，所以

$$\int\sqrt{a^2-x^2}\,\mathrm{d}x=\frac{a^2}{2}t+\frac{a^2}{2}\sin t\cos t+C$$
$$=\frac{a^2}{2}\arcsin\frac{x}{a}+\frac{x}{2}\sqrt{a^2-x^2}+C.$$

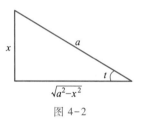

图 4-2

*例 11 求 $\displaystyle\int\dfrac{1}{\sqrt{x^2+a^2}}\mathrm{d}x(a>0)$.

解 令 $x=a\tan t,t\in\left(-\dfrac{\pi}{2},\dfrac{\pi}{2}\right)$，则 $\mathrm{d}x=a\sec^2t\mathrm{d}t,\sqrt{x^2+a^2}=a\sec t$，所以

$$\int\frac{1}{\sqrt{x^2+a^2}}\mathrm{d}x=\int\frac{a\sec^2t\mathrm{d}t}{a\sec t}=\int\sec t\mathrm{d}t=\ln|\sec t+\tan t|+C_1.$$

为代回原变量，根据 $\tan t=\dfrac{x}{a}$ 作一个辅助直角三角形，如图 4-3 所示，则 $\sec t=\dfrac{\sqrt{x^2+a^2}}{a}$，所以

$$\int\frac{1}{\sqrt{x^2+a^2}}\mathrm{d}x=\ln|\sec t+\tan t|+C_1=\ln\left|\frac{x+\sqrt{x^2+a^2}}{a}\right|+C_1$$
$$=\ln\left|x+\sqrt{x^2+a^2}\right|+C(C=C_1-\ln a).$$

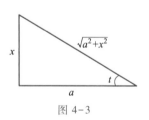

图 4-3

*例 12 求 $\displaystyle\int\dfrac{1}{\sqrt{x^2-a^2}}\mathrm{d}x\ (a>0)$.

解 令 $x=a\sec t,\mathrm{d}x=a\sec t\tan t\mathrm{d}t,\sqrt{x^2-a^2}=a\tan t$. 所以

$$\int \frac{1}{\sqrt{x^2-a^2}}dx = \int \frac{a\sec t \tan t\, dt}{a\tan t} = \int \sec t\, dt = \ln|\sec t + \tan t| + C_1.$$

为代回原变量,根据 $\sec t = \dfrac{x}{a}$ 作一个辅助直角三角形,如图 4-4 所示,则 $\tan t =$

$\dfrac{\sqrt{x^2-a^2}}{a}$,所以

$$\int \frac{1}{\sqrt{x^2-a^2}}dx = \ln|\sec t + \tan t| + C_1$$

$$= \ln\left|x+\sqrt{x^2-a^2}\right| + C \,(C = C_1 - \ln a).$$

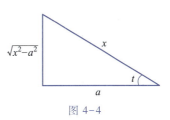

图 4-4

归纳 像上面几例运用三角公式代换来消去二次根式的方法称为**三角代换法**. 一般地,根据被积函数的根式类型,常用如下变换:

(1) 被积函数中含有 $\sqrt{a^2-x^2}$,令 $x = a\sin t$;

(2) 被积函数中含有 $\sqrt{x^2+a^2}$,令 $x = a\tan t$;

(3) 被积函数中含有 $\sqrt{x^2-a^2}$,令 $x = a\sec t$.

习题 4.2

1. 求下列不定积分.

(1) $\displaystyle\int \sin(3x-1)\,dx$;

(2) $\displaystyle\int \frac{1}{(2x-1)^{10}}\,dx$;

(3) $\displaystyle\int \sqrt[3]{1-2x}\,dx$;

(4) $\displaystyle\int 2x e^{x^2}\,dx$;

(5) $\displaystyle\int \frac{x^3}{1+2x^4}\,dx$;

(6) $\displaystyle\int \frac{\ln^4 x}{x}\,dx$;

(7) $\displaystyle\int \frac{\sin x}{1+\cos^2 x}\,dx$;

(8) $\displaystyle\int \frac{e^x}{1+e^x}\,dx$;

(9) $\displaystyle\int \frac{1}{4+x^2}\,dx$;

(10) $\displaystyle\int \frac{\ln x}{x(\ln^2 x - 1)}\,dx$;

(11) $\displaystyle\int \frac{1}{x^2-2x-3}\,dx$,

(12) $\displaystyle\int \frac{1}{1+e^x}\,dx$.

2. 求下列不定积分.

(1) $\displaystyle\int x\sqrt{x-1}\,dx$;

(2) $\displaystyle\int \frac{1}{(x+1)\sqrt{x}}\,dx$;

(3) $\displaystyle\int \frac{1}{1+\sqrt[3]{x}}\,dx$;

(4) $\displaystyle\int \sqrt{4-x^2}\,dx$;

*(5) $\displaystyle\int \frac{x}{\sqrt{1+x^2}}\,dx$;

*(6) $\displaystyle\int \frac{\sqrt{x^2-1}}{x}\,dx$.

§4.3 不定积分的分部积分法

换元积分法虽然是一种应用范围很广的积分方法,但当被积函数是两种不同类型函数的乘积时,如 $\int x\cos x\mathrm{d}x$, $\int x^2\ln x\mathrm{d}x$, $\int x\arctan x\mathrm{d}x$ 等,换元积分法仍无法解决. 为此,下面介绍求不定积分的另一个基本方法——分部积分法.

设函数 $u(x)$, $v(x)$ 可微,则 $\mathrm{d}(uv)=u\mathrm{d}v+v\mathrm{d}u$,移项得 $u\mathrm{d}v=\mathrm{d}(uv)-v\mathrm{d}u$,两边同时积分得 $\int u\mathrm{d}v=\int\mathrm{d}(uv)-\int v\mathrm{d}u$,即

$$\int u\mathrm{d}v=uv-\int v\mathrm{d}u.$$

上式称为**分部积分公式**. 公式中左右两端的两个积分正好是 u 与 v 交换位置,如果 $\int u\mathrm{d}v$ 不易计算,可利用公式将其转化成 $\int v\mathrm{d}u$ 的积分来计算或者化简.

利用微分运算,公式也可写为

$$\int uv'\mathrm{d}x=uv-\int u'v\mathrm{d}x.$$

应用分部积分法的关键在于适当地选取 u 和 $v'\mathrm{d}x$(即 $\mathrm{d}v$),选取的原则就是应用公式后的积分较原积分计算简单或者可以直接求出.

不定积分的
分部积分法

例1 求 $\int x\cos x\mathrm{d}x$.

解 令 $u=x$,将 $\cos x\mathrm{d}x$ 凑成 $\mathrm{d}\sin x$,再令 $\mathrm{d}v=\mathrm{d}\sin x$,则

$$\int x\cos x\mathrm{d}x=\int x\mathrm{d}\sin x=x\sin x-\int\sin x\mathrm{d}x$$
$$=x\sin x+\cos x+C.$$

把分部积分法应用熟练后,不必明确设出 u 和 $\mathrm{d}v$,可以直接使用公式.

例2 求 $\int x^2\mathrm{e}^x\mathrm{d}x$.

解 $\int x^2\mathrm{e}^x\mathrm{d}x=\int x^2\mathrm{d}\mathrm{e}^x=x^2\mathrm{e}^x-\int\mathrm{e}^x\mathrm{d}x^2$

$$=x^2\mathrm{e}^x-2\int x\mathrm{e}^x\mathrm{d}x=x^2\mathrm{e}^x-2\int x\mathrm{d}\mathrm{e}^x.$$

$$=x^2\mathrm{e}^x-2\left(x\mathrm{e}^x-\int\mathrm{e}^x\mathrm{d}x\right)=x^2\mathrm{e}^x-2x\mathrm{e}^x+2\mathrm{e}^x+C$$

$$=(x^2-2x+2)\mathrm{e}^x+C.$$

本题使用了两次分部积分公式.

归纳 当被积函数为幂函数与 $\sin ax$, $\cos ax$ 或 e^{ax} 相乘时,将幂函数看作 u.

例3 求 $\int x^2\ln x\mathrm{d}x$.

解 $\displaystyle\int x^2 \ln x \mathrm{d}x = \frac{1}{3}\int \ln x \mathrm{d}x^3 = \frac{1}{3}\left[x^3 \ln x - \int x^3 \mathrm{d}\ln x\right]$

$\qquad\qquad = \dfrac{1}{3}\left(x^3 \ln x - \int x^2 \mathrm{d}x\right) = \dfrac{1}{3}\left(x^3 \ln x - \dfrac{1}{3}x^3\right) + C$

$\qquad\qquad = \dfrac{1}{3}x^3 \ln x - \dfrac{1}{9}x^3 + C.$

例 4 求 $\displaystyle\int x \arctan x \mathrm{d}x.$

解 $\displaystyle\int x \arctan x \mathrm{d}x = \frac{1}{2}\int \arctan x \mathrm{d}x^2 = \frac{1}{2}x^2 \arctan x - \frac{1}{2}\int x^2 \mathrm{d}(\arctan x)$

$\qquad = \dfrac{1}{2}x^2 \arctan x - \dfrac{1}{2}\int \dfrac{x^2}{1+x^2}\mathrm{d}x = \dfrac{1}{2}x^2 \arctan x - \dfrac{1}{2}\int \dfrac{x^2 + 1 - 1}{1+x^2}\mathrm{d}x$

$\qquad = \dfrac{1}{2}x^2 \arctan x - \dfrac{1}{2}\int\left(1 - \dfrac{1}{1+x^2}\right)\mathrm{d}x$

$\qquad = \dfrac{1}{2}x^2 \arctan x - \dfrac{1}{2}x + \dfrac{1}{2}\arctan x + C.$

例 5 求 $\displaystyle\int \arcsin x \mathrm{d}x.$

解 $\displaystyle\int \arcsin x \mathrm{d}x = x \arcsin x - \int x \mathrm{d}\arcsin x = x \arcsin x - \int \frac{x}{\sqrt{1-x^2}}\mathrm{d}x$

$\qquad = x \arcsin x + \dfrac{1}{2}\int \dfrac{1}{\sqrt{1-x^2}}\mathrm{d}(1-x^2) = x \arcsin x + \sqrt{1-x^2} + C.$

归纳 当被积函数为幂函数与对数函数或反三角函数相乘时,将对数函数或反三角函数看作 u.

在积分运算过程中,有时需要兼用换元积分法和分部积分法.

例 6 求 $\displaystyle\int e^{\sqrt{x}}\mathrm{d}x.$

解 令 $\sqrt{x} = t$,则 $x = t^2$,$\mathrm{d}x = 2t\mathrm{d}t$,所以

$$\int e^{\sqrt{x}}\mathrm{d}x = 2\int t e^t \mathrm{d}t = 2\int t \mathrm{d}(e^t) = 2t e^t - 2\int e^t \mathrm{d}t$$

$$= 2t e^t - 2e^t + C = 2\sqrt{x}\,e^{\sqrt{x}} - 2e^{\sqrt{x}} + C$$

$$= 2e^{\sqrt{x}}(\sqrt{x} - 1) + C.$$

例 7 求 $\displaystyle\int e^x \cos x \mathrm{d}x.$

解 $\displaystyle\int e^x \cos x \mathrm{d}x = \int \cos x \mathrm{d}e^x = e^x \cos x - \int e^x \mathrm{d}\cos x = e^x \cos x + \int e^x \sin x \mathrm{d}x$

$\qquad = e^x \cos x + \int \sin x \mathrm{d}e^x = e^x \cos x + \left[e^x \sin x - \int e^x \mathrm{d}\sin x\right]$

$\qquad = e^x \cos x + e^x \sin x - \int e^x \cos x \mathrm{d}x,$

移项化简可得:$2\displaystyle\int e^x \cos x \mathrm{d}x = e^x(\cos x + \sin x) + C_1$,故

$$\int e^x \cos x dx = \frac{1}{2} e^x (\cos x + \sin x) + C \left(C = \frac{C_1}{2} \right).$$

在本例中,如果令 $u = e^x, v' dx = \cos x dx$,也能求出最终结果.

习题 4.3

求下列不定积分.

(1) $\int x \sin 2x dx$;

(2) $\int x e^{-x} dx$;

(3) $\int \frac{\ln x}{x^3} dx$;

(4) $\int x \ln(x + 1) dx$;

(5) $\int \ln(x^2 + 1) dx$;

(6) $\int \sin \sqrt{x} dx$;

(7) $\int x^2 e^x dx$;

(8) $\int x^2 \arctan x dx$.

§4.4 不定积分的 MATLAB 计算

在 MATLAB 软件中,用于求函数不定积分的指令是 int,具体使用格式如下:

$$\text{int(functions,variable)}$$

返回函数 functions 的不定积分,variable 为计算结果指定变量,若缺省则默认变量为预设独立变量.

例1 求 $\int \frac{1 + x + x^2}{x(1 + x^2)} dx$.

解 输入命令:

```
>>syms x;
>> f ='(1+x+x^2)/(x*(1+x^2))';
>> I =int(f)
```

输出结果:

```
I =
    atan (x)+log(x).
```

例2 求 $\int \sec x dx$.

解 输入命令:

```
>> syms x;
>> f =' sec (x)';
>> I =int(f)
```

输出结果:

```
I =
    log(sec (x)+tan (x)).
```

例3 求 $\int \frac{1}{x} \sqrt{\frac{1 - x}{1 + x}} dx$.

解 输入命令：

```
>> syms x;
>> f ='(1/x) * sqrt((1-x)/(1+x))';
>> I = int(f)
```

输出结果：

```
I =
    -(-(x-1)/(1+x))^(1/2) * (1+x) * (asin(x)+atanh(1/(1-
x^2)^(1/2)))/(-(x-1) * (1+x))^(1/2)).
```

例 4 求 $\int \dfrac{1}{x^2 \sqrt{x^2+1}} \mathrm{d}x$.

解 输入命令：

```
>> syms x;
>> f ='1/(x^2 * sqrt(x^2+1))';
>> I = int(f)
```

输出结果：

```
I =


    -1/x * (1+x^2)^(1/2)
```

例 5 求 $\int e^{\sqrt{x}} \mathrm{d}x$.

解 输入命令：

```
>> syms x;
>> f ='exp(sqrt(x))';
>> I = int(f)
```

输出结果：

```
I =


    2 * exp(x^(1/2)) * x^(1/2)-2 * exp(x^(1/2)).
```

例 6 求 $\int \dfrac{1}{\sin x + \cos x} \mathrm{d}x$.

解 输入命令：

```
>> syms x;
>> f ='1/(sin(x)+cos(x))';
>> I = int(f,x)
```

输出结果：

```
I =


    2^(1/2) * atanh((2^(1/2) * tan(x/2))/2 - 2^(1/2)/2)
```

例 7 求 $\int x \ln(1+x) \mathrm{d}x$.

解 输入命令：

```
>> syms x;
>> f ='x * log(x+1)';
>> I =int(f,x)
```

输出结果：

```
I =


x/2 - x^2/4 + (log(x + 1) * (x^2 - 1))/2
```

习题 4.4

写出计算下列不定积分的 MATLAB 程序.

(1) $\int (2x + 1)^9 \mathrm{d}x$；　　　　(2) $\int \dfrac{\mathrm{e}^x}{1 + \mathrm{e}^x} \mathrm{d}x$；

(3) $\int x\cos x\mathrm{d}x$；　　　　(4) $\int x\ln x\mathrm{d}x$.

§4.5　不定积分的应用

在许多的实际问题中,已知的是函数的导函数,要求的是原函数,即已知 $f(x)$ 及 $F'(x) = f(x)$ 求原函数 $F(x)$. 很明显, $F(x) = \int f(x)\mathrm{d}x$.

例 1 已知一汽车由静止开始沿直线路径运行,其速度为 $v(t) = 2\sqrt{t}$ m/s,试确定汽车在前 30 s 内的任一时刻 t 的位置.

解 由导数的物理应用可知

$$s' = v(t) = 2\sqrt{t},$$

从而

$$s = \int 2\sqrt{t}\,\mathrm{d}t = \frac{4}{3}t^{\frac{3}{2}} + C,$$

注意到 $s(0) = 0$,所以 $C = 0$,故

$$s = \frac{4}{3}t^{\frac{3}{2}}.$$

例 2 【本章导例】环境污染问题

某城市的空气在夏天平均一天的 CO(一氧化碳)浓度是 2ppm,环保机构预言,如果不采取措施,从现在开始 t 年后,该城市空气中的 CO 将以 $p(t) = 0.003t^2 + 0.06t + 0.1$ ppm/年的速率增加.假设没有做出控制污染的努力,那么从现在开始 5 年后,该城市的空气在夏天平均一天的 CO 浓度是多少?

解 假设从现在开始 t 年后,该城市的空气在夏天平均一天的 CO 浓度是

$P(t)$,则

$$P'(t) = p(t), P(0) = 2,$$

从而

$$P(t) = \int (0.003t^2 + 0.06t + 0.1) dt = 0.001t^3 + 0.03t^2 + 0.1t + C,$$

由 $P(0) = 2$,得 $C = 2$,即

$$P(t) = 0.001t^3 + 0.03t^2 + 0.1t + 2,$$

故 $P(5) = 3.375$ ppm.

例 3　实验数据表明,身高 180 cm 的人体表面积以速率 $S'(W) = 0.131\ 773W^{-0.575}$ m^2/kg 改变,其中 W kg 是人的体重. 如果身高 180 cm、体重 70 kg 的人体的表面积为 1.886 277 m^2,问身高 180 cm、体重 75 kg 的人体表面积是多少?

解　身高 180 cm 的人体表面积为

$$S(W) = \int 0.131\ 773W^{-0.575} dW = 0.310\ 1W^{0.425} + C,$$

由 $S(70) = 1.886\ 277$,得 $C = -2.734\ 9 \times 10^{-4}$. 故

$$S(75) = 0.310\ 1 \times 75^{0.425} - 2.734\ 9 \times 10^{-4} = 1.942\ 4\ m^2.$$

例 4　已知一个容器的横截面积为 50 m^2,在容器的底部有一个 0.5 m^2 的小孔. 现将容器内注入 20 m 高的水,然后打开小孔让水流出,假设水面下降的速率为

$$\frac{dh}{dt} = -\frac{1}{25}\left(\sqrt{20} - \frac{t}{50}\right) \quad (0 \leqslant t \leqslant 50\sqrt{20}).$$

求水面高度在任意时刻 t 的表达式.

解　水面高度为

$$h = \int -\frac{1}{25}\left(\sqrt{20} - \frac{t}{50}\right) dt = -\frac{\sqrt{20}}{25}t + \frac{1}{2\ 500}t^2 + C,$$

由 $h(0) = 20$,得 $C = 20$. 故

$$h = \frac{1}{2\ 500}t^2 - \frac{\sqrt{20}}{25}t + 20 \quad (0 \leqslant t \leqslant 50\sqrt{20}).$$

习题 4.5

1. (城市人口问题)某城市在开始建设时的人口为 3 万人,一项城市扩建工程将使城市人口从建设开始 t 年后以速率 $4\ 500\sqrt{t} + 1\ 000$ 增加,试计算从建设开始 9 年后的城市人口.

2. (空气污染问题)据统计资料显示,某城市夏天空气中 CO 的平均浓度为 3 ppm,环保部门的研究预计,从现在开始 t 年,夏天空气中的 CO 的平均浓度将以 $0.003t^2 + 0.06t + 0.1$ ppm 的改变率增长. 如果没有进一步的环境控制的努力,问从现在开始 10 年后夏天空气中的 CO 的平均浓度是多少?

3. (火箭飞行问题)已知火箭从地面垂直升空,若上升的速度为 $v(t) = -3t^2 + 180t + 120$ m/s,试找出火箭垂直上升的高度的表达式,并计算上升 20 s 时的高度.

━━━━━ 本 章 小 结 ━━━━━

一、本章内容

1. 不定积分的概念与性质.
2. 不定积分的换元积分法.
3. 不定积分的分部积分法.
4. 不定积分的 MATLAB 计算.
5. 不定积分的应用.

二、学习指导

1. 由不定积分的定义可知,求已知函数的不定积分是找它的全体原函数. 而找全体原函数的关键是求一个原函数,这个原函数的导数恰为已知函数. 所以,积分法是微分法的逆运算,积分是否正确,可求出其导数来验证.

2. 由可导与不定积分之间的关系知,求导数与求不定积分互为逆运算,所以对一个函数先求导再求不定积分,其结果是该函数加上一个任意常数 C;而对一个函数先求不定积分,再求导数,其结果是原被积函数. 即

$$\int f'(x)\,\mathrm{d}x = f(x) + C, \qquad \frac{\mathrm{d}}{\mathrm{d}x}\int f(x)\,\mathrm{d}x = f(x).$$

3. 积分不变性:若 $\int f(x)\,\mathrm{d}x = F(x) + C$, 则 $\int f(u)\,\mathrm{d}u = F(u) + C$,其中 u 是 x 的可微函数.

4. 第二类换元积分法中常用的变量代换形式如表 4-1 所示.

表 4-1

代换名称	被积函数	换元形式
无理函数	$\sqrt[n]{ax+b}$	$\sqrt[n]{ax+b} = t$
三角函数	$\sqrt{a^2-x^2}$	$x = a\sin t, t \in \left(-\dfrac{\pi}{2}, \dfrac{\pi}{2}\right)$
	$\sqrt{a^2+x^2}$	$x = a\tan t, t \in \left(-\dfrac{\pi}{2}, \dfrac{\pi}{2}\right)$
	$\sqrt{x^2-a^2}$	$x = a\sec t, t \in \left(0, \dfrac{\pi}{2}\right)$

5. 运用分部积分公式求不定积分时应注意以下几点:

（1）分部积分法与直接积分法、换元积分法在同一题目中可交替使用;

（2）运用分部积分公式前,需将所求不定积分 $\int f(x)g(x)\,\mathrm{d}x$ 化为 $\int u(x)v'(x)\,\mathrm{d}x$ 的形式,即需要选定 $f(x), g(x)$ 之中的某一个为 $u(x)$,另一个则为 $v'(x)$.

（3）恰当地选择哪一个作 $u(x)$，哪一个作 $v'(x)$ 是至关重要的. 一般地，选择 $u(x)$ 和 $v'(x)$ 的原则是

① 由 $v'(x)$ 易求出其中一个原函数 $v(x)$；

② $\int v(x)u'(x)\mathrm{d}x$ 比原积分 $\int u(x)v'(x)\mathrm{d}x$ 容易计算；

③ 连续两次或两次以上应用分部积分公式时，再一次选择的 $u(x),v'(x)$ 须是前一次选择的同类函数（即若第一次选择指数函数为 $u(x)$，则第二次仍选择指数函数为 $u(x)$），以方便积分还原.

常见的选择 $u(x),v'(x)$ 的方法如表 4-2 所示，供大家参考，表中 $P_n(x)$ 表示多项式.

表 4-2

不定积分类型	u 和 v' 的选择
$\int P_n(x)\sin x\mathrm{d}x$	$u = P_n(x),v' = \sin x$
$\int P_n(x)\cos x\mathrm{d}x$	$u = P_n(x),v' = \cos x$
$\int P_n(x)\mathrm{e}^x\mathrm{d}x$	$u = P_n(x),v' = \mathrm{e}^x$
$\int P_n(x)\ln x\mathrm{d}x$	$u = \ln x,v' = P_n(x)$
$\int P_n(x)\arcsin x\mathrm{d}x$	$u = \arcsin x,v' = P_n(x)$
$\int P_n(x)\arccos x\mathrm{d}x$	$u = \arccos x,v' = P_n(x)$
$\int P_n(x)\arctan x\mathrm{d}x$	$u = \arctan x,v' = P_n(x)$

拓 展 提 高

有理分式的不定积分

有理函数的一般形式为 $\dfrac{P_n(x)}{Q_m(x)}$，其中的 $P_n(x),Q_m(x)$ 分别是最高次数为 n,m 次的多项式，且不妨设 $n<m$（否则应用多项式除法，把假分式化为一个 $n-m$ 次多项式与一个真分式之和）.

首先对分母 $Q_m(x)$ 分解因式，然后把分式分解为部分分式之和. 所谓部分分式是指两种类型的分式：

$$\frac{A}{(x-a)^k}\text{或}\frac{Ex+F}{(Ax^2+Bx+C)^k},\tag{$*$}$$

其中的分母是 $Q_m(x)$ 分解因式后得到的因子之一,且次数逐次递增. 例如

$\dfrac{x-1}{x^2+4x+3}, x^2+4x+3=(x+1)(x+3)$,分解部分分式:

$$\frac{x-1}{x^2+4x+3}=\frac{A}{x+1}+\frac{B}{x+3};$$

$\dfrac{1}{x^3-4x^2+4x}, x^3-4x^2+4x=x(x-2)^2$,分解部分分式:

$$\frac{1}{x^3-4x^2+4x}=\frac{A}{x}+\frac{B}{x-2}+\frac{C}{(x-2)^2};$$

$\dfrac{x^2+x}{x^3-1}, x^3-1=(x-1)(x^2+x+1)$,分解部分分式:

$$\frac{x^2+x}{x^3-1}=\frac{A}{x-1}+\frac{Bx+C}{x^2+x+1};$$

$\dfrac{x^3+2x^2+1}{x^2(x^2+1)^2}$,分母已经分解完成,分式分解部分分式:

$$\frac{x^3+2x^2+1}{x^2(x^2+1)^2}=\frac{A}{x}+\frac{B}{x^2}+\frac{Cx+D}{x^2+1}+\frac{Ex+F}{(x^2+1)^2}.$$

分解式中的待定系数 $A,B,C,\cdots,F$ 等一般可以经通分,比较分子的系数得到. 这样有理函数的积分就化为 ($*$) 中两种函数的积分. 第一种函数的积分直接可以得到;第二种函数的积分则可以利用配方、凑微分法得到.

例 求下列不定积分.

$(1) \displaystyle\int \frac{x+2}{x^2+4x+3}\mathrm{d}x$;$(2) \displaystyle\int \frac{\mathrm{d}x}{x(x-1)^2}$;$(3) \displaystyle\int \frac{\mathrm{d}x}{(1+2x)(1+x^2)}$.

解 (1) 因为 $x^2+4x+3=(x+1)(x+3)$,所以分解为

$$\frac{x+2}{x^2+4x+3}=\frac{A}{x+1}+\frac{B}{x+3}=\frac{A(x+3)+B(x+1)}{x^2+4x+3},$$

比较分子得 $\qquad\qquad x+2=A(x+3)+B(x+1),\qquad\qquad\qquad (1)$

或 $\qquad\qquad x+2=(A+B)x+(3A+B),\qquad\qquad\qquad (2)$

所以

$$\begin{cases} A+B=1, \\ 3A+B=2, \end{cases}$$

解得 $A=B=\dfrac{1}{2}$,即

$$\frac{x+2}{x^2+4x+3}=\frac{1}{2}\left(\frac{1}{x+1}+\frac{1}{x+3}\right).$$

$$\int \frac{x+2}{x^2+4x+3}\mathrm{d}x=\frac{1}{2}\left(\int \frac{\mathrm{d}x}{x+1}+\int \frac{\mathrm{d}x}{x+3}\right)=\frac{1}{2}\left[\ln|x+1|+\ln|x+3|\right]+C$$

$$=\frac{1}{2}\ln|x^2+4x+3|+C.$$

注意本题我们是用比较(2)式两边的系数,得到未知系数 A,B 的方程组后解出它们的. 如果未知系数较多或得到的方程组较繁,也可以以特殊点代入(1)得到它们,例如以 $x=-1$ 代入(1)的两边,立即得到 $A=\dfrac{1}{2}$;再以 $x=-3$ 代一次,立即又得到 $B=\dfrac{1}{2}$.

(2) 对分式 $\dfrac{1}{x\,(x-1)^2}$ 作部分分式分解:

$$\frac{1}{x\,(x-1)^2}=\frac{A}{x}+\frac{B}{x-1}+\frac{C}{(x-1)^2},$$

通分后比较分子系数得

$$A\,(x-1)^2+Bx(x-1)+Cx=1,$$

以 $x=1$ 代入得 $C=1$;以 $x=0$ 代入得 $A=1$;因为右边无 x^2 项,所以 $B=-A=-1$. 则

$$\frac{1}{x\,(x-1)^2}=\frac{1}{x}-\frac{1}{x-1}+\frac{1}{(x-1)^2}.$$

$$\int\frac{\mathrm{d}x}{x\,(x-1)^2}=\int\frac{\mathrm{d}x}{x}-\int\frac{\mathrm{d}x}{x-1}+\int\frac{\mathrm{d}x}{(x-1)^2}=\ln\,|\,x\,|-\ln\,|\,x-1\,|-\frac{1}{x-1}+C$$

$$=\ln\,\left|\frac{x}{x-1}\right|-\frac{1}{x-1}+C.$$

(3) 对分式 $\dfrac{1}{(1+2x)(1+x^2)}$ 作部分分式分解:

$$\frac{1}{(1+2x)(1+x^2)}=\frac{A}{1+2x}+\frac{Bx+C}{1+x^2}.$$

通分后比较分子系数得

$$A(1+x^2)+(Bx+C)(1+2x)=1,\tag{3}$$

即

$$(A+2B)x^2+(B+2C)x+(A+C)=1.$$

以 $x=-\dfrac{1}{2}$ 代入(3)得 $A=\dfrac{4}{5}$;以 $x=0$ 代入(3)后即得 $C=1-A=\dfrac{1}{5}$,因为右边无 x^2 项,所以 $B=-\dfrac{A}{2}=-\dfrac{2}{5}$. 所以

$$\frac{1}{(1+2x)(1+x^2)}=\frac{1}{5}\left[\frac{4}{(1+2x)}+\frac{-2x+1}{1+x^2}\right]$$

于是

$$\int\frac{\mathrm{d}x}{(1+2x)(1+x^2)}=\frac{1}{5}\left[4\int\frac{\mathrm{d}x}{(1+2x)}-2\int\frac{x}{1+x^2}\mathrm{d}x+\int\frac{\mathrm{d}x}{1+x^2}\right]$$

$$=\frac{2}{5}\ln\,|\,1+2x\,|-\frac{1}{5}\ln\,(1+x^2)+\frac{1}{5}\arctan x+C$$

$$=\frac{1}{5}\left[\ln\,\frac{(1+2x)^2}{1+x^2}+\arctan x\right]+C.$$

注意 有理函数的积分虽说是有章可循,但计算比较烦琐,所以不到万不得已,尽量用其他方法处理. 例如本例的第(1)题用凑微分法要简便得多:

$$\int \frac{x + 2}{x^2 + 4x + 3} \mathrm{d}x = \frac{1}{2} \int \frac{\mathrm{d}(x^2 + 4x + 3)}{x^2 + 4x + 3} = \frac{1}{2} \ln |x^2 + 4x + 3| + C.$$

复习题四

1. 验证函数 $F(x) = x(\ln x - 1)$ 是 $f(x) = \ln x$ 的一个原函数.

2. 已知 $\int f(x) \mathrm{d}x = (x^2 - 1) \mathrm{e}^{-x} + C$, 求 $f(x)$.

3. 问 $\int 2\sin x\cos x\mathrm{d}x = \sin^2 x + C$ 与 $\int 2\sin x\cos x\mathrm{d}x = -\cos^2 x + C$ 是否矛盾? 为什么?

4. 设 $\int f(x)\mathrm{d}x = F(x) + C$, 求: (1) $\int F(x) \cdot f(x)\mathrm{d}x$; (2) $\int \mathrm{e}^{-x} f(\mathrm{e}^{-x})\mathrm{d}x$.

5. 写出下列各式的结果.

(1) $\left[\int \mathrm{e}^x \sin(\ln x)\mathrm{d}x\right]'$;　　　　(2) $\int (\mathrm{e}^{-\frac{x^2}{2}})'\mathrm{d}x$;　　　　(3) $\mathrm{d}\left[\int (\arctan x)^2 \mathrm{d}x\right]$.

6. 求下列不定积分.

(1) $\int \mathrm{e}^x (3 + \mathrm{e}^{-x})\mathrm{d}x$;　　　　　　　　(2) $\int \frac{x^4}{1 + x^2}\mathrm{d}x$;

(3) $\int \frac{2x^2 + 1}{x^2(1 + x^2)}\mathrm{d}x$;　　　　　　　　(4) $\int \tan^2 x\mathrm{d}x$;

(5) $\int (ax + b)^{10}\mathrm{d}x\,(a \neq 0)$;　　　　　(6) $\int \frac{\ln x}{x}\mathrm{d}x$;

(7) $\int x\mathrm{e}^{x^2}\mathrm{d}x$;　　　　　　　　　　　(8) $\int \frac{x}{\sqrt{a^2 - x^2}}\mathrm{d}x$;

(9) $\int \frac{1}{x^2}\cos\frac{1}{x}\mathrm{d}x$;　　　　　　　　(10) $\int \sin^2 x\mathrm{d}x$;

(11) $\int \frac{1 + \ln x}{x\ln x}\mathrm{d}x$;　　　　　　　　(12) $\int \frac{\arctan\sqrt{x}}{\sqrt{x}(1 + x)}\mathrm{d}x$;

(13) $\int \frac{1}{1 + \sqrt[3]{1 + x}}\mathrm{d}x$;　　　　　　(14) $\int \frac{1}{\sqrt{x} + \sqrt[3]{x}}\mathrm{d}x$;

(15) $\int x\ln x\mathrm{d}x$;　　　　　　　　　　(16) $\int \frac{\ln x\mathrm{d}x}{\sqrt{1 - x}}$;

(17) $\int \mathrm{e}^x \cos x\mathrm{d}x$;　　　　　　　　　(18) $\int \sec^3 x\mathrm{d}x$.

7. 设 $f(x)$ 的一个原函数为 $x\mathrm{e}^{-x}$, 求:

(1) $\int f(x)\mathrm{d}x$;　　　(2) $\int xf'(x)\mathrm{d}x$;　　　(3) $\int xf(x)\mathrm{d}x$.

8. 一曲线经过点 $(\mathrm{e}^2, 3)$, 且其上任一点处的切线斜率等于该点横坐标的倒数, 求该曲线的方程.

悖论与数学史上的三次危机(二)

第二次数学危机的出现,迫使数学家们不得不认真对待无穷小量 Δx. 为了解决这一危机,克服由此引起的思维上的混乱,无数人投入了大量的精力. 在初期,经过欧拉、拉格朗日等人的努力,微积分取得了一些进展. 从 19 世纪开始为彻底解决微积分的基础问题,柯西、魏尔斯特拉斯等人进行了微积分理论的严格化工作. 微积分内在的根本矛盾,就是怎样用数学的和逻辑的方法来表现无穷小,从而表现与无穷小紧密相关的微积分的本质. 在解决使无穷小数学化的问题上,柯西把无穷小定义为以零为极限的变量,后来魏尔斯特拉斯又把它明确化,给出了极限的严格定义,建立了极限理论. 这样就使微积分建立在了极限理论的基础之上. 极限理论的建立加速了微积分的发展,它不仅在数学上,而且在认识论上产生了重大的影响. 在考究极限理论的基础时,经过戴德金、康托尔、海涅、魏尔斯特拉斯等人的努力,建立了实数理论. 在考究实数理论的基础时,康托尔又创立了集合论. 这样有了极限理论、实数理论和集合论三大理论后,微积分才算建立在比较稳固和完美的基础之上了,从而结束了两百多年的纷乱争论局面,进而为函数论的发展开辟了道路.

罗素悖论与第三次数学危机

在前两次数学危机解决后不到 30 年,即 19 世纪 70 年代,德国数学家康托尔创立了集合论,集合论是数学上最具革命性的理论,初衷是为整个数学大厦奠定坚实的基础. 然而,正当人们为集合论的诞生而欢欣鼓舞之时,一串串数学悖论却冒了出来,其中英国数学家罗素 1902 年提出的悖论影响最大,其通俗版本就是理发师悖论. 理发师宣布了这样一条原则:他只为村子里不给自己刮胡子的人刮胡子. 那么现在的问题是,理发师的胡子应该由谁来刮? 于是,就产生了这样的悖论:理发师给自己刮胡子当且仅当理发师不给自己刮胡子. 这就是历史上著名的罗素悖论. 罗素悖论的出现,震撼了整个数学界,动摇了作为整个数学大厦的基础——集合论. 罗素悖论的高明之处在于它只是用了集合概念本身,而不涉及其他概念,使人们无从下手. 罗素悖论的出现,导致了第三次数学危机.

数学家们立即投入到了消除悖论的工作中,值得庆幸的是,产生罗素悖论的根源很快被找到了,原来康托尔提出集合论时对"集合"的概念没有做必要的限制,以至于可以构造"一切集合的集合"这种过大的集合而产生了悖论. 为了从根本上消除集合论中出现的各种悖论,特别是罗素悖论,许多数学家进行了不懈的努力,作出了自己的贡献. 其中, 最重要的是德国数学家策梅洛提出的集合论公理系统. 后经费伦克尔、冯·诺伊曼等人的补充形成了一个完整的集合论公理体系 (ZFC 系统). 在 ZFC 系统中, "集合" 和 "属于" 是两个不加定义的原始概念, 另外还有 10 条公理. ZFC 系统的建立, 使各种矛盾得到回避, 从而消除了罗素悖论为代表的一系列集合悖论, 第三次数学危机也随之销声匿迹. 尽管悖论消除了, 但数学的确定性却在一步一步丧失, 现代集合论公理系统的大堆公理实在很难说孰真孰假, 可是又不能把它们一股脑消除掉, 它们跟整个数学是血肉相连的, 所以第三次危机表面上解决了, 实质上却更深刻地以其他形式在延续. 在消除第三次数学危机的过程中, 数理逻辑取得了很大的发展, 证明论、模型论和递归论等相继诞生, 出现了数理逻辑基础理论、类型论和多值逻辑等. 可以说第三次数学危机大大促进了数学基础研究及数理逻辑的现代化, 而且也因此直接造成了数学哲学研究的 "黄金时代".

数学发展的历史表明, 对数学基础的深入研究、悖论的出现和危机的相对解决之间有着十分密切的关系, 每一次危机的消除都会给数学带来许多新内容、新认识, 甚至是革命性的变化, 使数学体系达到新的和谐, 数学理论得到进一步深化和发展. 数学中悖论的产生和危机的出现, 不单是给数学带来麻烦和失望, 更重要的是给数学的发展带来了新的生机和希望.

第5章 定积分及其应用

定积分在几何学、物理学、经济学等领域有着非常广泛的应用,它与不定积分一起并称为积分学的两个基本问题. 本章介绍定积分的概念与性质、定积分与不定积分的关系、定积分的计算及其在几何、物理中的应用.

【本章导例】 捕鱼成本问题

在鱼塘中捕鱼时,鱼越少捕鱼越困难,捕捞的成本也就越高. 若已知鱼的捕捞成本与池塘中鱼量的函数关系为 $C(x)=\dfrac{2\,000}{10+x}(x>0)$,那么应该如何计算捕捞的总成本呢?

本章导例是运用定积分的基本思想求解成本问题的一个典型应用. 具体解题思路可阐述如下,首先使用定积分的微元法给出捕鱼成本的微元,然后根据问题条件确定被积函数的积分区间,最后建立捕鱼成本的定积分表达式并求解. 在具体学习了本章相关知识后,我们再来研究该捕鱼成本问题.

§5.1 定积分的概念和性质

5.1.1 问题的提出

引例 1 曲边梯形的面积

在初等数学中,我们已经学会了计算三角形、矩形、梯形、圆等平面图形的面积,但是一般的不规则图形的面积如何计算呢? 为此,首先引入曲边梯形的概念. 任何一个图形的面积都可以转换成若干个曲边梯形面积的代数和来计算.

定义（曲边梯形） 由非负连续曲线 $y=f(x)$, x 轴以及直线 $x=a$, $x=b(a<b)$ 所围成的平面图形称为曲边梯形,如图 5-1 所示,以 A 表示图示曲边梯形的面积.

我们知道,矩形的高是不变的,它的面积可按公式

$$矩形的面积 = 高 \times 底$$

来定义和计算.而曲边梯形在底边上各点处的高 $f(x)$ 在区间 $[a,b]$ 上是变化的,故它的面积不能直接按上述公式来定义和计算. 然而,由于曲边梯形的高 $f(x)$ 在区间 $[a,b]$ 上是连续变化的,在很小一段区间上,它的变化很小,近似于不变. 因此,如果把区间 $[a,b]$ 划分为许多小区间,在每个小区间上用其中某一点处的高来近似代替同一个小区间上的窄曲边梯形的变高,那么,每个窄曲边梯形就可近似地看成这样得到的窄矩形. 我们就以所有这些窄矩形面积之和作为曲边梯形面积的近似值,并把区间 $[a,b]$ 无限细分下去,即使每个小区间的长度都趋于零,这时所有窄矩形面积之和的极限就可定义为曲边梯形的面积. 这个定义同时也给出了计算曲边梯形面积的方法,现详述于下(图 5-2).

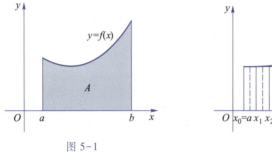

图 5-1   图 5-2

(1) 分割 任取一组分点将区间 $[a,b]$ 分成 n 个小区间

$$[a,b]=[x_0,x_1]\cup[x_1,x_2]\cup\cdots\cup[x_{i-1},x_i]\cup\cdots\cup[x_{n-1},x_n],$$

记第 i 个小区间的长度为 $\Delta x_i=x_i-x_{i-1}(i=1,2,\cdots,n)$. 过各分点作 x 轴的垂线,将原来的曲边梯形分割成 n 个小曲边梯形(图 5-2),第 i 个小曲边梯形的面积记为 ΔA_i.

(2) 作近似 在每一个小区间 $[x_{i-1},x_i]$ 上任取一点 $\xi_i(i=1,2,\cdots,n)$,其中 $x_{i-1}\leqslant\xi_i\leqslant x_i$,以这些小区间的长为底、$f(\xi_i)$ 为高的小矩形面积作为第 i 个小曲边梯形面积的近似值

$$\Delta A_i\approx f(\xi_i)\Delta x_i(i=1,2,\cdots,n). \tag{1}$$

（3）求和 将 n 个小矩形面积相加,作为原曲边梯形面积的近似值

$$A = \sum_{i=1}^{n} \Delta A_i \approx \sum_{i=1}^{n} f(\xi_i) \Delta x_i.$$

（4）取极限 以 λ 表示所有小区间长度的最大者,

$$\lambda = \max\{\Delta x_1, \Delta x_2, \cdots, \Delta x_n\},$$

当 $\lambda \to 0$ 时,若和式（1）的极限存在,则定义此极限值为原曲边梯形的面积 A,即

$$A = \lim_{\lambda \to 0} \sum_{i=1}^{n} f(\xi_i) \Delta x_i.$$

引例 2 变速直线运动的路程

设一物体沿一直线运动,已知速度 $v = v(t)$ 是时间区间 $[T_1, T_2]$ 上的连续函数,且 $v(t) \geqslant 0$,求该物体在这段时间内所经过的路程 S.

如果物体做匀速直线运动,就可以用速度乘以时间求得这段时间通过的路程. 但现在的速度是变量而不是常量. 然而,由于 $v(t)$ 是区间 $[T_1, T_2]$ 上的连续函数,在很短的一段时间里,速度的变化将是很小的,物体的运动可近似地看作匀速直线运动. 基于这一事实,我们可以用以下的步骤来计算所求的路程 S.

（1）分割 任取分点 $T_1 = t_0 < t_1 < t_2 < \cdots < t_{n-1} < t_n = T_2$,把时间区间 $[T_1, T_2]$ 分成 n 个小区间 $[T_1, T_2] = [t_0, t_1] \cup [t_1, t_2] \cup \cdots \cup [t_{i-1}, t_i] \cup \cdots \cup [t_{n-1}, t_n]$,记第 i 个小区间 $[t_{i-1}, t_i]$ 的长度为 $\Delta t_i = t_i - t_{i-1}$,物体在第 i 个时间段内所走过的路程记为 $\Delta S_i (i = 1, 2, \cdots, n)$.

（2）作近似 在小区间 $[t_{i-1}, t_i]$ 上将运动看作是匀速的,用其中任一时刻 τ_i 的速度 $v(\tau_i)$ 来近似代替变化的速度 $v(t)$,即 $v(t) \approx v(\tau_i)$,$\tau_i \in [t_{i-1}, t_i]$,得到 ΔS_i 的近似值

$$\Delta S_i \approx v(\tau_i) \cdot \Delta t_i.$$

（3）求和 把 n 段时间上的路程的近似值相加,得到总路程的近似值

$$S \approx \sum_{i=1}^{n} v(\tau_i) \Delta t_i. \tag{2}$$

（4）取极限 当最大的小区间长度 $\lambda = \max\{\Delta t_1, \Delta t_2, \cdots, \Delta t_n\}$ 趋近于零时,若和式（2）的极限存在,则定义此极限值为物体所经过的路程,即

$$S = \lim_{\lambda \to 0} \sum_{i=1}^{n} v(\tau_i) \Delta t_i.$$

5.1.2 定积分的定义

以上两个引例,虽然其具体意义不同,但其本质是相同的,即都是已知函数的变化率,求函数的累积量. 它们的解决方法也是相同的:分割、近似、求和、取极限. 我们把这种和式的极限称为定积分.

定义 设函数 $f(x)$ 在区间 $[a, b]$ 上有定义且有界,任取一组分点 $a = x_0 < x_1 < x_2 < \cdots < x_n = b$,把区间 $[a, b]$ 分成 n 个小区间 $[a, b] = \bigcup_{i=1}^{n} [x_{i-1}, x_i]$,第 i 个小区间长度记为 $\Delta x_i = x_i - x_{i-1} (i = 1, 2, \cdots, n)$;在每个小区间 $[x_{i-1}, x_i]$ 上任取一点 $\xi_i (i = 1, 2, \cdots, n)$,

作乘积 $f(\xi_i)\Delta x_i$,并作和式 $\sum\limits_{i=1}^{n} f(\xi_i)\Delta x_i$. 记 $\lambda = \max\limits_{1 \le i \le n}\Delta x_i$,如果不论区间如何划分,也不论 ξ_i 如何选取,只要当 $\lambda \to 0$ 时,和式的极限存在,则称函数 $f(x)$ 在区间 $[a,b]$ 上**可积**,并称此极限为函数 $f(x)$ 在区间 $[a,b]$ 上的**定积分**,记作 $\int_a^b f(x)\mathrm{d}x$,即

$$\int_a^b f(x)\mathrm{d}x = \lim_{\lambda \to 0}\sum_{i=1}^{n} f(\xi_i)\Delta x_i,$$

其中 $\int$ 称为**积分号**,$[a,b]$ 称为**积分区间**,积分号下方的 a 称为**积分下限**,上方的 b 称为**积分上限**,x 称为**积分变量**,$f(x)$ 称为**被积函数**,$f(x)\mathrm{d}x$ 称为**积分表达式**.

关于定积分的定义,作以下三点说明:

(1) 定积分 $\int_a^b f(x)\mathrm{d}x$ 是一个数,这个数仅与被积函数 $f(x)$、积分区间 $[a,b]$ 有关,而与 $[a,b]$ 的分法及 ξ_i 在 $[x_{i-1},x_i]$ 中的取法无关,也与积分变量用什么字母表示无关,即

$$\int_a^b f(x)\mathrm{d}x = \int_a^b f(t)\mathrm{d}t = \int_a^b f(u)\mathrm{d}u.$$

(2) 规定:当 $a=b$ 时,

$$\int_a^b f(x)\mathrm{d}x = 0;$$

$$\int_a^b f(x)\mathrm{d}x = -\int_b^a f(x)\mathrm{d}x(反积分区间性质).$$

(3) 对于 $f(x)$ 在什么条件下可积,即定积分的存在问题,有下列定理.

定理 1   设 $f(x)$ 在区间 $[a,b]$ 上连续,则 $f(x)$ 在 $[a,b]$ 上可积.

定理 2   设 $f(x)$ 在区间 $[a,b]$ 上有界,且只有有限个第一类间断点,则 $f(x)$ 在 $[a,b]$ 上可积.

由于初等函数在其定义区间上都是连续的,因此初等函数在其定义区间上都是可积的.

根据定积分的定义,前面两个引例可表示如下:

引例 1   由曲线 $y=f(x)$,直线 $x=a,x=b$ 和 x 轴围成的曲边梯形面积为

$$A = \int_a^b f(x)\mathrm{d}x;$$

引例 2   以速度 $v(t)$ 做变速直线运动的物体,从时刻 T_1 到 T_2 通过的路程为

$$S = \int_{T_1}^{T_2} v(t)\mathrm{d}t.$$

定积分的定义
和几何意义

5.1.3   定积分的几何意义

从引例 1 可见,当 $[a,b]$ 上的连续函数 $f(x) \ge 0$ 时,定积分 $\int_a^b f(x)\mathrm{d}x$ 表示由 $y=f(x)$ 为曲边,$x=a,x=b$ 和 x 轴围成的曲边梯形的面积.

当 $f(x) \le 0$ 时,定积分 $\int_a^b f(x)\mathrm{d}x$ 是曲边梯形面积的相反数. 这是因为 $-f(x) \ge 0$,

此时界定的曲边梯形(图 5-3)的面积是

$$A = \lim_{\lambda \to 0} \sum_{i=1}^{n} \left[- f(\xi_i) \right] \Delta x_i = - \lim_{\lambda \to 0} \sum_{i=1}^{n} f(\xi_i) \Delta x_i = - \int_{a}^{b} f(x) \, dx.$$

从而有

$$\int_{a}^{b} f(x) \, dx = - A.$$

若 $[a,b]$ 上的连续函数 $f(x)$ 的符号不定,如图 5-4 所示,则积分 $\int_{a}^{b} f(x) \, dx$ 的几何意义表示由 $y = f(x)$, $x = a$, $x = b$ 和 x 轴界定图形面积的代数和,即 x 轴上方的面积减去 x 轴下方的面积.即

$$\int_{a}^{b} f(x) \, dx = A_1 - A_2 + A_3.$$

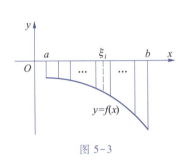

图 5-3

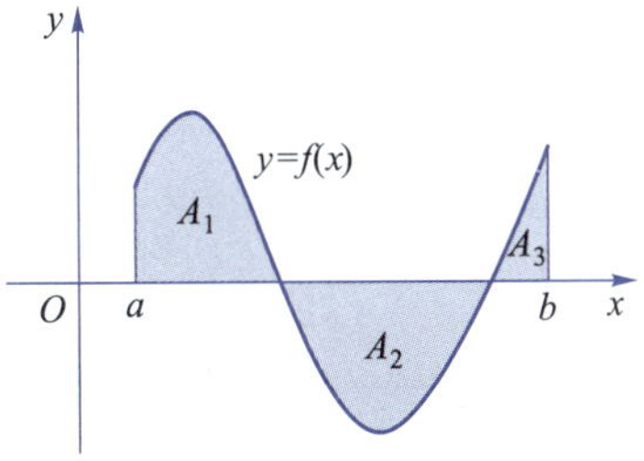

图 5-4

例 1 利用定义计算定积分 $\int_{0}^{1} x^2 \, dx$.

解 因被积函数 $f(x) = x^2$ 在区间 $[0,1]$ 上连续,故此函数在区间 $[0,1]$ 上可积,即积分与区间 $[0,1]$ 的分法及点 ξ_i 的取法无关.因此,为了计算的方便,可以将区间 $[0,1]$ 分成 n 等份,即插入 $n-1$ 个分点 $x_i = \dfrac{i}{n}(i = 1, 2, \cdots, n-1)$.每个小区间 $[x_{i-1}, x_i]$ 的长度都是 $\dfrac{1}{n}$,同时取 $\xi_i = \dfrac{i}{n}$,如图 5-5 所示.

于是得到积分和式

$$\sum_{i=1}^{n} f(\xi_i) \Delta x_i = \sum_{i=1}^{n} \left(\frac{i}{n} \right)^2 \cdot \frac{1}{n} = \frac{1}{n^3} \sum_{i=1}^{n} i^2$$

$$= \frac{1}{n^3} \cdot \frac{1}{6} n(n+1)(2n+1)$$

$$= \frac{1}{6} \left(1 + \frac{1}{n} \right) \left(2 + \frac{1}{n} \right),$$

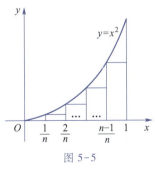

图 5-5

$\lambda = \max\{ \Delta x_1, \Delta x_2, \cdots, \Delta x_n \} = \dfrac{1}{n}$,当 $\lambda \to 0$,即 $n \to \infty$ 时,对上式两端取极限,由定积分的定义,得到

$$\int_0^1 x^2 \, \mathrm{d}x = \lim_{n \to \infty} \sum_{i=1}^n \left(\frac{i}{n}\right)^2 \cdot \frac{1}{n} = \lim_{n \to \infty} \frac{1}{6}\left(1 + \frac{1}{n}\right)\left(2 + \frac{1}{n}\right) = \frac{1}{3}.$$

例 2 试用定积分的几何意义求 $\int_0^1 (1-x) \, \mathrm{d}x$.

解 函数 $y = 1-x$ 在区间 $[0,1]$ 上的定积分是以 $y = 1-x$ 为曲边,以区间 $[0,1]$ 为底的曲边梯形的面积.

因为以 $y = 1-x$ 为曲边,以区间 $[0,1]$ 为底的曲边梯形是一个直角三角形,其底边长及高均为 1,所以

$$\int_0^1 (1-x) \, \mathrm{d}x = \frac{1}{2} \times 1 \times 1 = \frac{1}{2}.$$

5.1.4 定积分的性质

在下列定积分的性质中,设 $f(x)$ 和 $g(x)$ 在积分区间上都是可积的.

性质 1

$$\int_a^b [f(x) \pm g(x)] \, \mathrm{d}x = \int_a^b f(x) \, \mathrm{d}x \pm \int_a^b g(x) \, \mathrm{d}x.$$

证明
$$\int_a^b [f(x) \pm g(x)] \, \mathrm{d}x = \lim_{\lambda \to 0} \sum_{i=1}^n [f(\xi_i) \pm g(\xi_i)] \Delta x_i$$
$$= \lim_{\lambda \to 0} \sum_{i=1}^n f(\xi_i) \Delta x_i \pm \lim_{\lambda \to 0} \sum_{i=1}^n g(\xi_i) \Delta x_i$$
$$= \int_a^b f(x) \, \mathrm{d}x \pm \int_a^b g(x) \, \mathrm{d}x.$$

性质 1 对于任意有限个可积函数都成立.

定积分的
性质

性质 2

$$\int_a^b [k \cdot f(x)] \, \mathrm{d}x = k \int_a^b f(x) \, \mathrm{d}x \quad (k \in \mathbf{R}).$$

证明 $\int_a^b kf(x) \, \mathrm{d}x = \lim_{\lambda \to 0} \sum_{i=1}^n kf(\xi_i) \Delta x_i = k \lim_{\lambda \to 0} \sum_{i=1}^n f(\xi_i) \Delta x_i = k \int_a^b f(x) \, \mathrm{d}x.$

联合这两个性质得到定积分的线性性质:

$$\int_a^b [af(x) + bg(x)] \, \mathrm{d}x = a \int_a^b f(x) \, \mathrm{d}x + b \int_a^b g(x) \, \mathrm{d}x \quad (a, b \in \mathbf{R}).$$

性质 3(定积分对积分区间的可加性)

$$\int_a^b f(x) \, \mathrm{d}x = \int_a^c f(x) \, \mathrm{d}x + \int_c^b f(x) \, \mathrm{d}x \quad (a, b, c \text{ 为常数}).$$

事实上,如果 $f(x)$ 连续,当 $a < c < b$ 时,积分对积分区间的可加性其实就是几何上面积的分块相加. 当 c 在 $[a, b]$ 之外时,则是反积分区间性质的应用. 例如当 $a < b < c$ 时,则

$$\int_a^c f(x) \, \mathrm{d}x = \int_a^b f(x) \, \mathrm{d}x + \int_b^c f(x) \, \mathrm{d}x,$$

$$\int_a^b f(x) \, \mathrm{d}x = \int_a^c f(x) \, \mathrm{d}x - \int_b^c f(x) \, \mathrm{d}x = \int_a^c f(x) \, \mathrm{d}x + \left[-\int_b^c f(x) \, \mathrm{d}x\right]$$

$$= \int_a^c f(x) \, \mathrm{d}x + \int_c^b f(x) \, \mathrm{d}x.$$

性质 4　若被积函数 $f(x)=1$,则有

$$\int_a^b \mathrm{d}x = b - a.$$

性质 5(保号性)　　如果在区间 $[a,b]$ 上 $f(x) \geqslant 0$,则

$$\int_a^b f(x)\,\mathrm{d}x \geqslant 0.$$

推论 1(不等式性质)　　如果在区间 $[a,b]$ 上 $f(x) \geqslant g(x)$,则

$$\int_a^b f(x)\,\mathrm{d}x \geqslant \int_a^b g(x)\,\mathrm{d}x.$$

证明　因为 $f(x)-g(x) \geqslant 0$, 从而

$$\int_a^b f(x)\,\mathrm{d}x - \int_a^b g(x)\,\mathrm{d}x = \int_a^b [f(x) - g(x)]\,\mathrm{d}x \geqslant 0,$$

所以

$$\int_a^b f(x)\,\mathrm{d}x \geqslant \int_a^b g(x)\,\mathrm{d}x.$$

推论 2　$\left| \int_a^b f(x)\,\mathrm{d}x \right| \leqslant \int_a^b |f(x)|\,\mathrm{d}x.$

证明　因为 $-|f(x)| \leqslant f(x) \leqslant |f(x)|$,所以

$$-\int_a^b |f(x)|\,\mathrm{d}x \leqslant \int_a^b f(x)\,\mathrm{d}x \leqslant \int_a^b |f(x)|\,\mathrm{d}x,$$

即

$$\left| \int_a^b f(x)\,\mathrm{d}x \right| \leqslant \int_a^b |f(x)|\,\mathrm{d}x.$$

性质 6(积分估值定理)　　设函数 $f(x)$ 在区间 $[a,b]$ 上连续,且 $m \leqslant f(x) \leqslant M, x \in [a,b]$,则

$$m(b-a) \leqslant \int_a^b f(x)\,\mathrm{d}x \leqslant M(b-a).$$

证明　因为 $m \leqslant f(x) \leqslant M$, 所以

$$\int_a^b m\,\mathrm{d}x \leqslant \int_a^b f(x)\,\mathrm{d}x \leqslant \int_a^b M\,\mathrm{d}x,$$

从而

$$m(b-a) \leqslant \int_a^b f(x)\,\mathrm{d}x \leqslant M(b-a).$$

性质 7(积分中值定理)　　设函数 $f(x)$ 在区间 $[a,b]$ 上连续,则至少存在一个点 $\xi \in [a,b]$,使

$$\int_a^b f(x)\,\mathrm{d}x = f(\xi)(b-a) \quad (a \leqslant \xi \leqslant b).$$

证明　由性质 6,

$$m(b-a) \leqslant \int_a^b f(x)\,\mathrm{d}x \leqslant M(b-a),$$

各项除以 $b-a$ 得

$$m \leqslant \frac{1}{b-a} \int_a^b f(x)\,\mathrm{d}x \leqslant M,$$

再由连续函数的介值定理,在 $[a,b]$ 上至少存在一点 ξ,使

$$f(\xi) = \frac{1}{b-a}\int_a^b f(x)\,\mathrm{d}x,$$

于是两端乘以 $b-a$ 得中值公式

$$\int_a^b f(x)\,\mathrm{d}x = f(\xi)(b-a).$$

积分中值定理有以下的几何解释:若 $f(x)$ 在 $[a,b]$ 上连续且非负,定理表明在 $[a,b]$ 上至少存在一点 ξ,使得以 $[a,b]$ 为底边、曲线 $y=f(x)$ 为曲边的曲边梯形的面积,与同底、高为 $f(\xi)$ 的矩形的面积相等,如图 5-6 所示. 因此从几何角度看,$f(\xi)$ 可以看作曲边梯形的曲顶的平均高度;从函数值角度上看,$f(\xi)$ 理所当然地应该是 $f(x)$ 在 $[a,b]$ 上的平均值. 积分中值定理解决了如何求连续变化量的平均值问题.

例 3 试比较 $\int_1^2 \ln x\,\mathrm{d}x$ 与 $\int_1^2 \ln^2 x\,\mathrm{d}x$ 的大小.

解 当 $x \in [1,2]$ 时,$0 \leqslant \ln x < 1$,所以
$$\ln x \geqslant \ln^2 x,$$
由性质 5 可知
$$\int_1^2 \ln x\,\mathrm{d}x \geqslant \int_1^2 \ln^2 x\,\mathrm{d}x.$$

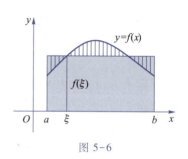

图 5-6

例 4 估计定积分 $\int_1^3 \mathrm{e}^x\,\mathrm{d}x$ 的值.

解 $f(x) = \mathrm{e}^x$ 是指数函数,由指数函数的性质可知,$f(x)$ 在 $[1,3]$ 上的最大值为 e^3,最小值为 e. 因此,由性质 6 可得

$$\mathrm{e}(3-1) \leqslant \int_1^3 \mathrm{e}^x\,\mathrm{d}x \leqslant \mathrm{e}^3(3-1),$$

即

$$2\mathrm{e} \leqslant \int_1^3 \mathrm{e}^x\,\mathrm{d}x \leqslant 2\mathrm{e}^3.$$

习题 5.1

1. 利用定积分的几何意义确定下列定积分的值.

(1) $\int_0^1 2x\,\mathrm{d}x$;　　　　(2) $\int_0^1 \sqrt{1-x^2}\,\mathrm{d}x$;

(3) $\int_{-\pi}^{\pi} \sin x\,\mathrm{d}x$;　　　(4) $\int_{-1}^2 |x|\,\mathrm{d}x$.

2. 比较下列定积分的大小.

(1) $\int_0^1 x^2\,\mathrm{d}x$ 与 $\int_0^1 x^3\,\mathrm{d}x$;

(2) $\int_1^2 x^2\,\mathrm{d}x$ 与 $\int_1^2 x^3\,\mathrm{d}x$;

(3) $\int_3^4 \ln x\,\mathrm{d}x$ 与 $\int_3^4 (\ln x)^2\,\mathrm{d}x$;

(4) $\int_0^1 x\,\mathrm{d}x$ 与 $\int_0^1 \ln(1+x)\,\mathrm{d}x$;

$(5) \int_0^1 \mathrm{e}^x \mathrm{d}x$ 与 $\int_0^1 (1+x) \mathrm{d}x$.

3. 估计下列定积分.

$(1) \int_1^2 \dfrac{x}{x^2+1} \mathrm{d}x$;　　　　$(2) \int_{-1}^2 \mathrm{e}^{-x^2} \mathrm{d}x$.

§5.2　微积分基本公式

利用定积分的定义计算定积分是很烦琐的,有时甚至无法计算. 因此需要寻找一种较简单的计算定积分的方法. 定积分与实际问题是紧密相连的,为此我们先从具体实例中探求定积分计算的新思路.

实例　以速度 $v(t)$ 做变速直线运动的物体,其运动方程为 $s=s(t)$,在时间间隔 $[a,b]$ 内行进的路程可用定积分表示为 $s=\int_a^b v(t)\mathrm{d}t$,自然也等于 $s(b)-s(a)$,即

$$\int_a^b v(t)\mathrm{d}t = s(b) - s(a), \tag{1}$$

注意到 $s'(t)=v(t)$,所以定积分是被积函数的原函数在积分上下限取值之差.

事实上,由上述变速运动的路程公式 (1),显然有

$$\int_a^x v(t)\mathrm{d}t = s(x) - s(a) \quad (a < x < b),$$

等号两边都是关于 x 的函数,若两边同时对 x 求导,并注意到 $s'(t)=v(t)$,可得到积分与微分的互逆关系

$$\frac{\mathrm{d}}{\mathrm{d}x} \int_a^x v(t)\mathrm{d}t = v(x). \tag{2}$$

对于速度和路程而言,(1)式和(2)式都成立. 接下来的问题,就是要舍去这些特殊的、具体的背景,寻找该式成立的本质,将式子推广到一般的问题上去.

5.2.1　积分上限函数

积分上限
函数

设函数 $f(t)$ 在 $[a,b]$ 上可积,则对每个 $x\in[a,b]$,有一个确定的值 $\int_a^x f(t)\mathrm{d}t$ 与之对应,因此可以按对应规律 $x\in[a,b]\to\int_a^x f(t)\mathrm{d}t$ 定义一个函数

$$\Phi(x) = \int_a^x f(t)\mathrm{d}t, \quad x\in[a,b]. \tag{3}$$

称函数 $\Phi(x)$ 为**积分上限函数**,或**变上限定积分**.

注意　积分上限函数 $\Phi(x)$ 是 x 的函数,与积分变量是 t 或 u 等无关. 它的几何意义如图 5-7 所示.

这个函数 $\Phi(x)$ 具有下面的定理 1 所指出的重要性质.

定理 1　设函数 $f(x)$ 在 $[a,b]$ 上连续,则以 (3) 式定义的积分上限函数 $\Phi(x)$ 在 $[a,b]$ 上可导,且

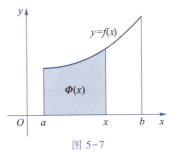

图 5-7

$$\varPhi'(x) = \left[\int_a^x f(t)\,dt \right]' = f(x), x \in [a,b].$$

证明 任取 $x \in [a,b]$，增量 Δx 满足 $x + \Delta x \in [a,b]$，$\varPhi(x)$ 对应的改变量

$$\Delta\varPhi = \varPhi(x + \Delta x) - \varPhi(x) = \int_a^{x+\Delta x} f(t)\,dt - \int_a^x f(t)\,dt$$

$$= \left[\int_a^x f(t)\,dt + \int_x^{x+\Delta x} f(t)\,dt \right] - \int_a^x f(t)\,dt = \int_x^{x+\Delta x} f(t)\,dt,$$

由积分中值定理

$$\Delta\varPhi = f(\xi) \cdot \Delta x, \quad 即 \quad \frac{\Delta\varPhi}{\Delta x} = f(\xi) \quad (\xi 介于 x 和 x+\Delta x 之间).$$

当 $\Delta x \to 0$ 时，$\xi \to x$；而 $f(x)$ 在区间 $[a,b]$ 上连续，所以 $\lim\limits_{\Delta x \to 0} f(\xi) = f(x)$，于是

$$\lim_{\Delta x \to 0} \frac{\Delta\varPhi}{\Delta x} = f(x),$$

即 $\varPhi(x)$ 在 x 处可导，且

$$\varPhi'(x) = f(x), \quad x \in [a,b].$$

这说明，连续函数 $f(x)$ 在区间 $[a,b]$ 取变上限 x 的定积分然后求导，其结果还原为 $f(x)$ 本身。由于 $\varPhi(x)$ 是连续函数 $f(x)$ 的一个原函数，故可得到定理 2。

定理 2（原函数存在定理） 如果 $f(x)$ 在区间 $[a,b]$ 上连续，则其在 $[a,b]$ 上的原函数一定存在，且 $\varPhi(x) = \int_a^x f(t)\,dt$ 是其中的一个原函数。

此定理的重要意义在于，一方面肯定了连续函数的原函数是存在的，另一方面初步揭示了积分学中定积分与原函数之间的关系，即

$$\int_a^b f(x)\,dt = \varPhi(b) - \varPhi(a).$$

因此，我们就可以通过原函数来计算定积分。

例 1 求 $\dfrac{d}{dx} \int_0^x e^t \sin t\,dt$。

解 $\dfrac{d}{dx} \int_0^x e^t \sin t\,dt = e^x \sin x$。

例 2 求 $\dfrac{d}{dx} \int_x^0 \tan(1 + 3t)\,dt$。

解 $\dfrac{d}{dx} \int_x^0 \tan(1 + 3t)\,dt = \dfrac{d}{dx} \left[-\int_0^x \tan(1 + 3t)\,dt \right] = -\tan(1 + 3x)$。

例 3 求 $\dfrac{d}{dx} \int_a^{x^2} e^t \cos 2t\,dt$。

解 记 $\varPhi(u) = \int_a^u e^t \cos 2t\,dt$，则 $\int_a^{x^2} e^t \cos 2t\,dt = \varPhi(x^2)$。根据复合函数求导法则，有

$$\frac{d}{dx} \int_a^{x^2} e^t \cos 2t\,dt = \left[\frac{d}{du} \int_a^u e^t \cos 2t\,dt \right] \cdot \frac{du}{dx} = e^u \cos 2u \cdot 2x = 2x\,e^{x^2} \cos 2x^2.$$

一般地，

$$\left[\int_a^{\varphi(x)} f(t)\,dt \right]' = f[\varphi(x)]\varphi'(x).$$

例 4　求 $\lim\limits_{x \to 0} \dfrac{\int_0^x \sin t \, dt}{x^2}$.

解　因为 $\lim\limits_{x \to 0} \int_0^x \sin t \, dt = 0$，所以 $\lim\limits_{x \to 0} \dfrac{\int_0^x \sin t \, dt}{x^2}$ 是一个 $\dfrac{0}{0}$ 型未定式极限，可利用洛必

达法则计算.

$$\lim_{x \to 0} \frac{\int_0^x \sin t \, dt}{x^2} = \lim_{x \to 0} \frac{\left(\int_0^x \sin t \, dt\right)'}{(x^2)'} = \lim_{x \to 0} \frac{\sin x}{2x} = \frac{1}{2}.$$

5.2.2　牛顿-莱布尼茨公式

定理 3（牛顿-莱布尼茨公式）　设 $f(x)$ 在区间 $[a,b]$ 上连续，$F(x)$ 是 $f(x)$ 在 $[a,b]$ 上的一个原函数，则

$$\int_a^b f(x) \, dx = F(x) \Big|_a^b = F(b) - F(a). \tag{4}$$

微积分基本定理

证明　由定理 1 知，$\int_a^x f(t) \, dt$ 是 $f(x)$ 在 $[a,b]$ 上的一个原函数，由题设知，$F(x)$ 是 $f(x)$ 在 $[a,b]$ 上的一个原函数，根据原函数的性质，得

$$\int_a^x f(t) \, dt = F(x) + C \quad (a \le x \le b, C \text{ 为常数}).$$

在上式中，分别令 $x = b, x = a$，得

$$\int_a^b f(t) \, dt = F(b) + C, \quad 0 = F(a) + C.$$

所以

$$\int_a^b f(x) \, dx = F(b) - F(a).$$

公式（4）称为牛顿（Newton）-莱布尼茨（Leibniz）公式，简称 N-L 公式. 它把求定积分问题转化为求原函数问题，给出了计算定积分的一个简单而有效的方法，因此，公式（4）又被称为**微积分基本公式**.

例 5　求下列定积分.

（1）$\int_0^1 x^3 \, dx$；（2）$\int_{-1}^{\sqrt{3}} \dfrac{1}{1 + x^2} \, dx$.

解　（1）$\dfrac{1}{4} x^4$ 是 x^3 的一个原函数，由牛顿-莱布尼茨公式，

$$\int_0^1 x^3 \, dx = \frac{x^4}{4} \Big|_0^1 = \frac{1}{4}.$$

（2）$\arctan x$ 是 $\dfrac{1}{1+x^2}$ 的一个原函数，由牛顿-莱布尼茨公式，

$$\int_{-1}^{\sqrt{3}} \frac{1}{1 + x^2} \, dx = \arctan x \Big|_{-1}^{\sqrt{3}} = \arctan \sqrt{3} - \arctan(-1) = \frac{\pi}{3} - \left(-\frac{\pi}{4}\right) = \frac{7}{12}\pi.$$

例 6 求下列定积分.

$(1)\int_0^4|3-x|\,\mathrm{d}x$; $(2)\int_0^{2\pi}|\sin x|\,\mathrm{d}x$.

解 (1) 因为

$$|3-x|=\begin{cases}3-x,0\leqslant x<3,\\x-3,3\leqslant x\leqslant 4,\end{cases}$$

所以 $\int_0^4|3-x|\,\mathrm{d}x=\int_0^3(3-x)\,\mathrm{d}x+\int_3^4(x-3)\,\mathrm{d}x=-\frac{1}{2}(3-x)^2\Big|_0^3+\frac{1}{2}(x-3)^2\Big|_3^4=5$;

$(2)\int_0^{2\pi}|\sin x|\,\mathrm{d}x=\int_0^{\pi}\sin x\mathrm{d}x+\int_{\pi}^{2\pi}(-\sin x)\,\mathrm{d}x=-\cos x\Big|_0^{\pi}+\cos x\Big|_{\pi}^{2\pi}$

$$=-(-1-1)+[1-(-1)]=4.$$

例 7 火车以 72 km/h 的速度行驶,在到达某车站前以等加速度 $a=-2.5$ m/s² 刹车,问火车需要在到站前多远处开始刹车,可使火车到站时停稳?

解 首先计算开始刹车到停止所需的时间,即速度从 $v_0=72$ km/h $=20$ m/s 到 $v=0$ 的时间. 因为开始刹车后火车以每秒 2.5 m 减速,由匀加速运动公式

$$v(t)=v_0+at=20-2.5t,$$

令 $v(t)=0$,得 $t=8$ s.

以开始刹车作为计时开始,即 $t=0$,则在 $t=0$ 到 $t=8$ 之间火车行进的路程为

$$s=\int_0^8 v(t)\,\mathrm{d}t=\int_0^8(20-2.5t)\,\mathrm{d}t=\left[20t-\frac{5}{4}t^2\right]\Big|_0^8=80\text{ m}.$$

所以火车需要在到站前 80 m 开始刹车,才可使火车到站时停稳.

习题 5.2

1. 求下列函数的导数.

$(1)\ \dfrac{\mathrm{d}}{\mathrm{d}x}\int_0^x\sqrt{1+t^3}\,\mathrm{d}t$;

$(2)\ y=\int_x^{-1}te^{-t}\,\mathrm{d}t$;

$(3)\ \dfrac{\mathrm{d}}{\mathrm{d}x}\int_0^{\cos x}\sin(\pi t^2)\,\mathrm{d}t$;

$(4)\ y=\int_{x^3}^{x^2}e^t\,\mathrm{d}t$;

$(5)\ \begin{cases}x=\int_0^t\sin u\mathrm{d}u,\\y=\int_0^t\cos u\mathrm{d}u.\end{cases}$

2. 求下列定积分.

$(1)\ \int_{-1}^0\dfrac{3x^4+3x^2+1}{x^2+1}\,\mathrm{d}x$;

$(2)\ \int_0^{\frac{1}{2}}\dfrac{1}{\sqrt{1-x^2}}\,\mathrm{d}x$;

$(3)\ \int_4^9\sqrt{x}(1+\sqrt{x})\,\mathrm{d}x$;

$(4)\ \int_{-1}^2|x|\,\mathrm{d}x$;

$(5)\ \int_0^{\pi}\sqrt{1+\cos 2x}\,\mathrm{d}x$;

$(6)\ \int_0^{\frac{\pi}{2}}|\sin x-\cos x|\,\mathrm{d}x$.

3. 求下列极限.

$(1)\ \lim\limits_{x\to 0}\dfrac{\displaystyle\int_0^x \cos t^2 \mathrm{d}t}{x}$;

$(2)\ \lim\limits_{x\to 0}\dfrac{\displaystyle\int_0^x \arctan t\,\mathrm{d}t}{x^2}$.

4. 设 $f(x)=\begin{cases} x^2+1, & -1\leqslant x\leqslant 0, \\ x+1, & 0<x<1, \end{cases}$ 求 $\displaystyle\int_{-\frac{1}{2}}^{\frac{1}{2}} f(x)\,\mathrm{d}x.$

5. 质点做直线运动,其速度 $v(t)=2t+3$ m/s,求在前 10 s 内质点所经过的路程.

§5.3 定积分的换元积分法和分部积分法

牛顿-莱布尼茨公式告诉我们,计算连续函数 $f(x)$ 的定积分 $\displaystyle\int_a^b f(x)\,\mathrm{d}x$ 可以转化为求 $f(x)$ 的原函数在区间 $[a,b]$ 上的增量. 这说明连续函数的定积分计算与不定积分计算有着密切的联系. 对于不定积分,我们可以用换元积分法和分部积分法,那么对于定积分呢? 可以考虑将不定积分的换元积分法和分部积分法类似地应用于定积分的计算.

5.3.1 定积分的换元法

定理 1 设函数 $f(x)$ 在区间 $[a,b]$ 上连续,函数 $x=\varphi(t)$ 满足:

(1) $\varphi(\alpha)=a,\varphi(\beta)=b$;

(2) $x=\varphi(t)$ 在 $[\alpha,\beta]$(或 $[\beta,\alpha]$)上具有连续的一阶导数,且 $\varphi'(t)\neq 0.$

则有

$$\int_a^b f(x)\,\mathrm{d}x = \int_\alpha^\beta f[\varphi(t)]\varphi'(t)\,\mathrm{d}t.$$

定积分的换元积分法

例 1 计算 $\displaystyle\int_0^{\frac{\pi}{2}} \sin^2 x\cos x\,\mathrm{d}x.$

解 设 $t=\sin x$,则 $\mathrm{d}t=\cos x\mathrm{d}x.$ 当 $x=0$ 时,$t=0$;当 $x=\dfrac{\pi}{2}$ 时,$t=1.$ 于是

$$\int_0^{\frac{\pi}{2}} \sin^2 x\cos x\,\mathrm{d}x = \int_0^1 t^2\,\mathrm{d}t = \frac{1}{3}t^3\bigg|_0^1 = \frac{1}{3}.$$

此例中,如果我们不明显地写出新变量 t,那么定积分的上下限就不需要变更,而是直接求出原函数,运用牛顿-莱布尼茨公式就可以得到结果. 计算过程如下:

$$\int_0^{\frac{\pi}{2}} \sin^2 x\cos x\,\mathrm{d}x = \int_0^{\frac{\pi}{2}} \sin^2 x\mathrm{d}\sin x = \frac{1}{3}\sin^3 x\bigg|_0^{\frac{\pi}{2}} = \frac{1}{3}.$$

例 2 计算 $\displaystyle\int_0^2 \dfrac{x}{1+x^2}\mathrm{d}x.$

解 $\displaystyle\int_0^2 \dfrac{x}{1+x^2}\mathrm{d}x = \dfrac{1}{2}\int_0^2 \dfrac{\mathrm{d}(1+x^2)}{1+x^2} = \dfrac{1}{2}\ln(1+x^2)\bigg|_0^2 = \dfrac{1}{2}\ln 5.$

例 3 计算 $\displaystyle\int_1^4 \dfrac{1}{x+\sqrt{x}}\mathrm{d}x.$

解 令 $t=\sqrt{x}$,即 $x=t^2,\mathrm{d}x=2t\mathrm{d}t.$

（原题中积分区间 $[1,4]$ 是 x 的变化范围，积分变量换作 t 后，积分区间要随之改变.）

当 $x=1$ 时，$t=1$；当 $x=4$ 时，$t=2$，即当 x 从 1 变到 4 时，t 从 1 变到 2. 故

$$\int_1^4 \frac{1}{x+\sqrt{x}} \mathrm{d}x = \int_1^2 \frac{2t\mathrm{d}t}{t^2+t} = 2\int_1^2 \frac{\mathrm{d}t}{t+1} = 2\ln(t+1) \Big|_1^2 = 2\ln\frac{3}{2}.$$

从此例可以看出，应用换元积分法计算定积分时，要注意两点：

（1）换元必须换限. 用 $x=\varphi(t)$ 把原来的积分变量 x 代换成新变量 t 时，积分限也要换成相应于新变量 t 的积分限.

（2）定积分的换元积分法不必把结果中的 $\varphi(t)$ 换成原来的变量 x，而只要把新变量的上下限代入 $F[\varphi(t)]$ 进行运算即可.

例 4 计算下列定积分.

（1）$\displaystyle\int_0^{\ln 2} \sqrt{\mathrm{e}^x-1}\,\mathrm{d}x$；   （2）$\displaystyle\int_0^a \sqrt{a^2-x^2}\,\mathrm{d}x$.

解 （1）令 $\sqrt{\mathrm{e}^x-1}=t$，$x=\ln(t^2+1)$，$\mathrm{d}x=\dfrac{2t}{t^2+1}\mathrm{d}t$.

当 $x=0$ 时，$t=0$；当 $x=\ln 2$ 时，$t=1$. 故

$$\int_0^{\ln 2} \sqrt{\mathrm{e}^x-1}\,\mathrm{d}x = \int_0^1 t\cdot\frac{2t}{t^2+1}\mathrm{d}t = 2\int_0^1 \left(1-\frac{1}{t^2+1}\right)\mathrm{d}t = 2(t-\arctan t)\Big|_0^1 = 2\left(1-\frac{\pi}{4}\right).$$

（2）令 $x=a\sin t$，$\mathrm{d}x=a\cos t\mathrm{d}t$.

当 $x=0$ 时，$t=0$；当 $x=a$ 时，$t=\dfrac{\pi}{2}$，故

$$\int_0^a \sqrt{a^2-x^2}\,\mathrm{d}x = \int_0^{\frac{\pi}{2}} a\cos t\cdot a\cos t\mathrm{d}t = \frac{a^2}{2}\int_0^{\frac{\pi}{2}}(1+\cos 2t)\mathrm{d}t$$

$$= \frac{a^2}{2}\left(t+\frac{1}{2}\sin 2t\right)\Big|_0^{\frac{\pi}{2}} = \frac{1}{4}\pi a^2.$$

例 5 设函数 $f(x)$ 在闭区间 $[-a,a]$ 上连续，证明：

（1）当 $f(x)$ 为奇函数时，$\displaystyle\int_{-a}^a f(x)\mathrm{d}x = 0$；

（2）当 $f(x)$ 为偶函数时，$\displaystyle\int_{-a}^a f(x)\mathrm{d}x = 2\int_0^a f(x)\mathrm{d}x$.

证明 $\displaystyle\int_{-a}^a f(x)\mathrm{d}x = \int_{-a}^0 f(x)\mathrm{d}x + \int_0^a f(x)\mathrm{d}x$.

对 $\displaystyle\int_{-a}^0 f(x)\mathrm{d}x$ 进行换元：令 $x=-t$，则 $\mathrm{d}x=-\mathrm{d}t$，当 $x=-a$ 时，$t=a$；当 $x=0$ 时，$t=0$. 于是

$$\int_{-a}^0 f(x)\mathrm{d}x = \int_a^0 f(-t)\,\mathrm{d}(-t) = \int_0^a f(-t)\,\mathrm{d}t,$$

从而

$$\int_{-a}^a f(x)\mathrm{d}x = \int_0^a f(-t)\,\mathrm{d}t + \int_0^a f(x)\mathrm{d}x = \int_0^a [f(-x)+f(x)]\mathrm{d}x.$$

（1）当 $f(x)$ 为奇函数时，有 $f(-x)+f(x)=0$，所以

$$\int_{-a}^{a} f(x)\,dx = 0 ;$$

（2）当 $f(x)$ 为偶函数时，有 $f(-x)+f(x)=2f(x)$，所以

$$\int_{-a}^{a} f(x)\,dx = 2\int_{0}^{a} f(x)\,dx.$$

本例所证明的等式，称为奇、偶函数在对称区间上的积分性质. 在理论和计算中经常会用这个结论. 从直观上看，这个性质反映了对称区间上奇函数的正负面积相消、偶函数面积是半区间上面积的两倍这样一个事实，如图 5-8、图 5-9 所示.

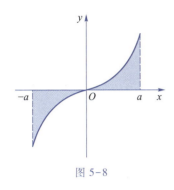

图 5-8

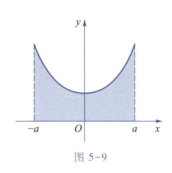

图 5-9

例 6 计算下列定积分.

（1）$\displaystyle\int_{-1}^{1} \frac{x^3}{1+x^2}dx$ ；（2）$\displaystyle\int_{-1}^{1} |x|\,dx$ ；（3）$\displaystyle\int_{-\frac{\pi}{4}}^{\frac{\pi}{4}} \frac{1+x^3}{\cos^2 x}dx$.

解 （1）由于 $f(x) = \dfrac{x^3}{1+x^2}$ 是 $[-1,1]$ 上的奇函数，所以

$$\int_{-1}^{1} \frac{x^3}{1+x^2}dx = 0.$$

（2）由于 $f(x) = |x|$ 是 $[-1,1]$ 上的偶函数，所以

$$\int_{-1}^{1} |x|\,dx = 2\int_{0}^{1} x\,dx = 2 \cdot \frac{1}{2}x^2 \bigg|_{0}^{1} = 1.$$

（3）由于 $\dfrac{1}{\cos^2 x}$ 是 $\left[-\dfrac{\pi}{4},\dfrac{\pi}{4}\right]$ 上的偶函数，$\dfrac{x^3}{\cos^2 x}$ 是 $\left[-\dfrac{\pi}{4},\dfrac{\pi}{4}\right]$ 上的奇函数，所以

$$\int_{-\frac{\pi}{4}}^{\frac{\pi}{4}} \frac{1+x^3}{\cos^2 x}dx = \int_{-\frac{\pi}{4}}^{\frac{\pi}{4}} \frac{1}{\cos^2 x}dx + \int_{-\frac{\pi}{4}}^{\frac{\pi}{4}} \frac{x^3}{\cos^2 x}dx$$

$$= 2\int_{0}^{\frac{\pi}{4}} \frac{1}{\cos^2 x}dx + 0 = 2\tan x \bigg|_{0}^{\frac{\pi}{4}} = 2.$$

5.3.2 定积分的分部积分法

定理 2（定积分的分部积分公式） 设 $u'(x),v'(x)$ 在区间 $[a,b]$ 上连续，则

$$\int_{a}^{b} u(x)v'(x)\,dx = \left[u(x)v(x)\right]_{a}^{b} - \int_{a}^{b} v(x)u'(x)\,dx ,$$

或简写为

定积分的分
部积分法

$$\int_a^b u\mathrm{d}v = \left[uv\right]_a^b - \int_a^b v\mathrm{d}u.$$

例 7 计算 $\displaystyle\int_0^\pi x\cos x\mathrm{d}x.$

解 $\displaystyle\int_0^\pi x\cos x\mathrm{d}x = (x\sin x)\Big|_0^\pi - \int_0^\pi \sin x\mathrm{d}x = 0+\cos x\Big|_0^\pi = -2.$

例 8 计算 $\displaystyle\int_0^{2\pi} \mathrm{e}^x\cos x\mathrm{d}x.$

解 $\displaystyle\int_0^{2\pi} \mathrm{e}^x\cos x\mathrm{d}x = \int_0^{2\pi}\cos x\mathrm{d}(\mathrm{e}^x) = \mathrm{e}^x\cos x\Big|_0^{2\pi} - \int_0^{2\pi}\mathrm{e}^x\mathrm{d}(\cos x)$

$$= (\mathrm{e}^{2\pi}-1) + \int_0^{2\pi}\sin x\mathrm{d}(\mathrm{e}^x)$$

$$= (\mathrm{e}^{2\pi}-1) + \mathrm{e}^x\sin x\Big|_0^{2\pi} - \int_0^{2\pi}\mathrm{e}^x\mathrm{d}(\sin x)$$

$$= (\mathrm{e}^{2\pi}-1) - \int_0^{2\pi}\mathrm{e}^x\cos x\mathrm{d}x.$$

移项得

$$2\int_0^{2\pi}\mathrm{e}^x\cos x\mathrm{d}x = \mathrm{e}^{2\pi}-1,$$

所以

$$\int_0^{2\pi}\mathrm{e}^x\cos x\mathrm{d}x = \frac{1}{2}(\mathrm{e}^{2\pi}-1).$$

例 9 计算 $\displaystyle\int_0^1 \mathrm{e}^{\sqrt{x}}\mathrm{d}x.$

解 令 $\sqrt{x}=t$，则 $x=t^2, \mathrm{d}x=2t\mathrm{d}t.$
当 $x=0$ 时，$t=0$；当 $x=1$ 时，$t=1.$ 于是

$$\int_0^1 \mathrm{e}^{\sqrt{x}}\mathrm{d}x = 2\int_0^1 t\mathrm{e}^t\mathrm{d}t = 2\int_0^1 t\mathrm{d}\mathrm{e}^t = 2\left(t\mathrm{e}^t\Big|_0^1 - \int_0^1\mathrm{e}^t\mathrm{d}t\right) = 2\left(\mathrm{e} - \mathrm{e}^t\Big|_0^1\right) = 2.$$

习题 5.3

1. 计算下列定积分.

(1) $\displaystyle\int_0^1 \frac{x^2}{1+x^6}\mathrm{d}x$；

(2) $\displaystyle\int_0^\pi \frac{\sin x\mathrm{d}x}{1+\cos^2 x}$；

(3) $\displaystyle\int_0^{\frac{\pi}{\omega}}\sin^2(\omega t+\varphi)\mathrm{d}t$；

(4) $\displaystyle\int_0^{\frac{\pi}{4}}\tan^3 x\mathrm{d}x$；

(5) $\displaystyle\int_0^3 \frac{1}{\sqrt{1+x}+1}\mathrm{d}x$；

(6) $\displaystyle\int_0^\pi \sqrt{1-\sin x}\,\mathrm{d}x.$

2. 计算下列定积分.

(1) $\displaystyle\int_0^1 x^2\mathrm{e}^x\mathrm{d}x$；

(2) $\displaystyle\int_0^1 \arctan x\mathrm{d}x$；

(3) $\displaystyle\int_0^\pi x\cos x\mathrm{d}x$；

(4) $\displaystyle\int_0^{\frac{\pi}{2}}\mathrm{e}^x\sin x\mathrm{d}x$；

(5) $\displaystyle\int_1^2 x\ln\sqrt{x}\,\mathrm{d}x$；

(6) $\displaystyle\int_{\frac{1}{e}}^e |\ln x|\mathrm{d}x.$

3. 利用函数的奇偶性计算下列定积分.

(1) $\displaystyle\int_{-\pi}^\pi (2x^4+x)\sin x\mathrm{d}x$；

(2) $\displaystyle\int_{-1}^1 \frac{2+\sin x}{\sqrt{4-x^2}}\mathrm{d}x$；

（3）$\int_{-1}^{1} |x| \ln(x + \sqrt{1 + x^2}) \mathrm{d}x$.

4. 设 $f(x)$ 有一个原函数 $\dfrac{\sin x}{x}$，求 $\int_{\frac{\pi}{2}}^{\pi} x f'(x) \mathrm{d}x$.

5. 设 $f(x)$ 在 $[0,1]$ 上连续，试利用代换 $x = \pi - t$ 证明：

$$\int_0^{\pi} x f(\sin x) \mathrm{d}x = \frac{\pi}{2} \int_0^{\pi} f(\sin x) \mathrm{d}x.$$

§5.4　广　义　积　分①

前面讨论的定积分,其积分区间是有限的,被积函数也是有界的(特别是连续的). 但在实际问题中,也会遇到积分区间是无穷区间,或者被积函数是无界函数的积分. 在本节中,我们只探讨前者,对于后者,感兴趣的同学可以参阅本章末的拓展提高.

引例　如图 5-10 所示,若求以 $y = \dfrac{1}{x^2}$ 为曲顶、$\left[\dfrac{1}{2}, A\right]$ 为底的单曲边梯形的面积 $S(A)$,则是一个典型的定积分问题,

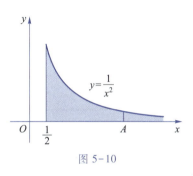

图 5-10

$$S(A) = \int_{\frac{1}{2}}^{A} \frac{1}{x^2} \mathrm{d}x = 2 - \frac{1}{A}.$$

现在若要求由 $x = \dfrac{1}{2}$,$y = \dfrac{1}{x^2}$ 和 x 轴所"界定"

的图形的"面积"S,则因为面积累积区间是 $\left[\dfrac{1}{2}, +\infty\right)$,它已经不是定积分问题了. 也就是说,它不能再通过区间分割、局部近似、无限加细求极限的步骤来处理. 但可以通过 $S(A)$,即定积分的极限来得到 S:

$$S = \lim_{A \to +\infty} \int_{\frac{1}{2}}^{A} \frac{1}{x^2} \mathrm{d}x = \lim_{A \to +\infty} S(A) = \lim_{A \to +\infty} \left(2 - \frac{1}{A}\right) = 2.$$

定义　设函数 $f(x)$ 在 $[a, +\infty)$ 上连续,取 $A > a$,则称

$$\int_a^{+\infty} f(x) \mathrm{d}x = \lim_{A \to +\infty} \int_a^{A} f(x) \mathrm{d}x \tag{1}$$

为 $f(x)$ 在 $[a, +\infty)$ 上的广义积分. 如果极限 $\lim\limits_{A \to +\infty} \int_a^{A} f(x) \mathrm{d}x$ 存在,则称广义积分 $\int_a^{+\infty} f(x) \mathrm{d}x$ **收敛**,并将此极限称为广义积分 $\int_a^{+\infty} f(x) \mathrm{d}x$ 的**值**;如果极限 $\lim\limits_{A \to +\infty} \int_a^{A} f(x) \mathrm{d}x$ 不存在,则称广义积分 $\int_a^{+\infty} f(x) \mathrm{d}x$ **发散**.

类似地,可以定义函数 $f(x)$ 在 $(-\infty, b]$ 上的广义积分

---

① 广义积分又称为反常积分.

$$\int_{-\infty}^{b} f(x) \, dx = \lim_{A \to -\infty} \int_{A}^{b} f(x) \, dx. \tag{2}$$

如果极限 $\lim\limits_{A \to -\infty} \int_{A}^{b} f(x) \, dx$ 存在,则称广义积分 $\int_{-\infty}^{b} f(x) \, dx$ **收敛**,并将此极限称为广义积分 $\int_{-\infty}^{b} f(x) \, dx$ 的**值**;如果极限 $\lim\limits_{A \to -\infty} \int_{A}^{b} f(x) \, dx$ 不存在,则称广义积分 $\int_{-\infty}^{b} f(x) \, dx$ **发散**.

设函数 $f(x)$ 在 $(-\infty, +\infty)$ 上连续,如果广义积分 $\int_{-\infty}^{a} f(x) \, dx$ 和 $\int_{a}^{+\infty} f(x) \, dx$ 都收敛(其中 a 为任一实数),则广义积分

$$\int_{-\infty}^{+\infty} f(x) \, dx = \lim_{A \to +\infty} \int_{-A}^{a} f(x) \, dx + \lim_{B \to +\infty} \int_{a}^{B} f(x) \, dx. \tag{3}$$

例 1 计算下列广义积分.

(1) $\int_{0}^{+\infty} x e^{-x^2} \, dx$;(2) $\int_{-\infty}^{-1} \dfrac{1}{x^2} \, dx$.

解 (1) $\int_{0}^{+\infty} x e^{-x^2} \, dx = \lim\limits_{A \to +\infty} \int_{0}^{A} x e^{-x^2} \, dx = -\dfrac{1}{2} \lim\limits_{A \to +\infty} \int_{0}^{A} e^{-x^2} \, d(-x^2)$

$$= -\frac{1}{2} \lim_{A \to +\infty} e^{-x^2} \Big|_{0}^{A} = -\frac{1}{2} \lim_{A \to +\infty} (e^{-A^2} - 1) = \frac{1}{2}.$$

(2) $\int_{-\infty}^{-1} \dfrac{1}{x^2} \, dx = \lim\limits_{A \to -\infty} \int_{A}^{-1} \dfrac{1}{x^2} \, dx = \lim\limits_{A \to -\infty} \left(-\dfrac{1}{x} \Big|_{A}^{-1} \right)$

$$= \lim_{A \to -\infty} \left(1 + \frac{1}{A} \right) = 1.$$

为了书写方便,在计算无穷区间上的广义积分的过程中,常常将极限符号省去,形式上利用牛顿-莱布尼茨公式直接计算. 即

$$\int_{a}^{+\infty} f(x) \, dx = F(x) \Big|_{a}^{+\infty},$$

$$\int_{-\infty}^{b} f(x) \, dx = F(x) \Big|_{-\infty}^{b},$$

$$\int_{-\infty}^{+\infty} f(x) \, dx = F(x) \Big|_{-\infty}^{+\infty}.$$

注意 在用非常数项代入原函数时,就是计算自变量在此变化趋势下函数的极限.

例 2 计算 $\int_{-\infty}^{+\infty} \dfrac{1}{1 + x^2} \, dx$.

解 $\int_{-\infty}^{+\infty} \dfrac{1}{1 + x^2} \, dx = \arctan x \Big|_{-\infty}^{+\infty} = \dfrac{\pi}{2} - \left(-\dfrac{\pi}{2} \right) = \pi.$

这个广义积分的几何意义是:当 $a \to -\infty$,$b \to +\infty$ 时,虽然图 5-11 中阴影部分向左右无限延伸,但其面积却有极限值 π.

例 3 讨论 $\displaystyle\int_2^{+\infty}\frac{\mathrm{d}x}{x\ln x}$ 的敛散性.

解
$$\int_2^{+\infty}\frac{\mathrm{d}x}{x\ln x}=\int_2^{+\infty}\frac{\mathrm{d}(\ln x)}{\ln x}$$

$$=\ln(\ln x)\Big|_2^{+\infty}=+\infty,$$

所以广义积分 $\displaystyle\int_2^{+\infty}\frac{\mathrm{d}x}{x\ln x}$ 是发散的.

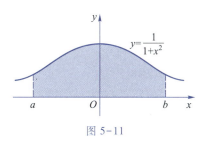

图 5-11

习题 5.4

下列广义积分是否收敛？若收敛,求出它的值.

(1) $\displaystyle\int_{\frac{1}{e}}^{+\infty}\frac{\ln x}{x}\mathrm{d}x$;　　　　　(2) $\displaystyle\int_0^{+\infty}\frac{x}{(1+x)^3}\mathrm{d}x$;　　　　　(3) $\displaystyle\int_{-\infty}^{0}\frac{2x}{x^2+1}\mathrm{d}x$;

(4) $\displaystyle\int_0^{+\infty}\mathrm{e}^{-\sqrt{x}}\mathrm{d}x$;　　　　　(5) $\displaystyle\int_{-\infty}^{+\infty}x\mathrm{e}^{-\frac{x^2}{2}}\mathrm{d}x$.

§5.5　定积分的 MATLAB 计算

在 MATLAB 软件中,用于求函数定积分的指令是 int,具体使用格式如下:

$$\text{int(functions, variable, a,b)}$$

返回函数 functions 在 [a,b] 上的定积分,variable 为计算结果指定变量,若缺省则默认变量为预设独立变量.

例 1 求 $\displaystyle\int_0^1\mathrm{e}^x(3+\mathrm{e}^{-x})\mathrm{d}x$.

解 输入命令:

```
>> syms x;
>>f ='exp(x)*(3+exp(-x))';
>>I =int(f,x,0,1)
```

输出结果:

```
I =
    3*exp(1)-2.
```

例 2 求 $\displaystyle\int_{-1}^{1}\frac{\mathrm{d}x}{1+x^2}$.

解 输入命令:

```
>> syms x;
>>f ='1/(1+x^2)';
>>I =int(f,x,-1,1)
```

输出结果:

```
I =
    1/2*pi.
```

例 3 求 $\int_{\frac{\pi}{2}}^{\pi} \frac{1}{x} \sin \frac{1}{x^2} \mathrm{d}x.$

解 输入命令：

```
>> syms x;
>>f ='(1/x)*sin(1/x^2)';
>>I =int(f,x,pi/2,pi)
```

输出结果：

```
I =
    sinint(4/pi^2)/2 - sinint(1/pi^2)/2.
```

例 4 求 $\int_{0}^{1} \sqrt{1+x^2} \mathrm{d}x.$

解 输入命令：

```
>> syms x;
>>f ='sqrt(1+x^2)';
>>I =int(f,x,0,1)
```

输出结果：

```
I =
    log(2^(1/2) + 1)/2 + 2^(1/2)/2.
```

例 5 求 $\int_{0}^{1} \sqrt{1+x^2} \mathrm{d}x.$

解 输入命令：

```
>> syms x;
>>f ='sqrt(1+x^2)';
>>I =int(f,x,0,1)
```

输出结果：

```
I =
    1/4*pi.
```

例 6 求 $\int_{0}^{1} \ln(1+x) \mathrm{d}x.$

解 输入命令：

```
>> syms x;
>>f ='log(1+x)';
>>I =int(f,x,0,1)
```

输出结果：

```
I =
    2*log(2)-1.
```

例 7 求 $\int_{-\infty}^{+\infty} \frac{1}{1+x^2} \mathrm{d}x.$

解 输入命令：

```
>> syms x;
```

```
>> f ='1/(1+x^2)';
>> I =int(f,x,-inf,inf)
```
输出结果:
```
I =
    pi.
```

习题 5.5

写出计算下列定积分的 MATLAB 程序.

$(1) \displaystyle\int_0^1 \frac{1}{1+x^2}dx;$ $\qquad (2) \displaystyle\int_0^3 \frac{1}{\sqrt{1+x}+1}dx;$ $\qquad (3) \displaystyle\int_1^{+\infty} \frac{1}{x^4}dx;$

$(4) \displaystyle\int_0^2 (4x^3-2x)dx;$ $\qquad (5) \displaystyle\int_1^2 x\ln\sqrt{x}\,dx;$ $\qquad (6) \displaystyle\int_0^{+\infty} \frac{x}{(1+x)^3}dx.$

§ 5.6 微 元 法

为正确灵活地应用定积分解决实际问题,我们首先从引入定积分概念的实例中总结出应用定积分解决实际问题的一般方法——**微元法**.其主要过程为:**化整为零、微量近似、积零为整、极限求精**.

以下我们首先回顾一下曲边梯形面积的计算方法和步骤.

设 $f(x)$ 在区间 $[a,b]$ 上连续,且 $f(x)\geq 0$,求以曲线 $y=f(x)$ 为曲边,底为 $[a,b]$ 的曲边梯形的面积 A.

(1) 化整为零

用任意一组分点 $a=x_0<x_1<\cdots<x_{i-1}<x_i<\cdots<x_n=b$ 将区间分成 n 个小区间 $[x_{i-1},x_i]$,其长度为 $\Delta x_i=x_i-x_{i-1}(i=1,2,\cdots,n)$,并记 $\lambda=\max\{\Delta x_1,\Delta x_2,\cdots,\Delta x_n\}$,相应地,原曲边梯形被划分成 n 个小曲边梯形,第 i 个小曲边梯形的面积记为 ΔA_i,于是有

$$A=\sum_{i=1}^n \Delta A_i.$$

(2) 微量近似(以不变高代替变高)

以矩形代替曲边梯形,给出微量的近似值

$$\Delta A_i \approx f(\xi_i)\Delta x_i,$$

其中 $\xi_i \in [x_{i-1},x_i](i=1,2,\cdots,n)$.

(3) 积零为整

给出"整"的近似值

$$A \approx \sum_{i=1}^n f(\xi_i)\Delta x_i.$$

(4) 极限求精

取极限,使近似值向精确值转化

$$A=\lim_{\lambda\to 0}\sum_{i=1}^n f(\xi_i)\Delta x_i=\int_a^b f(x)dx.$$

观察上述四步我们发现,第二步最关键.因为最后的被积表达式的形式就是在这一步被确定的(ξ_i 换为 x,Δx_i 换为 $\mathrm{d}x$,即 $\Delta A \approx f(x)\mathrm{d}x$),其中 $f(x)\mathrm{d}x$ 称为所求面积 A 的**微元**.而要实现上述变量记号的改变,只要在区间 $[a,b]$ 内任取一子区间 $[x,x+\mathrm{d}x]$,以 $\mathrm{d}x$ 为底宽,$f(x)$ 为高的小矩形的面积近似代替小曲边梯形的面积即可.

而第三、第四两步可以合并成一步,在区间 $[a,b]$ 上无限累加,即在 $[a,b]$ 上积分.至于第一步,它只是指明所求量具有可加性,这是 A 能用定积分计算的前提,于是,上述四步简化后形成了实用的微元法.

下面我们具体介绍利用微元法求解问题的条件和步骤.

能用微元法计算的量 A,应满足下列三个条件:

(1) A 与变量 x 的变化区间 $[a,b]$ 有关;

(2) A 对于区间 $[a,b]$ 具有可加性;

(3) A 的部分量 ΔA_i 可近似地表示成 $f(\xi_i)\Delta x_i$.

用微元法求总量 A 的具体步骤:

第一步 根据问题,选取一个变量 x 为积分变量,并确定它的变化区间 $[a,b]$.

第二步 将区间 $[a,b]$ 分成若干个小区间,取其中的任一小区间 $[x,x+\mathrm{d}x]$,求出它所对应的部分量 ΔA 的近似值

$$\Delta A \approx f(x)\mathrm{d}x \quad (f(x) \text{为} [a,b] \text{上的连续函数}).$$

称 $f(x)\mathrm{d}x$ 为量 A 的微元,且记作

$$\mathrm{d}A = f(x)\mathrm{d}x.$$

第三步 以 A 的微元 $\mathrm{d}A$ 作被积表达式,以 $[a,b]$ 为积分区间,得

$$A = \int_a^b f(x)\mathrm{d}x.$$

注意 (1) 微元法也叫作元素法,其实质是找出 A 的微元 $\mathrm{d}A$ 的微分表达式

$$\mathrm{d}A = f(x)\mathrm{d}x \quad (a \leqslant x \leqslant b).$$

(2) 用微元法求总量的关键是求出微元的表达式,这需要分析问题的实际意义及数量关系,一般按在局部 $[x,x+\mathrm{d}x]$ 上,以"常代变""匀代不匀""直代曲"的思路(局部线性化),写出局部上所求量的近似值,即为微元 $\mathrm{d}A = f(x)\mathrm{d}x$.

§5.7 定积分在几何中的应用

5.7.1 平面图形的面积

1. 直角坐标情形

(1) X 型平面图形的面积

把由直线 $x=a$,$x=b(a<b)$ 及两条连续曲线 $y=f_1(x)$,$y=f_2(x)(f_1(x) \leqslant f_2(x))$ 所围成的平面图形称为 **X 型图形**(图 5–12).其面积用 A 表示.

由微元法,取横坐标 x 为积分变量,$x \in [a,b]$.在区间 $[a,b]$ 上任取一微段 $[x,x+\mathrm{d}x]$,该微段上的图形的面积 $\mathrm{d}A$ 可以用高为 $f_2(x)-f_1(x)$、底为 $\mathrm{d}x$ 的矩形的面积近似代替.因此

$$dA = [f_2(x) - f_1(x)] dx,$$

从而

$$A = \int_a^b [f_2(x) - f_1(x)] dx. \tag{1}$$

（2）Y 型平面图形的面积

把由直线 $y = c, y = d (c < d)$ 及两条连续曲线 $x = g_1(y), x = g_2(y) (g_1(y) \leqslant g_2(y))$ 所围成的平面图形称为 **Y 型图形**（图 5-13）.

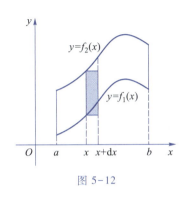

图 5-12

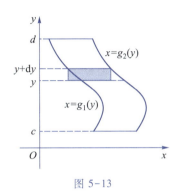

图 5-13

由微元法, 类似可得其面积：

$$A = \int_c^d [g_2(y) - g_1(y)] dy. \tag{2}$$

注意 构成图形中的两条直线, 有时也可能退化为点. 对于非 X 型、非 Y 型平面图形, 我们可以进行适当的分割, 划分成若干个 X 型图形和 Y 型图形, 然后利用公式（1）,（2）求面积.

将平面图形的面积表示为定积分, 关键在于选择积分变量, 因此我们要会区分 X 型与 Y 型平面图形. 其观察方法如下：

上下为单一曲线, 取 x 为积分变量；

左右为单一曲线, 取 y 为积分变量.

其中单一曲线指的是能用一个解析式表示的曲线.

例 1 求由两条抛物线 $y^2 = x, y = x^2$ 所围成图形的面积 A.

解 解方程组 $\begin{cases} y^2 = x, \\ y = x^2, \end{cases}$ 得交点 $(0,0), (1,1)$. 平面图形如图 5-14 所示.

将该平面图形视为 X 型图形, 确定积分变量为 x, 积分区间为 $[0,1]$. 由公式（1）, 所求图形的面积为

$$A = \int_0^1 (\sqrt{x} - x^2) dx = \left(\frac{2}{3} x^{\frac{3}{2}} - \frac{1}{3} x^3 \right) \Big|_0^1 = \frac{1}{3}.$$

例 2 求由直线 $y = x, y = 2x$ 与直线 $y = 2$ 所围成图形的面积 A.

解 解方程组 $\begin{cases} y = x, \\ y = 2, \end{cases}$ $\begin{cases} y = 2x, \\ y = 2, \end{cases}$ $\begin{cases} y = x, \\ y = 2x, \end{cases}$ 得交点 $(0,0), (1,2), (2,2)$. 平面图形如图 5-15 所示.

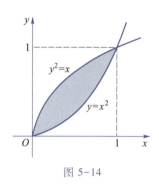

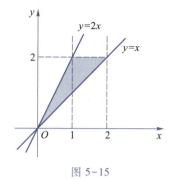

图 5-14 图 5-15

将该平面图形视为 Y 型图形,确定积分变量为 y,积分区间为 $[0,2]$. 由公式(2)所求图形的面积为

$$A = \int_0^2 \left(y - \frac{y}{2}\right) \mathrm{d}y = \frac{1}{4}y^2 \bigg|_0^2 = 1.$$

在有些问题中,X 型或 Y 型的平面图形的曲线边界由参数方程 $\begin{cases} x = \varphi(t), \\ y = \psi(t) \end{cases}$ 表示积分时较为方便,此时,仍可以使用公式(1)或(2)来计算它的面积,只是在计算过程中要为曲边方程作换元.

例 3 求椭圆 $\dfrac{x^2}{a^2} + \dfrac{y^2}{b^2} = 1$ 所围成的图形的面积.

解 椭圆关于两坐标轴都对称(图 5-16),所以椭圆围成的图形的面积为 $A = 4A_1$,其中 A_1 为该椭圆在第一象限部分与两坐标轴所围成的面积,因此,$A = 4A_1 = 4\int_0^a y\mathrm{d}x$.

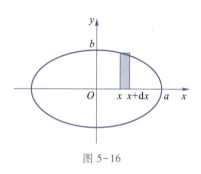

利用椭圆的参数方程 $\begin{cases} x = a\cos t, \\ y = b\sin t \end{cases}$ $\left(0 \leq t \leq \dfrac{\pi}{2}\right)$,

应用定积分换元法,令 $x = a\cos t$,则 $y = b\sin t$,$\mathrm{d}x = -a\sin t\mathrm{d}t$.

图 5-16

当 x 由 0 变到 a 时,t 由 $\dfrac{\pi}{2}$ 变到 0,所以

$$A = 4\int_{\frac{\pi}{2}}^0 b\sin t(-a\sin t)\mathrm{d}t = 4ab\int_0^{\frac{\pi}{2}} \sin^2 t\mathrm{d}t = 4ab \cdot \frac{1}{2} \cdot \frac{\pi}{2} = \pi ab.$$

当 $a = b$ 时,就得到大家所熟悉的圆的面积公式 $A = \pi a^2$.

*2. 极坐标情形

(1) 极坐标系

一般地,在平面上取一点 O,自点 O 引一条射线 OX,同时确定一个长度单位和计算角度的正方向(通常取逆时针方向为正方向),这样就建立了一个极坐标系,其中 O 称为极点,射线 OX 称为极轴.

那么,极坐标系内一点的位置如何用极坐标来表示呢?

设 M 是平面上的任意一点,用 r 表示线段 OM 的长度,用 θ 表示以射线 OX 为始边,射线 OM 为终边所成的角. 那么,有序数对 (r,θ) 就叫作 M 的极坐标. 显然,每一个有序数对 (r,θ) 决定一个点的位置. 其中,r 叫作点 M 的极径,θ 叫作点 M 的极角.

(2) 曲边扇形的面积

当某些平面图形的边界曲线用极坐标方程表示比较方便时,我们可以考虑用极坐标来计算这些平面图形的面积.

如图 5-17 所示,平面图形由曲线 $r=r(\theta)$ 及两条射线 $\theta=\alpha$,$\theta=\beta(\alpha<\beta)$ 所围成,称此平面图形为曲边扇形.

在 $[\alpha,\beta]$ 上任取一微段 $[\theta,\theta+\mathrm{d}\theta]$,这个角内的小曲边扇形面积可用点 θ 处的函数值 $r(\theta)$ 为半径,中心角为 $\mathrm{d}\theta$ 的圆扇形面积近似代替,从而得到面积微元

$$\mathrm{d}A = \frac{1}{2}[r(\theta)]^2\mathrm{d}\theta,$$

所以

$$A = \frac{1}{2}\int_{\alpha}^{\beta}[r(\theta)]^2\mathrm{d}\theta. \tag{3}$$

例 4 求双纽线 $r^2 = a^2\sin 2\theta$ 所围成的图形的面积(图 5-18).

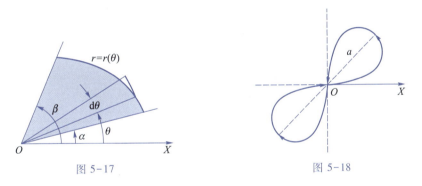

图 5-17   图 5-18

解 图形如 5-18 所示. 因为双纽线的对称性,所以所求图形的面积 A 是极轴上方图形 A_1 的两倍. 极轴上方部分所对应的极角变化范围为 $\theta \in \left[0,\dfrac{\pi}{2}\right]$,由公式(3),所求图形的面积

$$A = 2 \times \frac{1}{2}\int_{\alpha}^{\beta}[r(\theta)]^2\mathrm{d}\theta$$

$$= \int_{0}^{\frac{\pi}{2}} a^2\sin 2\theta\,\mathrm{d}\theta = a^2\left(-\frac{1}{2}\cos 2\theta\right)\Big|_{0}^{\frac{\pi}{2}} = a^2.$$

5.7.2 空间立体的体积

1. 平行截面面积已知的立体体积

设有一立体,它夹在垂直于 x 轴的两个平面 $x=a$,$x=b$ 之间,其中 $a<b$,如图 5-19 所示.

如果用任意垂直于 x 轴的平面去截它,所得的截交面面积为 $A(x)$,则用微元法可以得到立体的体积 V 的计算公式,具体步骤如下.

过微段 $[x,x+dx]$ 两端作垂直于 x 轴的平面,截得一立体微元,对应体积微元 $dV=A(x)dx$,因此立体体积为

$$V=\int_a^b A(x)dx. \tag{4}$$

注意 (1)对于表达式 $dV=A(x)dx$,读者可以理解为:在微段 $[x,x+dx]$ 上,用底面积为 $A(x)$,高为 dx 的柱体体积来近似代替截得的立体体积.

(2)这里的截交面面积 $A(x)$ 必须可以用公式计算得到.

例 5 经过如图 5-20 所示的椭圆柱体的底面的短轴与底面交成角 α 的一平面,可截得椭圆柱体的一块楔形块,求此楔形块的体积 V.

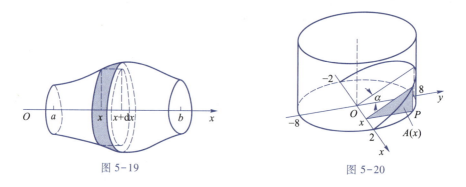

图 5-19   图 5-20

解 如图 5-20 所示,椭圆方程为

$$\frac{x^2}{4}+\frac{y^2}{64}=1.$$

过任意 $x\in[-2,2]$ 处作垂直于 x 轴的平面,与楔形块截交面为图 5-20 所示的直角三角形,其面积为

$$A(x)=\frac{1}{2}y\cdot y\tan\alpha=\frac{1}{2}y^2\tan\alpha=32\left(1-\frac{x^2}{4}\right)\tan\alpha=8(4-x^2)\tan\alpha.$$

应用公式(4),得

$$V=\int_{-2}^2 8\tan\alpha(4-x^2)dx=16\tan\alpha\int_0^2(4-x^2)dx=\frac{256}{3}\tan\alpha.$$

从图像上可知:所求立体的截面是一个直角三角形,其面积可以直接计算.当然,除了直角三角形外,还可能有其他的图形.以下我们介绍一种截面是圆的情形.

2. 旋转体的体积

旋转体就是由一个平面图形绕这平面内的一条直线 l 旋转一周而成的空间立体,其中直线 l 称为该旋转体的旋转轴.

对于旋转体来说,如果用垂直于旋转轴的平面去截它,则得到的截面是圆或者是圆环.而这两种图形的面积,我们都可以用公式计算.因此,求旋转体的体积,我们就可以用公式(4)来计算.下面我们分两种情况来介绍:

（1）X 型图形的曲边梯形绕 x 轴旋转得到的旋转体

该图形的一般情况如图 5-21 所示.

设曲边方程为 $y=f(x)$，$x\in[a,b]$（$a<b$），旋转体体积记作 V_x. 过任意 $x\in[a,b]$ 处作垂直于 x 轴的截面，所得截面是半径为 $|f(x)|$ 的圆，因此截面面积

$$A(x)=\pi|f(x)|^2.$$

应用公式（4），即得

$$V_x=\pi\int_a^b[f(x)]^2\mathrm{d}x. \tag{5}$$

例 6　证明：高为 h，底面半径为 r 的圆锥体的体积等于 $\dfrac{1}{3}\pi r^2 h$.

证明　如图 5-22 所示.

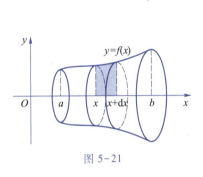

图 5-21

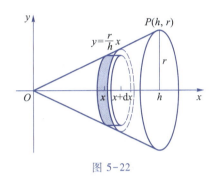

图 5-22

将圆锥体看成是一直角三角形绕一直角边旋转一周而成的. 设圆锥的旋转轴重合于 x 轴，则直角三角形斜边的方程为 $y=\dfrac{r}{h}x$，所以，由公式（5）得圆锥的体积为

$$V=\pi\int_0^h\left(\frac{r}{h}x\right)^2\mathrm{d}x=\frac{\pi r^2}{h^2}\left(\frac{1}{3}x^3\right)\Big|_0^h=\frac{1}{3}\pi r^2 h.$$

例 7　求曲线 $y=\sin x$（$0\le x\le\pi$）绕 x 轴旋转一周所得的旋转体体积 V.

解
$$V=\pi\int_a^b[f(x)]^2\mathrm{d}x=\pi\int_0^\pi(\sin x)^2\mathrm{d}x$$
$$=\frac{\pi}{2}\int_0^\pi(1-\cos 2x)\mathrm{d}x=\frac{\pi}{2}\left(x-\frac{\sin 2x}{2}\right)\Big|_0^\pi$$
$$=\frac{\pi^2}{2}.$$

（2）Y 型图形的曲边梯形绕 y 轴旋转得到的旋转体

该图形的一般情况如图 5-23 所示.

设曲边方程为 $x=g(y)$，$y\in[c,d]$（$c<d$），旋转体体积记作 V_y. 类似可得 V_y 的计算公式

$$V_y=\pi\int_c^d[g(y)]^2\mathrm{d}y. \tag{6}$$

例 8　求由抛物线 $y=\sqrt{x}$ 与直线 $y=0$，$y=1$ 和 y 轴围

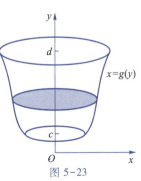

图 5-23

成的平面图形,绕 y 轴旋转而成的旋转体的体积 V_y.

解 抛物线方程改写为 $x=y^2, y \in [0,1]$. 由公式(6)可得所求旋转体的体积为

$$V_y = \pi \int_0^1 (y^2)^2 dy = \int_0^1 y^4 dy = \frac{\pi}{5} y^5 \Big|_0^1 = \frac{\pi}{5}.$$

*5.7.3 平面曲线的弧长

1. 直角坐标情形

设曲线弧由直角坐标方程 $y=f(x)(a \leqslant x \leqslant b)$ 给出,且 $f(x)$ 具有一阶连续导数,则该曲线弧是一条光滑曲线. 现在用微元法来计算该曲线弧的长度.

如图 5-24 所示,取横坐标 x 为积分变量,其变化区间为 $[a,b]$. 在曲线弧上任意取一微段 $[x,x+dx]$,对应的曲线微段为 $\overset{\frown}{AB}$,用曲线弧在点 A 处的切线上相应的一小段长度 AP 来近似代替.

于是得曲线长度微元 ds 的计算公式

$$ds = \sqrt{(dx)^2+(dy)^2}, \tag{7}$$

得到的公式称为**弧微分公式**. 以曲线弧的方程 $y=f(x)$ 代入,得

$$ds = \sqrt{1+[f'(x)]^2} dx.$$

由微元法即得直角坐标方程表示的曲线长度的一般计算公式

$$s = \int_a^b ds = \int_a^b \sqrt{1+[f'(x)]^2} dx. \tag{8}$$

若曲线弧由方程 $x=g(y)(c \leqslant y \leqslant d)$ 给出,则 $g'(y)$ 在 $[c,d]$ 上连续,根据弧微分公式(7)及微元法,同样可得曲线弧的弧长计算公式为

$$s = \int_c^d \sqrt{1+[g'(y)]^2} dy. \tag{9}$$

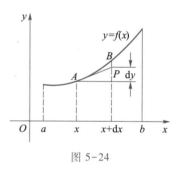

图 5-24

例 9 求悬链线 $y=\dfrac{e^x+e^{-x}}{2}$ 从 $x=0$ 到 $x=a$ 那一段的弧长 s(图 5-25).

解 因为

$$y' = \frac{e^x-e^{-x}}{2},$$

故 $$ds = \sqrt{1+[f'(x)]^2} dx = \sqrt{1+\left(\frac{e^x-e^{-x}}{2}\right)^2} dx$$

$$= \frac{e^x+e^{-x}}{2} dx,$$

由公式(8)得所求弧长为

$$s = \int_0^a \frac{e^x+e^{-x}}{2} dx = \frac{e^a-e^{-a}}{2}.$$

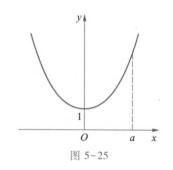

图 5-25

2. 参数方程情形

设曲线弧由参数方程 $\begin{cases} x=\varphi(t), \\ y=\psi(t), \end{cases} t \in [\alpha,\beta]$ 给出, 其中 $\varphi'(t), \Psi'(t)$ 在 $[\alpha,\beta]$ 上连续且不同时为零. 现在计算该曲线弧的长度.

取参数 t 为积分变量, 它的变化区间为 $[\alpha,\beta]$. 此时对应于参数微段 $[t,t+\mathrm{d}t]$ 的长度微元可用参数方程代入弧微分公式后得到

$$\mathrm{d}s = \sqrt{(\mathrm{d}x)^2+(\mathrm{d}y)^2} = \sqrt{[\varphi'(t)]^2+[\psi'(t)]^2}\,\mathrm{d}t,$$

由微元法即得曲线 C 的长度计算公式

$$s = \int_\alpha^\beta \sqrt{[\varphi'(t)]^2 + [\psi'(t)]^2}\,\mathrm{d}t. \tag{10}$$

例 10 求摆线一拱 $\begin{cases} x=a(t-\sin t), \\ y=a(1-\cos t) \end{cases} (a>0, t \in [0,2\pi])$ 的长 s.

解 由弧长公式 (10), 可得

$$s = \int_0^{2\pi} \sqrt{[\varphi'(t)]^2 + [\psi'(t)]^2}\,\mathrm{d}t = a\int_0^{2\pi} \sqrt{2(1-\cos t)}\,\mathrm{d}t$$

$$= 2a\int_0^{2\pi} \sin\frac{t}{2}\mathrm{d}t = 8a.$$

3. 极坐标情形

设曲线弧以极坐标方程 $r=r(\theta), \theta \in [\alpha,\beta]$ 给出, 其中 $r'(\theta)$ 在 $[\alpha,\beta]$ 上连续. 现在来计算该曲线弧的长度.

根据直角坐标与极坐标之间的关系, 相当于曲线弧以参数方程

$$\begin{cases} x=\varphi(\theta)=r(\theta)\cos\theta, \\ y=\psi(\theta)=r(\theta)\sin\theta, \end{cases} \theta \in [\alpha,\beta]$$

给出. 求出

$$\sqrt{[\varphi'(t)]^2+[\psi'(t)]^2} = \sqrt{(r'\cos\theta-r\sin\theta)^2+(r'\sin\theta+r\cos\theta)^2}$$

$$= \sqrt{[r'(\theta)]^2+[r(\theta)]^2},$$

即得对应于参数微段 $[\theta,\theta+\mathrm{d}\theta]$ 的长度微元

$$\mathrm{d}s = \sqrt{[r'(\theta)]^2+[r(\theta)]^2}\,\mathrm{d}\theta.$$

仍然应用微元法, 得到弧长的计算公式为

$$s = \int_\alpha^\beta \sqrt{[r'(\theta)]^2 + [r(\theta)]^2}\,\mathrm{d}\theta. \tag{11}$$

例 11 求心形线 $r=a(1+\cos\theta) (a>0)$ (图 5-26) 的全长.

解 易知 $\theta \in [0,2\pi]$. 又因为心形线关于极轴对称, 全长是其半长的两倍, 所以 $\theta \in [0,\pi]$. 代入公式 (11) 得

$$s = 2\int_0^\pi \sqrt{[r'(\theta)]^2 + [r(\theta)]^2}\,\mathrm{d}\theta$$

$$= 2\int_0^\pi a\sqrt{2(1+\cos\theta)}\,\mathrm{d}\theta$$

$$= 2\int_0^\pi 2a\cos\frac{\theta}{2}\mathrm{d}\theta = 8a.$$

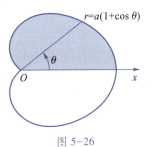

图 5-26

习题 5.7

1. 求下列曲线围成的平面图形的面积.

(1) $y = a - x^2 (a > 0)$, x 轴;

(2) $xy = 1$, $y = x$, $y = 2$;

(3) $y = x^2$, $y = 2 - x^2$;

(4) $y = x^3$, $x = 0$, $y = 1$;

(5) $y = \sin x \left(x \in \left[0, \dfrac{\pi}{2} \right] \right)$, $x = 0$, $y = 1$;

(6) $\sqrt{x} + \sqrt{y} = 1$, x 轴, y 轴;

(7) $y = 2 - x^2$, $y = 2x + 2$;

(8) $y = \ln x$, y 轴, $y = \ln a$, $y = \ln b \, (b > a > 0)$.

*2. 求下列曲线围成图形的面积.

(1) 心形线 $r = a(1 + \cos \theta)$, $a > 0$;

(2) 阿基米德螺线 $r = a\theta$ 一圈 (即 $\theta \in [0, 2\pi]$);

(3) $\begin{cases} x = a\cos^3 t, \\ y = a\sin^3 t. \end{cases}$

*3. 求下列弧长.

(1) $y = \dfrac{x^2}{4} - \dfrac{\ln x}{2}$ 相应于 $1 \leqslant x \leqslant e$ 的一段;

(2) $y = \ln x$ 上相应于 $x = \sqrt{3}$ 到 $x = \sqrt{8}$ 的一段;

(3) $y^2 = \dfrac{x}{9}(3 - x)^2$ 相应于 $1 \leqslant x \leqslant 3$ 的一段;

(4) 阿基米德螺线 $r = a\theta$ 一圈 (即 $\theta \in [0, 2\pi]$) 的弧长.

*§5.8 定积分在物理与经济学中的应用

5.8.1 定积分在物理中的应用

1. 变力做功

从物理学知道, 如果物体在一个常力 F 的作用下, 沿力的方向做直线运动, 则当物体移动距离 s 时, F 所做的功为

$$W = F \cdot s.$$

但在实际问题中, 往往遇到物体所受的力 F 方向不变, 但其大小随着位移而连续变化, 例如, 弹簧的拉力、电场力等都是变力, 这就是变力做功的问题. 下面通过具体例子说明如何计算此类问题.

例 1 一个电荷量为 q 的点电荷位于原点 O, 它形成一个电场. 根据库仑定律, 与 O 点相距为 r 的单位正电荷所受电场力的大小为

$$F(r) = k\frac{q}{r^2}(k \text{ 为常数}).$$

求：（1）将单位正电荷从 $r=a$ 处移到 $r=b$ 处电场力所做的功（$a<b$）；

（2）将单位正电荷从 $r=a$ 处移到无穷远处电场力所做的功.

解 （1）建立坐标系如图 5-27 所示.

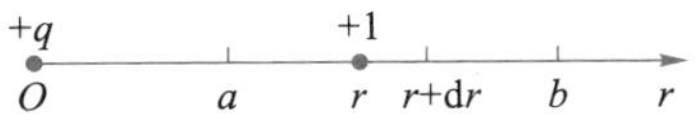

在上述移动过程中，电场对该单位正电荷的作用力是变的，因为作用力和移动路径在同一直线上，故以 r 为积分变量，它的变化区间为 $[a,b]$. 设 $[r,r+\mathrm{d}r]$ 为 $[a,b]$ 上的任一小区间. 当单位正电荷

图 5-27

从 r 移动到 $r+\mathrm{d}r$ 时，电场力对它所做的功近似于 $k\dfrac{q}{r^2}\mathrm{d}r$，即功微元

$$\mathrm{d}W = k\frac{q}{r^2}\mathrm{d}r.$$

于是所求的功

$$W = \int_a^b k\frac{q}{r^2}\mathrm{d}r = kq\left(-\frac{1}{r}\right)\Bigg|_a^b = kq\left(\frac{1}{a}-\frac{1}{b}\right).$$

（2）类似分析可得，将单位正电荷从 $r=a$ 处移到无穷远处电场力所做的功

$$W = \int_a^{+\infty} k\frac{q}{r^2}\mathrm{d}r = kq\left(-\frac{1}{r}\right)\Bigg|_a^{+\infty} = \frac{kq}{a}.$$

例 2 已知 5 N 的力能使弹簧拉长 0.01 m，求使弹簧拉长 0.1 m 拉力所做的功.

解 以弹簧的初始位置作为坐标原点，建立坐标系，如图 5-28 所示.

由胡克定律知，在弹性限度内拉长弹簧所需的力与弹簧的伸长长度 x 成正比，即

$$F=kx, \text{其中 } k \text{ 为弹性系数}.$$

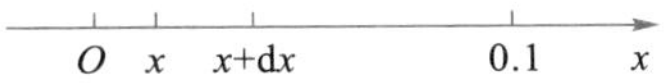

图 5-28

已知当 $x=0.01$ m 时，$F=5$ N，于是 $k=500$ N/m，所以外力需要克服的弹力为

$$F=500x.$$

取 x 为积分变量，其变化区间为 $[0,0.1]$. 在 $[0,0.1]$ 上任取一小区间 $[x,x+\mathrm{d}x]$，当弹簧从 x 移动到 $x+\mathrm{d}x$ 时，拉力所做的功近似于 $500x\mathrm{d}x$，即功微元

$$\mathrm{d}W = 500x\mathrm{d}x.$$

于是所求的功

$$W = \int_0^{0.1} 500x\mathrm{d}x = (250x^2)\Bigg|_0^{0.1} = 2.5 \text{ J}.$$

下面再举一个计算功的例子，它虽然不是一个变力做功问题，但也可用定积分来计算.

例 3 一圆柱形的贮水桶高为 5 m,底面半径为 3 m,桶内盛满了水.试问要把桶内的水全部吸出需做多少功?

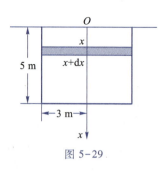

图 5-29

解 建立坐标系,如图 5-29 所示.

取深度 x(单位为 m)为积分变量,它的变化区间为 $[0,5]$.对应于 $[0,5]$ 上任一小区间 $[x,x+dx]$ 的一薄层水的高度为 dx,若重力加速度 g 取 9.8 m/s²,则该薄水层的重力为 $9.8\pi \cdot 3^2 dx$ kN.把这薄水层吸出桶外需做的功

$$dW = 88.2\pi x dx,$$

此即功元素.于是,所求的功

$$W = \int_0^5 88.2\pi x dx = 88.2\pi \left(\frac{x^2}{2}\right)\Big|_0^5 = 88.2\pi \cdot \frac{25}{2} \approx 3\ 462\ \text{kJ}.$$

2. 液体压力

从物理学知道,水深为 h 处的压强为 $p = \rho g h$(其中 ρ 是水的密度,g 是重力加速度,h 是深度).如果有一面积为 A 的平板水平地放置在水深为 h 处,则平板一侧所受的水压力为

$$P = p \cdot A,$$

如果平板铅直放置在水中,那么,由于水深不同的点处压强 p 不相等,平板一侧所受的水压力就不能用上述方法计算.下面举例说明它的计算方法.

例 4 我国三峡工程是当今世界上最大的水利工程,为了结构稳定,其闸门设计形状通常是梯形.现设有一竖直的闸门,形状是等腰梯形,尺寸如图 5-30(a)所示.当水面齐闸门顶时,求闸门所受的水压力 P.

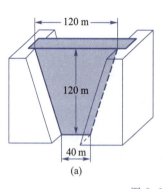
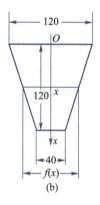

图 5-30

解 设深度为 x 处闸门的宽度为 $f(x)$.由图 5-30(b)知,应用相似三角形关系可得,

$$\frac{40}{120} = \frac{\frac{1}{2}[f(x)-40]}{120-x},$$

解出 $f(x) = 120 - \dfrac{2}{3}x$.

取 x 为积分变量，x 的变化区间为 $[0, 120]$. 在 $[0, 120]$ 的任取一小区间 $[x, x+dx]$ 上，相应的小窄条的面积可以用点 x 处以 $f(x)$ 为宽，以 dx 为高的矩形面积近似代替. 由于该小窄条各处距水面的深度近似于 x，从而这一小窄条上一侧所受水压力的近似值，即压力微元

$$dP = \rho g x f(x) dx.$$

水的密度 $\rho = 10^3 \text{ kg/m}^3$，重力加速度 $g = 9.8 \text{ m/s}^2$，所以闸门受水的总压力

$$\begin{aligned}
P &= \int_0^{120} \rho g x f(x) dx \\
&= 9.8 \times 10^3 \int_0^{120} x \left(120 - \frac{2}{3}x\right) dx \\
&= 9.8 \times 10^3 \left(60x^2 - \frac{2}{9}x^3\right) \Big|_0^{120} \approx 4.70 \times 10^9 \text{ N}.
\end{aligned}$$

5.8.2 定积分在经济学中的简单应用

例 5 某产品的边际收益为 $R'(x) = 100 - 0.01x$（x 的单位为件，R 的单位为元），求

（1）产品产量为 100 件时的总收入和平均收入；

（2）生产 100 件后，再生产 100 件时的收入.

解 （1）由边际收益与总收入的关系式 $R(x) = \int R'(t) dt$，可得产量为 100 件时的总收入

$$\begin{aligned}
R(x) &= \int_0^{100} R'(t) dt = \int_0^{100} (100 - 0.01x) dx \\
&= 10\,000 - 50 = 9\,950 \text{ 元},
\end{aligned}$$

这时的平均收入

$$\bar{R} = \frac{R}{100} = 99.5 \text{ 元}.$$

（2）生产 100 件后，再生产 100 件时的总收入

$$\begin{aligned}
R(x) &= \int_0^{200} R'(x) dx - \int_0^{100} R'(x) dx \\
&= \int_{100}^{200} R'(x) dx \\
&= \int_{100}^{200} (100 - 0.01x) dx \\
&= 10\,000 - 150 = 9\,850 \text{ 元}.
\end{aligned}$$

例 6 【本章导例】捕鱼成本问题

在鱼塘中捕鱼时，鱼越少捕鱼越困难，捕捞的成本也就越高. 若已知鱼的捕捞成本与池塘中鱼量的函数关系为 $C(x) = \dfrac{2\,000}{10+x}$（$x>0$）.

解 根据题意，当塘中鱼量为 x kg 时，捕捞成本函数为

$$C(x) = \frac{2\,000}{10+x} \quad (x>0).$$

假设塘中现有鱼量为 A kg,需要捕捞的鱼量为 T kg. 当我们已经捕捞了 x kg 鱼之后,塘中所剩的鱼量为 $(A-x)$ kg,此时再捕捞 Δx kg 鱼所需的成本

$$\Delta C = C(A-x)\Delta x = \frac{2\,000}{10+(A-x)}\Delta x.$$

因此,捕捞 T kg 鱼所需成本

$$C = \int_0^T \frac{2\,000}{10+(A-x)}\mathrm{d}x = -2\,000\ln(10+(A-x))\Big|_{x=0}^{x=T}$$

$$= 2\,000\ln\frac{10+A}{10+(A-T)} \ \text{元}.$$

将已知数据 $A = 10\,000$ kg,$T = 6\,000$ kg 代入,可计算出总捕捞成本为

$$C = 2\,000\ln\frac{10\,010}{4\,010} = 1\,829.59 \ \text{元}.$$

可以计算每千克鱼的平均捕捞成本为

$$\overline{C} = \frac{1\,829.59}{6\,000} \approx 0.30 \ \text{元}.$$

习题 5.8

1. 半径为 3 m 的半球形水池(图 5-31),池中充满了水,现要将水全部抽到水池上方 10 m 高处,问至少需要做多少功?

2. 有一个闸门,它的形状和尺寸如图 5-32 所示,水面距离闸顶 2 m,求闸门上受到的水的压力.

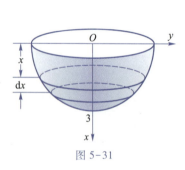

图 5-31

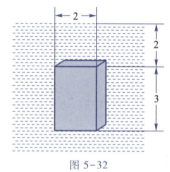

图 5-32

3. 由试验知道,弹簧在拉伸过程中,拉力与弹簧拉长的长度成正比,如果弹簧拉长 1 cm 需要 3 N 的力,试求把弹簧拉长 3 cm 所做的功.

4. 两个小球中心相距 r,各带同性电荷 Q_1,Q_2,其相互间的斥力可由库仑定律 $F = k\dfrac{Q_1 Q_2}{r^2}$($k$ 为常数)计算. 设当 $r = 0.5$ m 时,$F = 0.196$ N,今两球之距离自 $r = 0.75$ m 变为 $r = 1$ m,求电场力所做的功.

5. 边长为 a m 的正方形薄片直立地沉没在水中,它的一个顶点位于水平面而一对角线与水平面平行,求薄片一侧所受的水的压力.

6. 洒水车上的水箱是一个横放的椭圆柱体,端面椭圆的长轴长为 2 m,与水面平行,短轴长为 1.5 m,水箱长 4 m. 当水箱注满水时,水箱的一个端面所受的水的压力是多少? 当水箱里注有一半水时,水箱的一个端面所受的压力又是多少?

7. 已知某产品的边际收益为 $R'(x) = 200 - 0.03x^2$ (x 的单位为件,R 的单位为元),求产品产量为 100 件时的总收入和平均收入.

本 章 小 结

一、 主要内容

本章介绍了定积分的概念、性质,牛顿-莱布尼茨公式,定积分的换元积分法和分部积分法,广义积分,以及如何使用 MATLAB 软件计算定积分. 最后从定积分的定义和实际背景出发,归纳得出具有较强实用性的微元法,并应用微元法讨论了定积分在几何、物理以及经济学方面的一些简单应用.

二、 学习指导

1. 定积分的概念及重要结论

(1) 定积分的实际背景是解决已知变量的变化率,求它在某范围内的累积问题. 通过"分割,局部以不变代变得微量近似,求和得总量近似,取极限得精确总量"的一般解决过程,最后抽象得到定积分的概念,即

$$\int_a^b f(x)\,\mathrm{d}x = \lim_{\lambda \to 0} \sum_{i=1}^n f(\xi_i)\Delta x_i.$$

(2) 定积分的几何意义是由 $y=f(x)$,$x=a$,$x=b$ 与 x 轴围成区域面积的代数和.

(3) 定积分和不定积分是两个完全不同的概念,但它们之间又存在内在联系. 这种内在联系被微积分基本定理所证实:若 $f(x)$ 在 $[a,b]$ 上连续,则 $\left[\int_a^x f(t)\,\mathrm{d}t\right]' = f(x)$,即积分上限函数是连续被积函数的一个原函数,并由此导出牛顿-莱布尼茨公式:

$$\int_a^b f(x)\,\mathrm{d}x = F(x)\Big|_a^b = F(b) - F(a), \quad F(x) \text{ 为 } f(x) \text{ 的任一原函数.}$$

2. 定积分的计算

(1) 直接法

使用牛顿-莱布尼茨公式时,要注意公式的适用条件:

① 被积函数 $f(x)$ 在区间 $[a,b]$ 上连续,否则可能导致错误的结果;

② 若被积函数在积分区间上仅有有限个第一类间断点,或被积函数在积分区间上是分段函数,则可以以间断点或分段点把积分区间分成几段,逐段计算后相加;

③ 被积函数带有绝对值符号的情形,一般也可以化为分段函数来处理.

(2) 利用换元法计算定积分

在利用换元法时要注意:

① 在设代换 $x = \varphi(t)$ 或 $u = \varphi(x)$ 时,函数 φ 在相应区间上必须单调,且具有连续的导数;

② 换元的同时换限;

③ 在新的变量下求出原函数后,不必再还原到原来的积分变量,只要把新变量的上下限直接代入计算就可以了.

（3）利用定积分的分部积分法计算定积分

在不定积分中要用分部积分法求解的被积函数的类型,在定积分中一般用分部积分法求也比较有效;利用分部积分法计算定积分时,积分的上下限不需改变.

拓 展 提 高

1. 无界函数的广义积分

如果函数 $f(x)$ 在点 a 的任一邻域内无界,则称 a 是 $f(x)$ 的**瑕点**. 对在区间 $(a, b]$ 连续,而点 a 为瑕点的函数 $f(x)$,我们借用定积分的记号,引入记号 $\int_a^b f(x)\,\mathrm{d}x$,并称其为**无界函数 $f(x)$ 在 $(a, b]$ 上的广义积分**.

定义 设函数 $f(x)$ 在 $(a, b]$ 上连续,a 是 $f(x)$ 的瑕点,即 $\lim\limits_{x \to a^+} f(x) = \infty$;取 $\varepsilon > 0$,如果极限

$$\lim_{\varepsilon \to 0^+} \int_{a+\varepsilon}^b f(x)\,\mathrm{d}x$$

存在,则称广义积分 $\int_a^b f(x)\,\mathrm{d}x$ **收敛**,并称此极限为广义积分 $\int_a^b f(x)\,\mathrm{d}x$ 的**值**,即

$$\int_a^b f(x)\,\mathrm{d}x = \lim_{\varepsilon \to 0^+} \int_{a+\varepsilon}^b f(x)\,\mathrm{d}x ; \tag{1}$$

否则称广义积分 $\int_a^b f(x)\,\mathrm{d}x$ **发散**.

类似地,瑕点也可以是区间的右端点 b 或 $[a, b]$ 的中间点,并且可以类似于(1)定义广义积分:

$$\int_a^b f(x)\,\mathrm{d}x = \lim_{\varepsilon \to 0^+} \int_a^{b-\varepsilon} f(x)\,\mathrm{d}x ,$$

$$\int_a^b f(x)\,\mathrm{d}x = \lim_{\varepsilon_1 \to 0^+} \int_a^{c-\varepsilon_1} f(x)\,\mathrm{d}x + \lim_{\varepsilon_2 \to 0^+} \int_{c+\varepsilon_2}^b f(x)\,\mathrm{d}x. \tag{2}$$

它们也称为无界函数的广义积分. 所谓收敛,表示(2)式右边的极限都存在,否则就是发散的.

例 1 求 $\int_0^1 \dfrac{\mathrm{d}x}{\sqrt{1-x^2}}$ 的广义积分.

解 这是一个以 $x = 1$ 为瑕点的广义积分.

$$\int_0^1 \frac{\mathrm{d}x}{\sqrt{1-x^2}} = \lim_{\varepsilon \to 0^+} \int_0^{1-\varepsilon} \frac{\mathrm{d}x}{\sqrt{1-x^2}} = \lim_{\varepsilon \to 0^+} \arcsin x \Big|_0^{1-\varepsilon} = \lim_{\varepsilon \to 0^+} \arcsin(1-\varepsilon) = \frac{\pi}{2}.$$

例 2　计算 $\int_{-1}^{1} \dfrac{1}{x^2} \mathrm{d}x$.

解　这是一个以 $x = 0$ 为瑕点的广义积分.

$$\int_{-1}^{1} \frac{1}{x^2} \mathrm{d}x = \lim_{\varepsilon_1 \to 0^+} \int_{-1}^{-\varepsilon_1} \frac{1}{x^2} \mathrm{d}x + \lim_{\varepsilon_2 \to 0^+} \int_{\varepsilon_2}^{1} \frac{1}{x^2} \mathrm{d}x .$$

其中

$$\lim_{\varepsilon_1 \to 0^+} \int_{-1}^{-\varepsilon_1} \frac{1}{x^2} \mathrm{d}x = \lim_{\varepsilon_1 \to 0^+} -\frac{1}{x} \Big|_{-1}^{-\varepsilon_1} = \lim_{\varepsilon_1 \to 0^+} \left(\frac{1}{\varepsilon_1} - 1 \right) = +\infty ,$$

极限不存在,故广义积分 $\int_{-1}^{1} \dfrac{1}{x^2} \mathrm{d}x$ 发散.

注意　如果疏忽了 $x = 0$ 是被积函数的无穷间断点而应用牛顿–莱布尼茨公式,就会得到 $\int_{-1}^{1} \dfrac{1}{x^2} \mathrm{d}x = \left[-\dfrac{1}{x} \right]_{-1}^{1} = -2$,这是一个错误的结果.

*2. 数值积分

若被积函数解析式未知,仅知道其一些离散的函数值,或者积分函数的原函数不能直接求出,则可运用数值计算的方法研究定积分的近似值.

下面给出一个比较常见的求积公式.

若 $f(x)$ 在 $[a, b]$ 上连续,则

$$\int_a^b f(x) \mathrm{d}x \approx \frac{b-a}{2} [f(a) + f(b)], \tag{3}$$

我们称公式(3)为**梯形公式**.

设 $\int_a^b f(x) \mathrm{d}x$ 为所求定积分. 对积分区间 $[a, b]$ 作 n 等分:

$$a = x_0 < x_1 < x_2 < \cdots < x_n = b ,$$

取步长 $h = \dfrac{b-a}{n}$,积分节点为 $x_i = a + ih \,(i = 0, 1, 2, \cdots, n)$,且满足 $f(x_i) = y_i$,则

$$\int_a^b f(x) \mathrm{d}x = \sum_{i=1}^{n} \int_{x_{i-1}}^{x_i} f(x) \mathrm{d}x. \tag{4}$$

对于区间 $[x_i, x_{i+1}]$,应用梯形公式,则

$$\int_{x_{i-1}}^{x_i} f(x) \mathrm{d}x \approx \frac{h}{2} (y_{i-1} + y_i) ,$$

代入(4),从而可得

$$\int_a^b f(x) \mathrm{d}x \approx \frac{h}{2} [(y_0 + y_1) + (y_1 + y_2) + (y_2 + y_3) + \cdots + (y_{n-1} + y_n)]$$

$$= h \left[\frac{1}{2} (y_0 + y_n) + \sum_{i=1}^{n-1} y_i \right]. \tag{5}$$

当 $f(x)$ 在 $[a,b]$ 上连续且非负时,公式(5)的几何意义为: $\int_a^b f(x)\mathrm{d}x$ 表示由 $y=f(x)$、x 轴上的线段 $[a,b]$ 及直线 $x=a,x=b$ 所界定的曲边梯形的面积;等分 $[a,b]$,把曲边梯形分成 n 条小曲边梯形,以联结 (x_{i-1},y_{i-1}),(x_i,y_i) 的线段替代曲边得到小梯形,公式(5)表示以小梯形面积和作为积分 $\int_a^b f(x)\mathrm{d}x$ 的近似值(图5-33).因此公式(5)称为**复合梯形求积公式**.这种计算积分的近似值的方法称为**梯形法**.

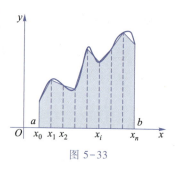

图 5-33

例 3　用梯形法计算定积分 $\int_0^1 \dfrac{\mathrm{d}x}{\sqrt{1+x^3}}$ 的近似值(取 $n=10$,精确到0.001).

解　被积函数 $y=\dfrac{1}{\sqrt{1+x^3}}$,步长 $h=\dfrac{1}{10}=0.1$,分点 $x_i=\dfrac{i}{10}(i=1,2,\cdots,10)$,列分点函数值见表5-1:

表 5-1

x_i	0	0.1	0.2	0.3	0.4	0.5
y_i	1	0.999 5	0.996 0	0.986 8	0.969 5	0.942 8
x_i	0.6	0.7	0.8	0.9	1.0	
y_i	0.906 8	0.862 9	0.813 3	0.760 5	0.707 1	

应用公式(5)得

$$\int_0^1 \frac{\mathrm{d}x}{\sqrt{1+x^3}} \approx \frac{1}{10} \times \left[\frac{1}{2} \times (1+0.707\ 1) + (0.999\ 5+0.996\ 0+\cdots+0.760\ 5) \right]$$
$$\approx 0.909.$$

复习题五

一、选择题

1. 函数 $f(x)$ 在闭区间 $[a,b]$ 上连续,是定积分 $\int_a^b f(x)\mathrm{d}x$ 存在的(　　).

A. 必要条件

B. 充分条件

C. 充要条件

D. 既非必要又非充分条件

2. 下列各式错误的是(　　).

A. $\int_a^a f(x)\mathrm{d}x=0$

B. $\int_a^b f(x)\mathrm{d}x=\int_a^b f(y)\mathrm{d}y$

C. $\int_a^b f'(x)\mathrm{d}x=f(b)-f(a)$

D. $\int_a^b f(x)\mathrm{d}x=2\int_a^b f(2t)\mathrm{d}t$

3. 若 $\int_0^k (1 - 3x^2)\,\mathrm{d}x = 0$, 则 k 不能等于(　　).

A. 2　　　　　　　B. 0　　　　　　　C. 1　　　　　　　D. -1

4. 设 $f(x)$ 是连续函数, 且 $F(x) = \int_{x^2}^{e^{-x}} f(t)\,\mathrm{d}t$, 则 $F'(x) = ($　　$)$.

A. $-e^{-x}f(e^{-x}) - 2xf(x^2)$　　　　　　B. $-e^{-x}f(e^{-x}) + f(x^2)$

C. $e^{-x}f(e^{-x}) - 2xf(x^2)$　　　　　　D. $e^{-x}f(e^{-x}) + f(x^2)$

5. $\dfrac{\mathrm{d}}{\mathrm{d}x}\int_a^b \arctan x\,\mathrm{d}x = ($　　$)$.

A. $\arctan x$　　　　　　　　　　　　B. $\dfrac{1}{1+x^2}$

C. $\arctan b - \arctan a$　　　　　　　D. 0

*6. 双纽线 $(x^2+y^2)^2 = x^2 - y^2$ 所围成的区域面积可用定积分表示为(　　).

A. $2\int_0^{\frac{\pi}{4}} \cos 2\theta\,\mathrm{d}\theta$　　　　　　B. $\int_0^{\frac{\pi}{4}} \cos 2\theta\,\mathrm{d}\theta$

C. $2\int_0^{\frac{\pi}{4}} \sqrt{\cos 2\theta}\,\mathrm{d}\theta$　　　　D. $\dfrac{1}{2}\int_0^{\frac{\pi}{4}} (\cos 2\theta)^2\,\mathrm{d}\theta$

7. 设函数 $f(x)$ 在闭区间 $[a,b]$ 上连续, 则曲线 $y = f(x)$ 与直线 $x = a$ 和 $x = b$ 所围成的平面图形的面积等于(　　).

A. $\int_a^b f(x)\,\mathrm{d}x$　　　　　　　　B. $\left|\int_a^b f(x)\,\mathrm{d}x\right|$

C. $-\int_a^b f(x)\,\mathrm{d}x$　　　　　　　D. $\int_a^b |f(x)|\,\mathrm{d}x$

*8. 曲线 $y = \sqrt{2x - x^2}$ 与直线 $y = \dfrac{1}{\sqrt{3}}x$ 及 x 轴所围平面图形的面积等于(　　).

A. $2\int_{\frac{\pi}{6}}^{\frac{\pi}{2}} \cos\theta\,\mathrm{d}\theta$　　　　　　B. $2\int_0^{\frac{\pi}{2}} \sin\theta\,\mathrm{d}\theta$

C. $2\int_{\frac{\pi}{6}}^{\frac{\pi}{2}} \cos^2\theta\,\mathrm{d}\theta$　　　　　D. $2\int_0^{\frac{\pi}{6}} \cos^2\theta\,\mathrm{d}\theta$

二、填空题

1. 已知 $\int_0^5 f(x)\,\mathrm{d}x = 4$, $\int_2^5 f(x)\,\mathrm{d}x = -5$, 则 $\int_0^2 f(x)\,\mathrm{d}x = $ ＿＿＿＿＿＿;

2. $\lim\limits_{x\to 0} \dfrac{\displaystyle\int_0^x \arctan t\,\mathrm{d}t}{x^2} = $ ＿＿＿＿＿;

3. $\int_0^{\pi} |\cos x|\,\mathrm{d}x = $ ＿＿＿＿＿;

4. 设 $f(x)$ 为连续函数, 则 $\int_{-1}^1 \dfrac{x^8[f(x) - f(-x)]}{1 + \cos x}\,\mathrm{d}x = $ ＿＿＿＿＿;

5. $\int_0^1 f'(x)\,\mathrm{d}x = $ ＿＿＿＿＿, $\int_a^b f'(2x)\,\mathrm{d}x = $ ＿＿＿＿＿;

6. 设 $a>0$，且曲线 $y=x-x^2$ 与直线 $y=ax$ 所围平面图形的面积为 $\dfrac{9}{4}$，则 $a=$ _____；

*7. 曲线 $y=\left(\dfrac{x}{2}\right)^{\frac{2}{3}}$ 介于 $1\leqslant x\leqslant 2$ 之间的弧长 $s=$ _____．

三、求下列定积分

1. $\displaystyle\int_2^4 |x-3|\,\mathrm{d}x$；

2. $\displaystyle\int_1^e \dfrac{x^2+\ln x}{x}\,\mathrm{d}x$；

3. $\displaystyle\int_0^1 \sqrt{2x-x^2}\,\mathrm{d}x$；

4. $\displaystyle\int_{\frac{\sqrt{2}}{2}}^1 \dfrac{\sqrt{1-x^2}}{x^2}\,\mathrm{d}x$；

5. $\displaystyle\int_0^{\frac{1}{\sqrt{3}}} \dfrac{\mathrm{d}x}{(1-5x^2)\sqrt{1+x^2}}$；

6. $\displaystyle\int_0^\pi x\cos x\,\mathrm{d}x$；

7. $\displaystyle\int_0^1 \dfrac{\ln(x+1)}{(2-x)^2}\,\mathrm{d}x$；

8. $\displaystyle\int_{-1}^1 (2x^4+x)\arctan x\,\mathrm{d}x$；

9. $\displaystyle\int_0^{+\infty} xe^{-x^2}\,\mathrm{d}x$．

四、设函数 $f(x)=\begin{cases}1, & x<-1,\\ \dfrac{1}{2}(1-x), & -1\leqslant x\leqslant 1,\\ x-1, & x>1,\end{cases}$ 求 $F(x)=\displaystyle\int_0^x f(t)\,\mathrm{d}t$ 在 $(-\infty,+\infty)$ 内的表达式．

图 5-34

五、求函数 $F(x)=\displaystyle\int_0^x \dfrac{2t+1}{1+t^2}\,\mathrm{d}t$ 在 $[0,1]$ 上的最大值和最小值．

六、求由 $x=\sqrt{2y-y^2}$ 及 $x=y^2$ 所围成的图形的面积，并求此图形绕 y 轴旋转所得的旋转体的体积．

七、飞机副油箱的头部是旋转抛物面（抛物线绕对称轴旋转所成的曲面称为抛物面），中部是圆柱面，尾部是圆锥面，设油箱的尺寸（单位：cm）如图 5-34 所示，求它的体积 V．

八、求曲线 $y=\ln(1-x^2)$ 上自 $O(0,0)$ 至 $A\left(\dfrac{1}{2},\ln\dfrac{3}{4}\right)$ 一段的长度 l．

阅 读 材 料

微积分的起源

从微积分成为一门学科来说，是在 17 世纪. 但是，微分和积分的思想在古代就已经产生了.

公元前 3 世纪，古希腊的阿基米德在研究解决抛物弓形的面积、球和球冠的面积、旋转双曲面的体积等问题中，就隐含着近代积分学的思想. 作为微分学基础的极限理论来说，早在古代就有比较清楚的论述，如我国的庄周所著《庄子》一书的"天下篇"中，记有"一尺之棰，日取其半，万世不竭". 魏晋时期的刘徽在他的割圆术中提及"割之弥细,所失弥小,割之又割,以至于不可割,则与圆周合体而无所失矣".这些都是朴素的、也是很典型的极限概念.

到了 17 世纪,随着资本主义革命和工业化的发展,有许多科学问题亟待解决,这些问题也就成了促使微积分产生的因素.归结起来,大约有下述四种主要类型的问题:第一类是研究运动的时候直接出现的,即求瞬时速度的问题;第二类是求曲线的切线的问题;第三类是求函数的最大值和最小值问题;第四类是求曲线长、曲线围成的面积、曲面围成的体积、物体的重心、一个体积相当大的物体作用于另一物体上的引力等问题.17 世纪的许多著名数学家、天文学家、物理学家都为解决上述几类问题做了大量的研究工作,如费马、笛卡儿等人都提出了许多很有建树的理论,为微积分的创立做出了贡献.

17 世纪下半叶,在前人工作的基础上,英国大科学家牛顿和德国数学家莱布尼茨分别在自己的国度里独自研究和完成了微积分的创立工作(虽然他们的研究只是最初步的工作).他们的最大功绩是把两个貌似毫不相关的问题联系在了一起,一个是切线问题(微分学的中心问题),一个是求积问题(积分学的中心问题).牛顿和莱布尼茨建立微积分的出发点都是直观的无穷小量,因此这门学科早期也称为无穷小分析.

牛顿研究微积分着重于从运动学来考虑,莱布尼茨却侧重于几何学.牛顿在 1671 年写了《流数术和无穷级数》,他在这本书里指出,变量是由点、线、面的连续运动产生的,否定了以前自己认为的变量是无穷小元素的静止集合.他把连续变量叫作流动量,把这些流动量的导数叫作流数.牛顿在书中所提出的中心问题是:已知连续运动的路径,求给定时刻的速度(微分法);已知运动的速度求给定时间内经过的路程(积分法).德国的莱布尼茨也是一个博才多学的学者,1684 年,他发表了现在世界上认为是最早的微积分文献,这篇文章有一个很长而且很古怪的名字《一种求极大极小和切线的新方法,它也适用于分式和无理量,以及这种新方法的奇妙类型的计算》,就是这样一篇名字古怪且说理也颇含糊的文章,却有划时代的意义,它已含有了现代的微分符号和基本微分法则.1686 年,莱布尼茨发表了第一篇积分学的文献.莱布尼茨是历史上最伟大的符号学者之一,他所创设的微积分符号,远远优于牛顿的符号,这对微积分的发展有极大的影响,现在我们使用的微积分通用符号就是当时莱布尼茨精心选用的.

微积分学的创立,极大地推动了数学的发展,过去很多初等数学束手无策的问题,运用微积分往往迎刃而解,显示出微积分学的非凡威力.前面已经提到,一门科学的创立绝不是某一个人的业绩,必定是经过多少人的努力后,在积累了大量成果的基础上,最后由某个人或几个人总结完成的.微积分也是这样.不幸的是,人们在欣赏微积分的宏伟功效之余,在提出谁是这门学科的创立者的时候,竟然引起了一场轩然大波,造成了欧洲大陆的数学家和英国数学家的长期对立.其实,牛顿和莱布尼茨分别独立研究,在大体相近的时间里先后完成了微积分的创立工作.比较特殊的是牛顿创立微积分要比莱布尼茨早十年左右,但是公开发表微积分这一理论,莱布尼茨却要比牛顿早三年.他们的研究各有长处,也都各有短处.那时候,由于偏见,关于发明优先权的争论竟从 1699 年始,延续了一百多年.

应该指出,这和历史上任何一项重大理论的完成都要经历一段时间一样,牛顿和莱布尼茨的工作也都是很不完善的. 他们在无穷小量这个基础问题的研究上,表述不一,十分含糊. 牛顿的无穷小量,有时候是零,有时候不是零而是有限的小量;莱布尼茨的也不能自圆其说. 这些基础方面的缺陷,最终导致了第二次数学危机的产生. 直到 19 世纪初,法国科学院的科学家以柯西为首,对微积分的理论进行了认真研究,建立了极限理论,后来又经过德国数学家魏尔斯特拉斯进一步的严格化,使极限理论成了微积分的坚定基础,才使微积分进一步发展.

欧氏几何也好,上古和中世纪的代数学也好,都是一种常量数学. 微积分才是真正意义上的变量数学,是数学中的大革命. 微积分是高等数学的主要分支. 它不止能解决力学中的变速问题,它驰骋在近代和现代科学技术园地里,建立了数不清的丰功伟绩.

参 考 答 案

第 1 章

第 2 章

第 3 章

第 4 章

第 5 章

［1］同济大学数学系. 高等数学：上册. 7 版. 北京：高等教育出版社，2014.

［2］上海高校《高等数学》编写组. 高等数学：上册. 8 版. 上海：上海科学技术出版社，2020.

［3］芬尼，韦尔，吉尔当诺. 托马斯微积分. 10 版. 叶其孝，等，译. 北京：高等教育出版社，2003.

读者意见反馈

为收集对教材的意见建议，进一步完善教材编写并做好服务工作，读者可将对本教材的意见建议通过如下渠道反馈至我社。

咨询电话　400-810-0598
反馈邮箱　gjdzfwb@pub.hep.cn
通信地址　北京市朝阳区惠新东街4号富盛大厦1座
　　　　　高等教育出版社总编辑办公室
邮政编码　100029

资源服务提示

授课教师如需获得本书配套教辅资源，请登录"高等教育出版社产品信息检索系统"(http://xuanshu.hep.com.cn/)搜索本书并下载资源，首次使用本系统的用户，请先注册并进行教师资格认证。也可电邮至资源服务支持邮箱：mayzh@hep.com.cn，申请获得相关资源。